“十二五”职业教育国家规划教材

网络信息安全

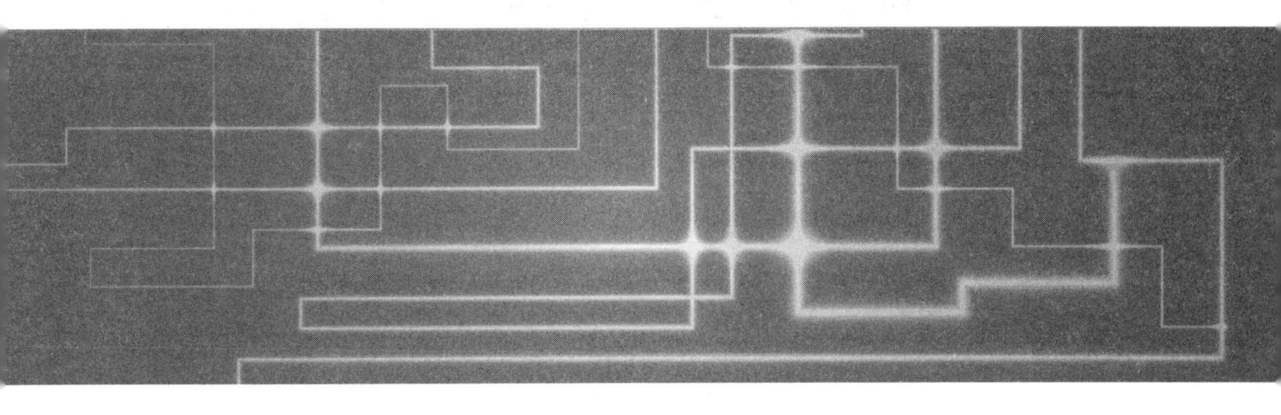

总主编　杨　华　李卫东

主　编　张砚春　赵立军　苑树波

北　京　出　版　社

山东科学技术出版社

编审委员会

编写说明

随着科技和经济的迅速发展，互联网已成为生产和生活必不可少的一部分，社会、行业、企业对网站建设与管理人才的需求也与日俱增。如何培养满足企业需求的人才，是职业教育所面临的一个突出而又紧迫的问题。目前中职教材普遍存在理论偏重、偏难以及操作与实际脱节等弊端，突出的是以“知识为本位”而不是以“能力为本位”的理念，与就业市场对中职毕业生的要求相左。

为进一步贯彻落实全国教育工作会议精神、《国务院关于加快发展现代职业教育的决定》(国发[2014]19号)、《现代职业教育体系建设规划(2014－2020年)》(教发[2014]6号)，北京出版社联合山东科学技术出版社结合网站建设与管理各中职学校发展现状及企业对人才的需求，在市场调研和专家论证的基础上，打造了反映产业和科技发展水平、符合职业教育规律和技能人才培养要求的专业教材。

本套专业教材以该专业教学标准及教学课程目标为指导思想，以中职学生实际情况为根据，以中职学校办学特色为导向，与具体的专业紧密结合，按照“基于工作流程构建课程体系”的建设思路(单元任务教学)编写，根据网站建设与管理的总体发展趋势和企业对高素质技能型人才的要求，构建与网站建设管理专业相配套的内容体系。本系列教材涵盖了专业核心课的各个方向。

本套教材在编写过程中着力体现了模块教学理念和特色，即以素质为核心、以能力为本位，重在知识和技能的实际灵活应用；彻底改变传统教材的以知识为中心、重在传授知识的教育观念。为了完成这一宏伟而又艰巨的任务，我们成立了教材编写委员会，委员会的成员由具有多年职业教育理论研究和实践经验的教育行政人员、高校教师和行业企业一线专业人士担任。从选题到选材，从内容到体例，都以职业化人才培养目标为出发点，制定了统一的规范和要求，为本套教材的编写奠定了坚实的基础。

本套教材的特点具体如下。

一、教学目标

在教材编写过程中明确提出以教育部“工学结合，理实一体”为编写宗旨，以培养知识与技能为目标，避免就理论谈理论、就技能教技能，要做到有的放矢。打破传统的知识体系，将理论知识和实际操作合二为一，理论与实践一体化，体现“学中做”和“做中学”。让学生在做中学习，在做中发现规律、获取知识。

二、教学内容

一方面根据教学目标综合设计新的知识能力结构及其内容，另一方面还要结合新知识、新技术的发展要求增删、更新教学内容，重视基础内容与专业知识的衔接。这样学生能更有效地建构自己的知识体系，更有利于知识的正迁移。让学生知道“做什么”“怎么做”“为什么”，使学生明白教学的目的，并为之而努力，这才能切实提高学生的思维能力、学习能力、创造能力。

三、教学方法

教材教法是一个整体，在教材中设计“单元—任务”方式，通过案例载体来展开，以任务的形式进行项目落实。每个任务以“完整”的形式体现，即完成一个任务后，学生可以完全掌握相关技能，以提升学生的成就感和兴趣。体现以学生为主体的教学方法，做到形式新颖。通过“教、学、做”一体化，按教学模块的教学过程，由简单到复杂开展教学，实现课程的教学创新。

四、编排形式

教材配图详细、图解丰富、图文并茂，引入的实际案例和设计等教学活动具有代表性，既便于教学又便于学生学习；同时，教材配套有相关案例、素材、配套练习及答案光盘以及先进的多媒体课件，强化感性认识、强调直观教学，做到生动活泼。

五、编写体例

每个单元都是以任务驱动、项目引领的模块为基本结构。具体栏目包括任务描述、任务目标、任务实施、任务检测、任务评价、相关知识、任务拓展、综合检测、单元小结等。其中，“任务实施”是教材中每一个单元教学任务的主题，充分体现“做中学”的重要性，以具有代表性、普适性的案例为载体进行展开。

六、专家引领，双师型作者队伍

本系列教材由北京出版社和山东科学技术出版社共同组织国家示范中等职业学校双师型教师编写，参加的学校有中山市中等专业学校、山东省淄博市工业学校、滨州高级技工学校、浙江信息工程学校、河北省科技工程学校等，并聘请山东省教研室主任助理杜德昌、山东师范大学教授刘凤鸣担任教材主审，感谢浪潮集团、星科智能科技有限公司给予技术上的大力支持。

本系列教材，各书既可独立成册，又相互关联，具有很强的专业性。它既是网站建设与管理专业教学的强有力工具，也是引导网站建设与管理专业的学习者走向成功的良师益友。

前　言

随着信息技术和网络技术的快速发展,计算机网络在政治、经济、教育、军事等诸多领域得到了广泛应用。计算机网络在为人们提供便利、带来效益的同时,也使人类面临着信息安全的巨大挑战。如何保护个人、企业和国家的大量重要信息不被入侵和破坏,如何保证网络系统安全、不间断地工作,是网络建设必须考虑的重要问题。因此,使计算机网络系统免遭破坏,提高系统的安全可靠性,已成为人们关注和急需解决的问题。每个单位的网络管理与维护人员、网络系统用户和工程技术人员都应该掌握一定的计算机网络安全技术,以使自己的信息系统能够安全稳定地运行并提供正常而安全的服务。

本书全面介绍了网络安全基础理论和网络安全应用技术,共分为9个单元:网络信息安全概述,信息加密技术,网络协议基础,计算机病毒及其防范,防火墙与入侵检测技术,网络攻击技术及防范,网络安全策略,网络故障排除与维护,无线网络安全技术。

书中各单元不仅讲述了网络安全的理论知识和应用技术,同时详细介绍了许多实例的具体操作步骤,使读者能在最短的时间内学以致用,而且还配有一定数量的练习题供读者学习使用。

本书由张砚春、赵立军、苑树波主编,王忠、毛岳军、马书波、王嘉怡、隆方红、吴海梅、王乐乐、吴倩任副主编,侯根合、胡珍珍、高瑶瑶参与编写。

由于编写时间仓促,编者水平有限,缺点和错误在所难免,恳请有关专家批评指正,以便出版时修正。

编　者

目 录

CONTENTS

第一单元　网络信息安全概述 …… 1

学习任务 1　网络安全简介 …… 2
学习任务 2　网络安全技术 …… 6
学习任务 3　网络安全相关法规及评价标准 …… 9

第二单元　信息加密技术 …… 15

学习任务 1　密码学概述 …… 16
学习任务 2　DES 对称加密技术 …… 19
学习任务 3　RSA 算法的原理 …… 23
学习任务 4　PGP 加密软件的使用 …… 29
学习任务 5　电子商务安全 …… 36
学习任务 6　加密软件使用 …… 42

第三单元　网络协议基础 …… 52

学习任务 1　网络协议概述 …… 53
学习任务 2　IP 地址基础知识 …… 62
学习任务 3　常见的网络服务 …… 66
学习任务 4　常见的网络操作命令 …… 71

第四单元　计算机病毒及其防范 …… 78

学习任务 1　计算机病毒概述 …… 79
学习任务 2　常见计算机病毒介绍 …… 83
学习任务 3　反病毒技术 …… 87
学习任务 4　防病毒软件使用 …… 91

第五单元　防火墙与入侵检测技术 …… 102

学习任务 1　防火墙基本概述 …… 103
学习任务 2　防火墙应用实例 …… 110

学习任务 3　入侵检测简介 …… 119
学习任务 4　入侵检测的分类和方法 …… 121
学习任务 5　入侵检测应用实例 …… 125

第六单元　网络攻击技术及防范 …… 137

学习任务 1　密码破解技术 …… 138
学习任务 2　网络嗅探技术 …… 139
学习任务 3　网络端口扫描技术 …… 142
学习任务 4　缓冲区溢出 …… 148
学习任务 5　拒绝服务攻击技术 …… 151

第七单元　网络安全策略 …… 160

学习任务 1　操作系统安全 …… 161
学习任务 2　数据库系统安全 …… 164
学习任务 3　Web 安全 …… 173
学习任务 4　VPN 技术 …… 176

第八单元　网络故障排除与维护 …… 180

学习任务 1　网络维护概述 …… 181
学习任务 2　常见的网络故障及排除方法 …… 182

第九单元　无线网络安全技术 …… 191

学习任务 1　无线网络安全概述 …… 192
学习任务 2　无线网络安全性分析 …… 196

第一单元　网络信息安全概述

单元概述

我们现在生活在各类电子信息和网络环境中,如:办公和家庭计算机,数据库服务器,电话系统,全球定位系统,无线通信系统,公用信息系统,智能卡系统,等等。在享受网络丰富信息资源给我们带来的方便的同时,计算机病毒、黑客及木马控制、垃圾邮件等也给我们带来了越来越多的麻烦。因此,保证互联网的健康发展,网络信息安全是首先要解决的问题。本单元将系统地阐述计算机网络安全的基本知识、计算机网络安全技术、网络安全策略等相关概念、技术和应用,可以帮助我们全面地学习和理解网络安全方面的专业知识,提高网络安全防范的意识。

单元目标

- 能够掌握网络信息安全的定义、构成要素及面临的各种威胁
- 能够了解常见的网络安全技术,提高网络的安全意识
- 能够了解网络安全相关法规及评价标准

学习任务1 网络安全简介

任务概述

当今社会可以说是网络无处不在，我们可以网上购物，可以网银转账，但网络安全吗？什么是网络安全，它又包括哪些内容？一个安全的网络由哪些要素组成？我们在使用网络时又会面临怎样的威胁？通过本任务的学习可以初步了解有关网络安全及防范的相关专业知识，找出以上问题的答案。

任务目标

- 了解计算机网络安全的重要性
- 理解计算机网络安全的定义
- 掌握计算机网络安全的要素
- 学会分析计算机网络面临的威胁

学习内容

当今，计算机网络所具有的信息共享和资源共享等优点，日益受到人们的关注并获得了广泛的应用。同时，Internet 应用范围的扩大，使得网络应用进入到一个崭新的阶段。一方面，入网用户能以最快的速度、最便利的方式以及最廉价的花费获得最新的信息；另一方面，随着网络规模越来越大和越来越开放，网络上的许多敏感信息和保密数据难免会遭受各种主动和被动的人为攻击。也就是说，人们在享受网络提供的好处的同时，也必须要考虑如何应对网络上日益泛滥的信息垃圾和非法入侵行为，即考虑网络安全问题。

一、网络安全的重要性

伴随信息时代的来临，计算机和网络已经成为这个时代的代表和象征，政府、国防、国家基础设施、公司、单位、家庭几乎都成为一个巨大网络的一部分，大到国际的合作、全球经济的发展，小到购物、聊天、游戏，所有社会中存在的概念都因为网络的普及被赋予了新的概念和意义，网络在整个社会中的地位越来越举足轻重了。中国互联网络信息中心(CNNIC)发布的《第 34 次中国互联网络发展状况统计报告》显示，截至 2014 年 7 月底，我国网民规模达 6.32 亿人，其中手机网民达 5.27 亿人，较 2013 年底增加 2 699 万人，互联网普及率持续上升。互联网在中国已进入高速发展时期，人们的工作、学习、娱乐、生活已完全离不开网络。

但与此同时，Internet 本身所具有的开放性和共享性对信息的安全问题提出了严峻的挑战，由于系统安全脆弱性的客观存在，操作系统、应用软件、硬件设备等不可避免地会存在一些安全漏洞，网络协议本身的设计也存在一些安全隐患，这些都为黑客采用非正常手段入侵系统提供了可乘之机，以至于计算机犯罪、不良信息污染、病毒木马、内部攻击、网络信息间谍等一系列问题成为困扰社会发展的重大隐患。便利的搜索引擎、电子邮件、上网浏览、软件下载以及即时通讯等工具都曾经或者正在被黑客利用进行网络犯罪，数以万计的电子邮件账户和密码被非授权用户窃取并公布在网上，使得垃圾邮件数量显著增加。此外，大型黑客攻击事件不时发生，木马病毒大肆传播，传播途径千变万化让人防不胜防。

计算机网络也成为敌对势力、不法分子的攻击目标，成为很多青少年网络犯罪的根源（主要是不良信息，如不健康的网站、图片、视频等），网络安全问题正在打击着人们使用电子商务的信心，这些不仅严重影响到电子商务的发展，更影响到国家政治、经济的发展。因此，提高对网络安全重要性的认识，增强防范意识，强化防范措施，是学习、使用网络的当务之急。

二、网络安全的定义

所谓网络安全是指网络系统的硬件、软件及其系统中的数据受到保护，不因偶然的或者恶意的原因而遭到破坏、更改或者泄露，系统连续、可靠、正常地运行，网络服务不中断。本质上，网络安全就是网络上的信息安全。网络安全是一个涉及计算机科学、网络技术、通信技术、密码技术、信息安全技术、应用数学、数论和信息论等多门学科的边缘学科。从技术角度看，网络安全的内容大体包括四个方面：

网络实体安全：包括机房的物理条件、物理环境及设施的安全标准，计算机硬件、附属设备及网络传输线路的安装及配置等。

软件安全：如保护网络系统不被非法侵入，系统软件与应用软件不被非法复制、篡改，不受病毒的侵害等。

网络数据安全：如保护网络信息的数据不被非法存取，保护其完整一致等。

网络安全管理：运行时突发事件的安全处理，包括采取计算机安全技术，建立安全管理制度，开展安全审计，进行风险分析等内容。

三、计算机网络安全的要素

确保网络系统的信息安全是网络安全的目标，对整个网络信息系统的保护最终是为了保护信息在存储和传输过程中的安全。从网络安全的定义中，我们不难分析出网络信息安全的五大核心要素：

1. 完整性

完整性是网络数据未经授权不能进行改变的特性，即信息在存储或传输过程中保持不被修改、伪造、乱序、重放、插入等破坏和丢失的特性。它是信息安全的一种面向信息的安全性，它要求保持信息的原样，即信息的正确生成、正确存储和传输。

2. 可靠性

可靠性指网络信息系统能够在规定条件下和规定时间内完成规定功能的概率。可靠性是网络安全最基本的要求之一，是所有网络系统的建设目标和运行目标。

3. 可用性

可用性是网络信息可被授权访问并按需求使用的特性，即网络信息服务在需要时允许授权用户或实体使用的特性。可用性是网络面向用户的基本安全要求,是指信息和通信服务在需要时允许授权人或实体使用。网络最基本的功能是向用户提供所需的信息和通信服务,而用户的通信要求是随机的、多方面的,有时还要求时效性。

4. 保密性

保密性指防止信息泄漏给非授权个人或实体,信息只为授权用户使用。保密性是面向信息的安全要求。加密是保护数据的一种重要方法,也是保护存储在系统中的数据的一种有效手段,人们通常采用加密来保证数据的保密性。要解决的问题是:如何防止用户非法获取关键的敏感信息,避免机密信息的泄露。

5. 不可抵赖性

不可抵赖性也称为不可否认性,是指在网络信息系统的信息交互过程中,确信参与者的真实同一性,即所有参与者都不可能否认或抵赖曾经完成的操作和承诺。

四、网络安全的威胁

当前威胁网络安全的因素很多,通常把网络安全面临的主要威胁分为两种:一是对网络中信息的威胁,二是对网络中设备的威胁。

从表现形式上看,自然灾害、意外事故、硬件故障、软件漏洞、人为失误、计算机犯罪、黑客攻击、内部泄露、外部泄露、信息丢失、网络协议中的缺陷等人为和非人为的情况,都是计算机网络安全面临的主要威胁。从攻击行为上分析,可以将网络安全面临的主要威胁分为两类:一类是主动攻击,它的目标在于篡改系统中所含的信息,或者改变系统的状态和操作,它以各种方式有选择地破坏信息的有效性、完整性和真实性;另一类是被动攻击,它在不影响网络正常工作的情况下进行信息的截获和窃取,对信息流量进行分析,并通过信息的破译以获得重要的机密信息。

但网络安全的威胁根源还是来自于网络自身的脆弱性,以及计算机基本技术自身存在的种种隐患。对计算机软件技术而言,由于现在软件设计本身的水平所限,软件设计人员不可能考虑到影响网络安全因素的每一个细节。对于网络自身而言,由于网络的开放性和其自身的安全性互为矛盾,无法从根本上予以调和,再加上诸多不可预测的人为与技术安全隐患,网络就很难实现其自身的安全了,也必然地处于相对的威胁中了。

目前,计算机网络面临的安全威胁主要有以下几个方面。

1. 黑客

电脑黑客利用系统中的安全漏洞非法进入他人计算机系统,其危害性非常大。从某种意义上讲,黑客对信息安全的危害甚至比一般的电脑病毒更为严重。

2. 软件漏洞及安全设置

每个网络软件及操作系统都不可能是无缺陷和漏洞的,这就使我们的计算机处于危险的境地,一旦链接入网,将成为众矢之的,如 Windows、UNIX 等都有数量不等的漏洞。另外,局域网内网络用户使用盗版软件、随处下载软件及网管的疏忽都容易造成网络系统漏洞,这不但影响了局域网的正常工作,也在很大程度上把局域网的安全置于危险之地,黑客利用这些漏洞就能完成密码探测、系统入侵等攻击。

操作系统或网络设备的安全配置不当也会造成安全漏洞。例如,防火墙软件的配置不正确，那么它根本不起作用。对特定的网络应用程序，当它启动时，就打开了一系列的安全缺口，许多与该软件捆绑在一起的应用软件也会被启用，除非用户禁止该程序或对其进行正确配置，否则安全隐患始终存在。

3. 拒绝服务攻击

拒绝服务攻击是一种具有破坏性的攻击方式，它使用户系统不能正常处理业务，严重时会使整个系统响应缓慢甚至瘫痪，影响用户的正常使用，甚至会导致合法用户被排斥而无法进入计算机网络系统。

4. 计算机病毒

计算机病毒实际上是一段具有破坏性的程序，这种病毒程序具有极大的破坏性，其危害性已经为人们所认识。计算机病毒具有传染性、寄生性、隐蔽性、触发性、破坏性等特点。特别是通过网络传播的病毒，无论是在传播速度、破坏性，还是在传播范围等方面，都是单机病毒所无法比拟的。

5. 网络犯罪

网络犯罪是非常容易操作的，不受时间、地点、条件限制的网络诈骗、网络战简单易施、隐蔽性强，能以较低的成本获得较高的效益。再加上网络空间的虚拟性、异地性等特征，也在一定程度上刺激了犯罪的增长。尤其是受到全球经济危机的影响，网络犯罪成倍增长。除了给社会造成负面影响外，网络犯罪造成的经济损失巨大，追踪匿名网络犯罪分子的踪迹非常困难。网络犯罪已成为严重的全球性威胁。

6. 特洛伊木马

完整的木马程序一般由两个部分组成：一个是服务器端，一个是控制器端。中了木马就是被安装了木马的客户端程序。若计算机中被安装了客户端程序，则拥有相应服务器端的人就可以通过网络控制该计算机，这时计算机上的各种文件、程序，以及在计算机上使用的账号、密码就无安全可言了。

7. 安全意识不强

用户口令选择不慎，或将自己的账号随意转借他人或与别人共享等，都会对网络安全带来威胁。

学习任务2 网络安全技术

任务概述

网络安全是一个相对概念,不存在绝对安全,所以必须未雨绸缪、居安思危;并且安全威胁是一个动态过程,不可能根除威胁,所以唯有积极防御、有效应对。那么面对网络的复杂性,我们采用什么样的防范技术才能减少或者消除各种网络威胁呢?

任务目标

- 能够掌握常见的网络安全技术

学习内容

为了应对网络安全威胁,需要不断提升防范技术和组建安全管理团队,这是网络复杂性对确保网络安全提出的客观要求。从技术上讲,网络安全防护体系主要由防病毒、防火墙、入侵检测等多个安全组件组成,一个单独的组件无法确保网络信息的安全。目前广泛运用的网络安全技术主要有:防病毒技术、防火墙技术、信息加密技术、数字签名技术、入侵检测技术、系统容灾技术等,以下对这几项技术分别进行简单的分析。

一、病毒防范技术

计算机病毒实际上就是一种在计算机系统运行过程中能够传染和侵害计算机系统的功能程序。病毒经过系统穿透或违反授权攻击成功后,攻击者通常要在系统中植入木马或逻辑炸弹等程序,为以后攻击系统、网络提供方便条件。随着计算机技术的不断发展,计算机病毒变得越来越复杂和高级,对计算机信息系统构成极大的威胁。在病毒防范中普遍使用的防病毒软件,从功能上可以分为网络防病毒软件和单机防病毒软件两大类。单机防病毒软件一般安装在单台 PC 机上,对本机和本机链接的远程资源采用分析扫描的方式检测、清除病毒。网络防病毒软件则主要注重网络防病毒,一旦病毒入侵网络或者从网络向其他资源传染,网络防病毒软件会立刻检测到并加以删除。

二、防火墙(Fire Wall)技术

防火墙技术是指网络之间通过预定义的安全策略,对内外网通信强制实施访问控制的安全应用措施。它对网络之间传输的数据包按照一定的安全策略来实施检查,以决定网络之间的通信是否被允许,并监视网络运行状态。由于它简单实用且透明度高,可以在不修改原有网络应用系统的情况下达到一定的安全要求,所以被广泛使用。

三、数据加密技术

数据加密技术就是对信息进行重新编码,从而隐藏信息内容,使非法用户无法获取信息的真实内容的一种技术手段。数据加密技术是为提高信息系统及数据的安全性和保密性,防止秘密数据被外部破译所采用的主要手段之一。

数据加密技术主要是通过对网络数据的加密来保障网络的安全可靠性,能够有效地防止机密信息的泄漏。另外,它也广泛地被应用于信息鉴别、数字签名等技术中,用来防止电子欺骗,对信息处理系统的安全起到了极其重要的作用。

四、数字签名技术

数字签名(Digital Signature)技术是非对称加密算法的典型应用。所谓数字签名就是附加在数据单元上的一些数据,或是对数据单元所做的密码变换。这种数据或变换允许数据单元的接收者用以确认数据单元的来源和数据单元的完整性并保护数据,防止被人(例如接收者)伪造。它是对电子形式的消息进行签名的一种方法,一个签名消息能在一个通信网络中传输。基于公钥密码体制和私钥密码体制都可以获得数字签名,目前主要是基于公钥密码体制的数字签名。

数字签名技术主要用来解决以下信息安全问题:

(1)否认:事后发送者不承认文件是他发送的。

(2)伪造:有人自己伪造了一份文件,却声称是某人发送的。

(3)冒充:冒充别人的身份在网上发送文件。

(4)篡改:接收者私自篡改文件的内容。

数字签名机制可以确保数据文件的完整性、真实性和不可抵赖性。

五、入侵检测技术

入侵检测技术主要分成两大类型:

(1)异常入侵检测:异常入侵检测方法依赖于异常模型的建立,不同模型构成不同的检测方法。异常检测是通过观测到的一组测量值偏离度来预测用户行为的变化,然后做出决策判断的检测技术。

(2)误用入侵检测:误用入侵检测指的是通过对预先定义好的入侵模式与观察到的入侵发生情况进行模式匹配来检测入侵。入侵模式说明了那些导致安全突破或其他误用的事件的特征、条件、排列和关系。一个不完整的模式可能表明存在入侵的企图。

六、系统容灾技术

一个完整的网络安全体系,只有防范和检测措施是不够的,还必须具有灾难容忍和系统恢复能力。因为任何一种网络安全设施都不可能做到万无一失,一旦发生漏防漏检事件,其后果将是灾难性的。此外,天灾人祸、不可抗力等所导致的事故也会对信息系统造成毁灭性的破坏。这就要求即使发生系统灾难,也能快速地恢复系统和数据,才能完整地保护网络信息系统的安全。现阶段主要有基于数据备份和基于系统容错的系统容灾技术。数据备份是数据保护的最后屏障,不允许有任何闪失,但本地的离线介质有时也不能保证安全。数据容灾通过 IP 容灾技术来保证数据的安全。数据容灾使用两个存储器,在两者之间建立复制关系,一个放在本地,另一个放在异地。本地存储器供本地备份系统使用,异地容灾备份存储器实时复制本地备份存储器的关键数据,二者通过 IP 相连,构成完整的数据容灾系统,也能提供数据库容灾功能。

七、漏洞扫描技术

漏洞扫描是自动检测远端或本地主机安全的技术,它查询 TCP/IP 各种服务端口,并记录目标主机的响应,收集关于某些特定项目的有用信息。这项技术的具体实现就是安全扫描程序。

扫描程序可以在很短的时间内查出现存的安全脆弱点。扫描程序开发者搜集、研究可得到的攻击方法,并把它们集成到整个扫描中,扫描后以统计的格式输出,便于参考和分析。

八、物理安全

为保证信息网络系统的物理安全,还要防止系统信息在空间的扩散。通常是在物理上采取一定的防护措施来减少或干扰扩散出去的空间信号。为保证网络的正常运行,在物理安全方面应采取如下措施:

(1)产品保障方面:主要指产品采购、运输、安装等方面的安全措施。

(2)运行安全方面:网络中的设备,特别是安全类产品在使用过程中,必须能够从生产厂家或供货单位得到迅速的技术支持服务。对一些关键设备和系统,应设置备份系统。

(3)防电磁辐射方面:所有重要涉密的设备都需安装防电磁辐射产品,如辐射干扰机。

(4)保安方面:主要是防盗、防火等,还包括网络系统所有网络设备、计算机、安全设备的安全防护。

计算机网络安全是个综合性和复杂性的问题。除了以上介绍的几种网络安全技术之外,还有一些被广泛应用的安全技术,如身份验证、存取控制、安全协议等。面对网络安全行业的飞速发展以及整个社会越来越快的信息化进程,各种新技术将会不断出现。

学习任务3 网络安全相关法规及评价标准

任务概述

网络给我们带来了很多方便，可以利用网络快速地获得我们所需要的各种信息，但我们上网时是不是可以随心所欲、为所欲为呢？需要遵守哪些道德和法律规范呢？不同的网络有不同的安全标准，我们怎样评价呢？通过本任务的学习将找到以上问题的答案。

任务目标

- 能够了解网络安全的相关法规
- 能够了解网络安全的评价标准

学习内容

一、网络安全的相关法规

由于计算机网络的开放性和便捷性，人们可以轻松地从网上获取信息或向网络发布信息，因此，要求网络活动的参加者具有良好的品德，遵守国家有关网络的法律法规。

1. 网络道德

网络道德倡导网络活动参与者之间平等、友好相处，合理有效地利用网络资源。网络道德讲究诚信、公正、真实、平等的理念，引导人们尊重知识产权、保护隐私、保护通信自由和国家利益。

网络道德的定义是：人们在网络活动中公认的行为准则和规范。它引导人们在网络活动中应该如何行为，是一种关于如何行为的价值和信念。网络道德与现实生活中的道德具有相同的伦理意义。每个网络活动的参与者都要自觉遵守和维护网络秩序，逐步形成良好的网络行为习惯，形成对网络行为的是非判断能力。要大力提倡网络道德，形成良好的网络运行机制。

网络道德是抽象的，不易对其进行详细分类、概括形成具有约束力的道德规范，只能列出一些公认的违反网络道德的事例，从反面阐述网络道德的行为规范。常见事例如下：

(1)在网上从事损害国家利益、危害政治稳定、破坏民族团结的活动，复制、传播有关上述内容的消息和文章。

(2)对他人进行人身攻击，散布谣言或偏激的语言，对个人或单位甚至政府造成损害。

(3)利用网络进行赌博或从事封建迷信活动。

(4)制造病毒,故意在网上发布、传播。

(5)通过扫描、窃听、破密、安置木马等手段进入他人计算机进行破坏或窃取秘密。

2. 网络安全法规

为了维护网络安全,国家和管理组织制定了一系列的网络安全政策、法规。在网络操作应用中应自觉遵守国家的有关法律和法规,自觉遵守各级网络管理部门制定的有关管理办法和规章制度,自觉遵守网络礼仪和道德规范。

(1)知识产权保护:计算机网络中的活动与社会上其他方式的活动一样,需要尊重别人的知识产权。由于从计算机网络很容易获取信息,就可能忽视或无意地侵犯了他人的知识产权。因此,使用计算机网络信息时,要注意区分哪些是受到知识产权保护的信息。

狭义的知识产权包括著作权、商标权和专利权。如无特殊说明,论文、专著、技术说明、图纸、标志、标识、商标、域名、版面设计等,均受《中华人民共和国著作权法》《中华人民共和国商标法》《中华人民共和国专利法》的保护。上述内容不能在网上被擅自发行、播放、复制、转载、改动、展示,否则就有可能侵犯别人的版权,违反法律。在网上还应避免随意散布他人的个人资料,如姓名、生日、电话、工作单位等内容,从而避免造成对他人隐私权的侵犯。

(2)保密法规:Internet 的安全性能对用户在进行网络互联时如何保守国家秘密、商业秘密及技术秘密提出了严峻的挑战。军事、政府、金融、电信部门及核心企业的高机密数据要特别注意保密,避免因泄露而损害国家、企业、团体的利益。

2000 年实施的《计算机信息系统国际联网保密管理规定》,明确规定哪些泄密行为触犯了法律。如该《规定》中第 2 章第 6 条规定:"涉及国家秘密的计算机信息系统,不得直接或间接地与因特网或其他公共信息网相链接,必须实行物理隔离。"

3. 防止网络犯罪的法规

我们必须认识到,网络犯罪不仅仅是不道德行为,而且也是触犯法律的违法行为甚至是犯罪行为。与普通犯罪一样,网络犯罪行为同样会受到法律的追究。我国《刑法》第 285 条规定:"违反国家规定,侵入国家事务、国防建设、尖端科学技术领域的计算机信息系统的,处三年以下有期徒刑或拘役",这一罪名为"非法入侵计算机信息系统罪"。

每个人都需要学习与网络安全有关的法律文件和规定,知法、懂法、守法,增强网络安全意识,抵制计算机网络犯罪行为。

二、网络安全的评价标准

网络安全评价标准中比较流行的是 1985 美国国防部制定的可信任计算机标准评价准则,各国根据自己的国情也都制定了相关的标准。

1. 我国的评价标准

1999 年 10 月经过国家质量技术监督局批准发布的《计算机信息系统安全保护等级划分准则》将计算机安全保护划分为以下 5 个级别。

第 1 级为用户自主保护级(GB1 安全级):它的安全保护机制使用户具备自主安全保护的能力,保护用户的信息免受非法的读写破坏。

第 2 级为系统审计保护级(GB2 安全级):除具备第一级所有的安全保护功能外,要求创建和维护访问的审计跟踪记录,使所有的用户对自己的行为的合法性负责。

第 3 级为安全标记保护级(GB3 安全级):除继承前一个级别的安全功能外,还要求以访问对象标记的安全级别限制访问者的访问权限,实现对访问对象的强制保护。

第 4 级为结构化保护级(GB4 安全级):在继承前面安全级别安全功能的基础上,将安全保护机制划分为关键部分和非关键部分,对关键部分直接控制访问者对访问对象的存取,从而加强系统的抗渗透能力。

第 5 级为访问验证保护级(GB5 安全级):这一个级别特别增设了访问验证功能,负责仲裁访问者对访问对象的所有访问活动。

2. 国际评价标准

根据美国国防部开发的计算机安全标准——《可信任计算机标准评价准则(TC-SEC)》,即网络安全橙皮书,一些计算机安全级别被用来评价一个计算机系统的安全性。橙皮书把安全的级别从低到高分成 4 个类别:D 类、C 类、B 类和 A 类,每类又分几个级别,见表1-1。

表 1-1 安全级别

类别	级别	名称	主要特征
D	D	低级保护	没有安全保护
C	C1	自主安全保护	自主存储控制
	C2	受控存储控制	单独的可查性,安全标识
B	B1	标识的安全保护	强制存取控制,安全标识
	B2	结构化保护	面向安全的体系结构,较好的抗渗透能力
	B3	安全区域	存取控制,高抗渗透能力
A	A	验证设计	形式化的最高级描述和验证

D 级是最低的安全级别,拥有这个级别的操作系统就像一个门户大开的房子,任何人都可以自由进出,是完全不可信任的。对于硬件来说,没有任何保护措施,操作系统容易受到损害,没有系统访问限制和数据访问限制,任何人不需任何账户都可以进入系统,不受任何限制可以访问他人的数据文件。属于这个级别的操作系统有 DOS 和 Windows 98 等。

C1 是 C 类的一个安全子级。C1 又称选择性安全保护系统,它描述了一个典型的用在 UNIX 系统上的安全级别。用户拥有注册账号和口令,系统通过账号和口令来识别用户是否合法,并决定用户对程序和信息拥有什么样的访问权。用户拥有的访问权是指对文件和目标的访问权,文件的拥有者和超级用户可以改变文件的访问属性,从而对不同的用户授予不同的访问权限。

C2 级除了包含 Cl 级的特征外,应该具有访问控制环境的权力。该环境具有进一步限制用户执行某些命令或者访问某些文件的权限,而且还加入了身份认证等级。另外,系统对发生的事情加以审计,并写入日志中,如什么时候开机,哪个用户在什么时候从什么地方登录,等等,这样通过查看日志,就可以发现入侵的痕迹,如多次登录失败,也可以大致推测出可能有人想入侵系统。审计除了可以记录下系统管理员执行的活动以外,还加入了身份认证级别,这样就可以知道谁在执行这些命令。审计的缺点在于它需要额外的处理时间和磁盘空间。

使用附加身份验证就可以让一个 C2 级系统用户在不是超级用户的情况下有权执行系统管理任务。授权分级使系统管理员能够给用户分组,授权他们访问某些程序或访问特定的目录。能够达到 C2 级别的常见操作系统有以下几种:UNIX 系统,Novell 3. X 或者更高版本,Windows NT、Windows 2000 和 Windows 2003 及以上版本。

B 级中有三个级别,B1 级即标志安全保护,是支持多级安全(如秘密和绝密)的第一个级别,这个级别说明处于强制性访问控制之下的对象,系统不允许文件的拥有者改变其许可权限。

安全级别存在秘密和绝密级别,这种安全级别的计算机系统一般在政府机构中,比如国防部和国家安全局的计算机系统。

B2 级,又叫作结构化保护级别,它要求计算机系统中所有的对象都要加上标签,而且给设备(磁盘、磁带和终端)分配单个或者多个安全级别。

B3 级,又叫作安全区域级别,使用安装硬件的方式来加强域的安全。例如,内存管理硬件用于保护安全域免遭无授权访问。该级别也要求用户通过一条可信任途径链接到系统上。

思考练习

一、填空题

1. ________技术是指网络之间通过预定义的安全策略,对内外网通信强制实施访问控制的安全应用措施。
2. 网络信息安全具备的五大核心要素:________、________、________、________、________。
3. 计算机网络安全不仅要保护计算机网络设备安全,还要保护________。
4. ________是信息在存储或传输过程中保持不被修改、伪造、乱序、重放、插入等破坏和丢失的特性。
5. 通常对网络安全面临的主要威胁分为两种:一是对网络中信息的威胁;二是对网络中________的威胁。

二、选择题

1. 计算机网络的安全是指(　　)。

   A. 计算机中设备设置环境的安全　　B. 网络使用者的安全

   C. 网络中信息的安全　　D. 网络中财产的安全

2. 信息不泄露给非授权用户、实体或过程,或供其利用的特性,是指网络安全特性中的(　　)。

   A. 保密性　　B. 完整性

C. 可用性　　D. 不可否认性

3. 数据库安全系统特性中与损坏和丢失相关的数据状态是指(　　)。

A. 数据的完整性　　B. 数据的安全性

C. 数据的独立性　　D. 数据的可用性

4. 数据保密性指的是(　　)。

A. 保护网络中各系统之间交换的数据,防止因数据被截获而造成泄密

B. 提供链接实体身份的鉴别

C. 防止非法实体对用户的主动攻击,保证数据接受方收到的信息与发送方发送的信息完全一致

D. 确保数据是由合法实体发出的

5. 防火墙是指(　　)。

A. 一个特定软件　　B. 一个特定硬件

C. 执行访问控制策略的一组系统　　D. 一批硬件的总称

三、简答题

1. 计算机网络安全涉及的内容有哪些?

2. 计算机网络面临的安全性威胁主要有哪几个方面?

3. 研究网络安全有什么重要意义?

单元要点归纳

本单元以对网络信息安全专业知识的学习为目标，通过四个任务讲解了网络信息安全基本知识、网络安全技术、网络安全法规及网络安全的评价标准。本单元的知识点见表1-2。

表1-2　**第一单元知识点**

任务名称	包含知识点
网络安全简介	网络安全的重要性 网络安全的定义 计算机网络安全的要素 网络安全的威胁
网络安全技术	病毒防范技术、防火墙技术、数据加密技术、入侵检测技术、系统容灾技术、漏洞扫描技术等
网络安全法规及评价标准	网络安全的相关法规、网络安全的评价标准

第二单元　信息加密技术

单元概述

密码技术是信息安全的核心技术。随着现代计算机技术的飞速发展，密码技术在各个领域得到了广泛的应用。使用密码技术不仅可以保证信息的机密性，而且可以保证信息的完整性，防止信息被篡改、伪造和假冒。本单元主要介绍密码学的基本原理和常见加密技术的应用。

单元目标

- 能够了解密码学的基本概念
- 能够理解掌握 DES 和 RSA 加密技术
- 能够掌握加密工具软件 PGP 的使用
- 掌握数字签名和数字证书的基本原理及应用

学习任务1 密码学概述

任务概述

密码学是一门古老而深奥的学科,研究计算机信息加密、解密,是数学和计算机科学的交叉学科。随着计算机网络和计算机通信技术的发展,计算机密码学得到前所未有的重视并迅速普及和发展起来。本任务学习密码学的发展、密码体制的分类及密码学的具体应用。

任务目标

- 能够了解密码学的发展史
- 能够理解密码体制的分类
- 能够了解密码学的应用

学习内容

一、密码学基础

密码学的历史比较悠久,在四千年前,古埃及人就开始使用密码来保密传递消息。两千多年前,罗马国王恺撒就开始使用目前称为"恺撒密码"的密码系统。但是密码技术直到本20世纪40年代以后才有重大突破和发展。特别是20世纪70年代后期,由于计算机、电子通信的广泛使用,现代密码学得到了空前的发展。

密码是按特定法则编成,用于对通信双方的信息进行明密变换的符号。研究密码的学科称为密码学。现代密码主要用于保护传输和存储的信息;除此之外,密码还用于保证信息的完整性、真实性、可控性和不可否认性。

1. 密码学的历史

密码是构建安全信息系统的核心基础。密码学的发展历史主要有以下四个阶段:

(1)科学密码学的前夜发展时期(从古代到1948年):这一时期的密码专家常常凭直觉和信念来进行密码设计和分析。

(2)对称密码学的早期发展时期(1949~1975年):1949年Shannon发表的论文《保密系统的信息理论》为对称密码学建立了理论基础,从此密码学成为一门科学。

(3)现代密码学的发展时期(1976~1996年):这一时期以1976年Diffie和Hellman开创的公钥密码学和1977年美国制定的数据加密标准DES为里程碑,标志着现代密码学的诞生。

(4)应用密码学的发展时期(1997 年至今):20 世纪 90 年代以来,密码被广泛应用,密码的标准化工作和实际应用受到空前关注。

2. 密码体制的分类

(1)对称密码体制:对称密码体制中,使用的密钥完全保密,且要求加密密钥和解密密钥相同,或由其中的一个很容易地推出另一个,如图 2-1 所示。对称密码体制包括分组密码体制和序列密码体制。典型的对称算法体制有:DES,3DES,AES,A5,SEAL。

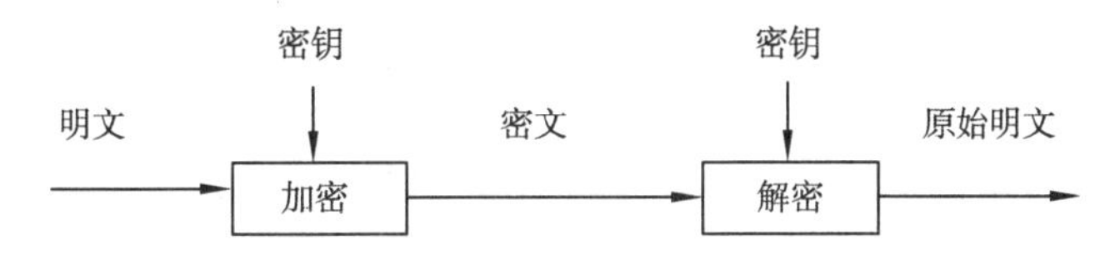

图 2-1 对称密码体制

对称密码算法按其对明文的处理方式,可分为序列密码算法和分组密码算法。

(2)非对称密码体制:非对称密码体制中使用的密钥有两个,一个是对外公开的公钥,一个是必须保密的私钥,只有拥有者才知道。不能从公钥推出私钥,或者说从公钥推出私钥在计算上困难或者不可能。典型的非对称密钥密码体制有:RSA,ECC,Rabin,Elgamal 和 NYRU。

在非对称密码算法中,加密和解密使用不同的密钥,一般来说,用对方的公钥进行加密,用自己的私钥进行解密,如图 2-2 所示。

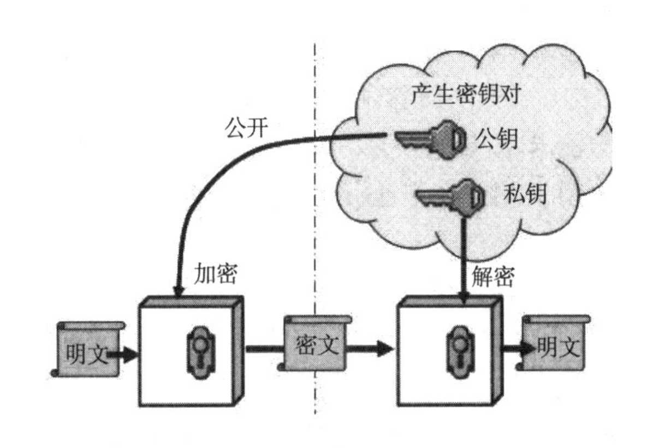

图 2-2 非对称密码算法

非对称密码体制的优点:密钥分发相对容易,密钥管理简单,可以有效地实现数字签名。

二、密码学的应用

随着计算机网络和计算机通信技术的发展,密码学的应用已经从原先的政府、军事、外交、安全等部门专用发展到各行各业的广泛应用,它已成为计算机安全主要的研究方向。

迄今为止的所有公钥密码体系中,RSA 系统是最著名、使用最广泛的一种。RSA 公开密钥密码系统是由 R. Rivest、A. Shamir 和 L. Adleman 三位教授于 1977 年提出的,RSA 的名称就是来自于这三位发明者姓氏的第一个字母。

RSA 算法研制的最初目标是解决利用公开信道传输分发 DES 算法的秘密密钥的难题。而实际结果不但很好地解决了这个难题，还可利用 RSA 来完成对电文的数字签名，以防止对电文的否认与抵赖，同时还可以利用数字签名较容易地发现攻击者对电文的非法篡改，从而保护数据信息的完整性。

公用密钥的优点在于：也许使用者并不认识某一实体，但只要其服务器认为该实体的 CA（即认证中心 Certification Authority 的缩写）是可靠的，就可以进行安全通信，而这正是 Web 商务这样的业务所要求的。例如使用信用卡购物，服务方对自己的资源可根据客户 CA 的发行机构的可靠程度来授权。目前国内外尚没有可以被广泛信赖的 CA，而由外国公司充当 CA，在我国是非常危险的。

公开密钥密码体制较秘密密钥密码体制处理速度慢，因此，通常把这两种技术结合起来以实现最佳性能，即用公开密钥密码技术在通信双方之间传送秘密密钥，而用秘密密钥来对实际传输的数据加密解密。

密码技术不仅用于网上传送数据的加解密，也用于认证、数字签名、完整性以及 SSL、SET 等安全通信标准和 IPsec 安全协议中，其具体应用如下：

1. 用来加密保护信息

利用密码变换将明文变换成只有合法者才能恢复的密文，这是密码的最基本功能。信息的加密保护包括传输信息和存储信息两方面，后者解决起来难度更大。

2. 采用数字证书来进行身份鉴别

数字证书就是网络通讯中标志通讯各方身份信息的一系列数据，是网络正常运行所必需的。现在一般采用交互式询问回答，在询问和回答过程中采用密码加密，特别是采用密码技术的带 CPU 的智能卡，安全性好。在电子商务系统中，所有参与活动的实体都需要用数字证书来表明自己的身份，数字证书从某种角度上说就是“电子身份证”。

3. 数字指纹

在数字签名中有重要作用的“报文摘要”算法，即生成报文“数字指纹”的方法，近年来备受关注，构成了现代密码学的一个重要侧面。

4. 采用密码技术对发送信息进行验证

为防止传输和存储的消息被有意或无意篡改，采用密码技术对消息进行运算，生成消息的验证码，附在消息之后发出或与信息一起存储，可以对信息进行验证。

5. 利用数字签名来完成最终协议

在信息时代，电子数据的收发使我们过去所依赖的个人特征都将被数字代替。数字签名的作用有两点，一是因为自己的签名难以否认，从而确定了文件已签署这一事实；二是因为签名不易仿冒，从而确定了文件是真的这一事实。

学习任务2 DES对称加密技术

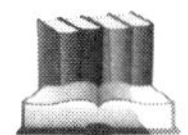

任务概述

对称密码算法又叫传统密码算法,就是加密密钥能够从解密密钥中推算出,反之亦然。在大多数算法中,加密、解密密钥是相同的。因此对称算法完全依赖于密钥,泄露密钥就意味着任何人都能对信息进行加密和解密。DES(Data Encryption Standard)算法是典型的对称密码算法,本任务讲述DES算法的原理及应用。

任务目标

- 能够了解DES算法的原理
- 能够理解DES算法的执行过程

学习内容

一、DES算法简介

DES算法是美国国家标准局于1977年公布的由IBM公司研制的加密算法。DES算法被授权用于所有非保密的通信场合,后来还曾被国际标准组织采纳为国际标准。DES算法是一种典型的按分组方式工作的单密钥密码算法,它的基本思想是将一个二进制序列的明文分组,然后用密钥对该明文进行替代和置换,最后得到密文。DES算法是对称的,既可以用于加密也可以用于解密。它的巧妙之处在于,除了密钥输入顺序之外,加密和解密的步骤几乎完全相同,从而在制作DES硬件芯片时很容易实现标准化和通用化,很符合现代通信和批量生产的需要。加密算法要达到的目的有四点:

①提供高质量的数据保护,防止数据未经授权的泄露和未被察觉的修改;

②具有相当高的复杂性,使得破译的开销超过可能获得的利益,同时又要便于理解和掌握;

③DES密码体制的安全性应该不依赖于算法的保密,其安全性仅以加密密钥的保密为基础;

④实现经济,运行有效,并且适用于多种完全不同的应用。

二、DES算法的流程

DES算法将输入的明文分为64位的数据分组,使用64位的密钥进行变换,每个64位的明文分组数据经过初始置换、16次迭代和逆置换这三个主要的步骤,最后输出得到64位的密文。在迭代之前,首先要对64位的密钥进行变换,密钥去掉第8、第16、第

24……第64 位减少至 56 位，去掉的那 8 位视为奇偶校验位，不包含有密钥信息，所以实际的密钥长度只有 56 位。DES 算法的加密流程如图 2－3 所示。

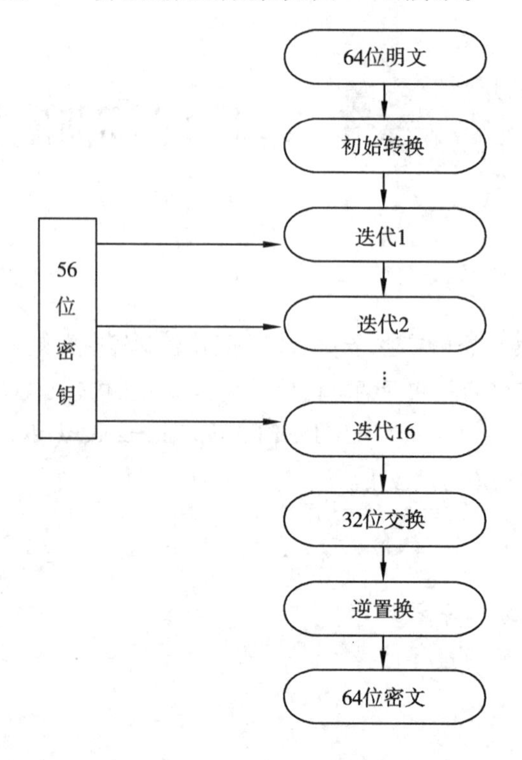

图 2－3　DES 算法的加密流程

DES 算法的初始置换过程为：输入 64 位明文，按初始置换规则把输入的 64 位数据按位重新组合，并把输出分为左、右两部分，每部分长度为 32 位。在这里用到的初始置换规则见表 2－1。

表 2－1　初始置换规则表

58	50	42	34	26	18	10	2
60	52	44	36	28	20	12	4
62	54	46	38	30	22	14	6
64	56	48	40	32	24	16	8
57	49	41	33	25	17	9	1
59	51	43	35	27	19	11	3
61	53	45	37	29	21	13	5
63	55	47	39	31	23	15	7

这个置换表的含义是：将输入的第 58 位换到第 1 位，第 50 位换到第 2 位，第 42 位换到第 3 位，以此类推……最后一位是原来的第 7 位。也就是说，置换前的位置分别是 D1、D2、D3……D64，经过初始置换之后，左边部分为 D58、D50、D42……D8，就是表 2－1 的上

半部分数据;右边部分为 D57、D49、D41……D7,也就是表 2 – 1 的下半部分数据。具体位置请参看表 2 – 1 的相应位置的数值。

每个迭代过程实际上包括四个独立的操作。首先是右半部分由 32 位扩展为 48 位,然后与密钥的某一个形式组合,其结果被替换成另一个结果,同时其位数又压缩到了 32 位。这 32 位数据经过置换再与其左半部分相加,结果产生新的右半部分。

每一个右半部分都经过扩展排列,由 32 位扩展为 48 位。扩展过程置换位的顺序的同时,也重复了某些位。扩展的目的有两个:使得密文中间结果的一半与密钥相匹配;产生一个较长的结果后又将其压缩。扩展排列由表 2 – 2 定义,由于是扩展排列,所以有些位将不止移至一个输出位上。

表 2 – 2 扩展排列表

32	1	2	3	4	5
4	5	6	7	8	9
8	9	10	11	12	13
12	13	14	15	16	17
16	17	18	19	20	21
20	21	22	23	24	25
24	25	26	27	28	29
28	29	30	31	32	1

由于每隔 8 位删除一位,64 位的密钥变成 56 位,56 位的密钥经过 PC – 1 置换,输出顺序见表 2 – 3。

表 2 – 3 PC – 1 置换表

56	49	41	33	25	17	9
1	58	50	42	34	26	18
10	2	59	51	43	35	27
19	11	3	60	52	44	36
63	55	47	39	31	23	15
7	62	54	46	38	30	22
14	6	61	53	45	37	29
21	13	5	28	20	12	4

在一轮的每一步,密钥被分成包含各 28 位的两个部分,每个部分都左移由一个十进制数指明的若干位,然后将两部分拼接起来。随后对 56 位进行置换,作为该轮的密钥。每轮的密钥与经过扩展来自上面的右半部分进行相异或相加。

在每一轮中,密钥的两个半部分独立地循环左移,移动次数由一个指定的数字来决定。表 2 - 4 为各轮需要移动的位数。

表 2 - 4　　各轮移动的位数表

轮次	1	2	3	4	5	6	7	8	9	10	11	12	13	14	15	16
位数	1	1	2	2	2	2	2	2	1	2	2	2	2	2	2	1

移位之后,从 56 位中抽取 48 位用作与已扩展的右半部分相异或相加,表 2 - 5 给出了选择 48 位的排列。

表 2 - 5　　选择排列表

14	17	11	24	1	5
3	28	15	6	21	10
23	19	12	4	26	8
16	7	27	20	13	2
41	52	31	37	47	55
30	40	51	45	33	48
44	49	39	56	34	53
46	42	50	36	29	32

至此,得到 48 位的数据,再将这 48 位按顺序分成 8 组,每组 6 位,这 8 组分别通过变换,由每组输入 6 位变成每组输出 4 位,从而得到 32 位的数据。这个 32 位的数据再经过 P 置换,P 置换的置换表见表 2 - 6。

表 2 - 6　　P 置换表

16	7	20	21
29	12	28	17
1	15	23	26
5	18	31	10
2	8	24	14
32	27	3	9
19	13	30	6
22	11	4	25

至此,整个加密过程完成。DES 的解密过程和 DES 加密类似,只是将 16 轮的子密钥序列 K1,K2,……K16 的顺序颠倒过来使用,即第一轮使用 K16,第二轮使用 K15,……第 16 轮使用 K1,证明的过程在此不再叙述。

学习任务3 RSA 算法的原理

任务概述

在传统的对称密钥体制中用于加密的密钥和解密的密钥完全相同，通常加密算法比较简便高效，破译极其困难。但在公开的计算机网络上传送和保管密钥是一个严峻的问题。在非对称密钥密码体制中，加密密钥不同于解密密钥，加密密钥公布于众，谁都可以用，而解密密钥只有解密人自己知道。RSA 就是典型的非对称密码算法，本节将了解 RSA 算法的原理及实现方法。

任务目标

- 能够了解 RSA 算法的描述
- 能够理解 RSA 算法的安全性和速度
- 能够理解 RSA 算法的原理及实现

学习内容

1977 年，由 Rivest、Shamir、Adleman 三人提出了第一个比较完善的公钥密码算法，这就是著名的 RSA 算法。它的理论基础是一种特殊的可逆模指数运算，其安全性基于分解大整数 n 的困难性。

一、RSA 体制的简单描述

(1)生成两个大素数 p 和 q。

(2)计算这两个素数的乘积 $n=p\times q$。

(3)计算小于 n 并且与 n 互质的整数的个数，即欧拉函数 $\phi(n)=(p-1)(q-1)$。

(4)选择一个随机数 b 满足 $1<b<\phi(n)$，并且 b 和 $\phi(n)$ 互质，即 $\gcd(b,\phi(n))=1$。

(5)计算 $ab=1\bmod\phi(n)$。

(6)保密 a、p 和 q，公开 n 和 b。

二、举例说明

(1)选取两个质数：$p=47$，$q=71$

(2)计算：$n=pq=3337$；$\phi(n)=(47-1)(71-1)=3220$

(3)选取 $e=79$，与 $\phi(n)$ 互质。

(4)计算：$ed=1 \bmod\phi(n)=1 \bmod(3220)$；$d=1019$

将 e、n 公布，d 保密，p、q 销毁。

例如，如果有一明文 6882326879666683 要加密，则先将 m 分割成多块：$m_1 = 688$，$m_2 = 232$，$m_3 = 687$，$m_4 = 966$，$m_5 = 668$，$m_6 = 3$。

将 m_1 加密后得密文 $c_1 = m_1 e(\mathrm{mod}3337) = 68879(\mathrm{mod}3337) = 1570$，依次对各块加密后得密文 $c = 1570275627142276242315 8$，对 c_1 解密得 m_1，$m_1 = c_1 d(\mathrm{mod}3337) = 15701019(\mathrm{mod}3337) = 668$，依次解密得原文 m。

三、RSA 算法的安全性

RSA 的安全性依赖于大数分解，但是否等同于大数分解一直未能得到理论上的证明，因为没有证明破解 RSA 一定需要作大数分解。假设存在一种无须分解大数的算法，那它肯定可以修改成为大数分解算法。目前，RSA 的一些变种算法已被证明等价于大数分解。不管怎样，分解 n 是最显然的攻击方法。现在，人们已能分解多个十进制位的大素数。因此，模数 n 必须选大一些，因具体适用情况而定。

四、RSA 算法的速度

由于进行的都是大数计算，使得 RSA 最快的情况也比 DES 慢上千倍，无论是软件还是硬件实现。速度一直是 RSA 的缺陷，一般来说只用于少量数据加密。

RSA 算法是第一个能同时用于加密和数字签名的算法，也易于理解和操作。RSA 是被研究得最广泛的公钥算法，从提出到现在已近二十年，经历了各种攻击的考验，逐渐为人们接受，普遍认为是目前最优秀的公钥方案之一。

五、RSA 算法的程序实现

根据 RSA 算法的原理，可以利用 C 语言实现其加密和解密算法。RSA 算法比 DES 算法复杂，加解密所需要的时间也比较长。

下面的案例利用 RSA 算法对文件进行加密和解密。算法根据设置自动产生大素数 p 和 q，并根据 p 和 q 的值产生模(n)、公钥(e)和密钥(d)。利用 VC++6.0 实现核心算法，如图 2－4 所示。

编译执行程序，如图 2－5 所示。该对话框提供的功能是对未加密的文件进行加密，并可以对已经加密的文件进行解密。

在图 2－6 中点击按钮“产生 RSA 密钥对”，在出现的对话框中首先产生素数 p 和素数 q，如果产生 100 位长度的 p 和 q，大约分别需要 10 秒，产生的素数如图 2－6 所示。

MixedCS - Microsoft Visual C++ - [MixedCS.rc - IDD_MIXEDCS_DIALOG (Dialog)]
File Edit View Insert Project Build Tools Window Help
CMixedCSDlg
[All class members]
CMixedCSDlg
CLabel
CMcs
CMixedCSApp
CMixedCSDlg
CMyFileDialog
CRsa
CRsaKeyDlg
CWindow
deshead
mcshead
Globals
加密系统
输入/输出
输入文件
Edit
输出文件
Edit
浏览文件
选择目录
打开文件
使用默认路径
默认路径
Edit
浏览目录
--------------------Configuration: MixedCS - Win32 Debug--------------------
MixedCS.exe - 0 error(s), 0 warning(s)
Build
Debug
Find in Files 1
Find in Files 2
Ready

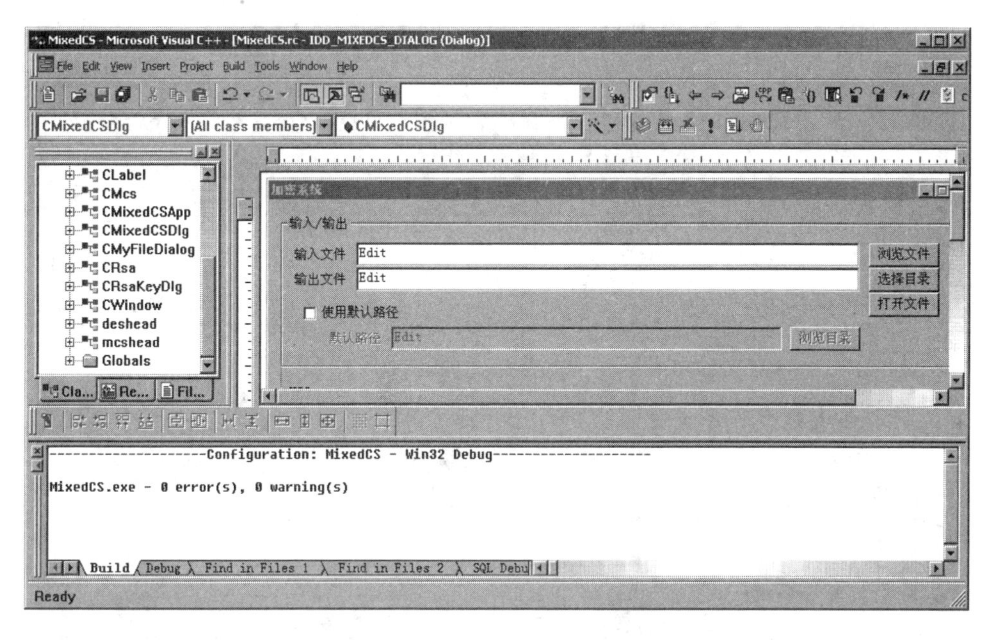

图 2-4　利用 VC++6.0 实现核心算法

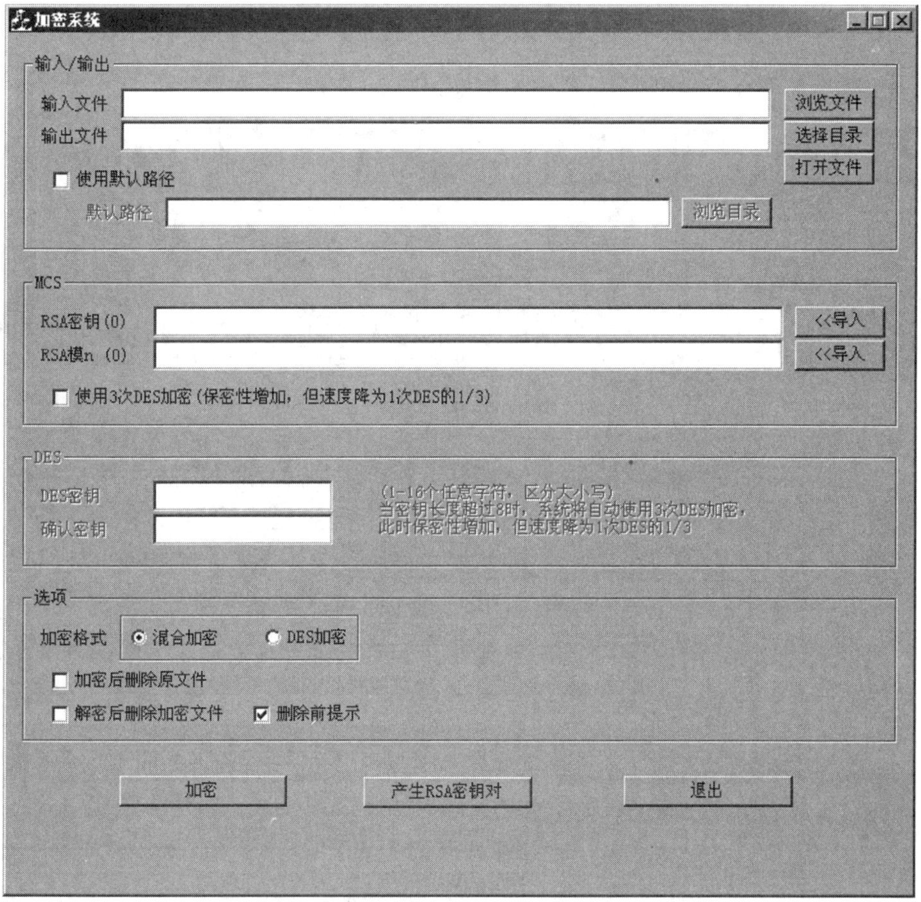

加密系统
输入/输出
输入文件
输出文件
浏览文件
选择目录
打开文件
使用默认路径
默认路径
浏览目录
MCS
RSA密钥 (0)
RSA模n (0)
<<导入
<<导入
使用3次DES加密(保密性增加，但速度降为1次DES的1/3)
DES
DES密钥
确认密钥
(1-16个任意字符，区分大小写)
当密钥长度超过8时，系统将自动使用3次DES加密，
此时保密性增加，但速度降为1次DES的1/3
选项
加密格式
混合加密
DES加密
加密后删除原文件
解密后删除加密文件
删除前提示
加密
产生RSA密钥对
退出

图 2-5　加密系统

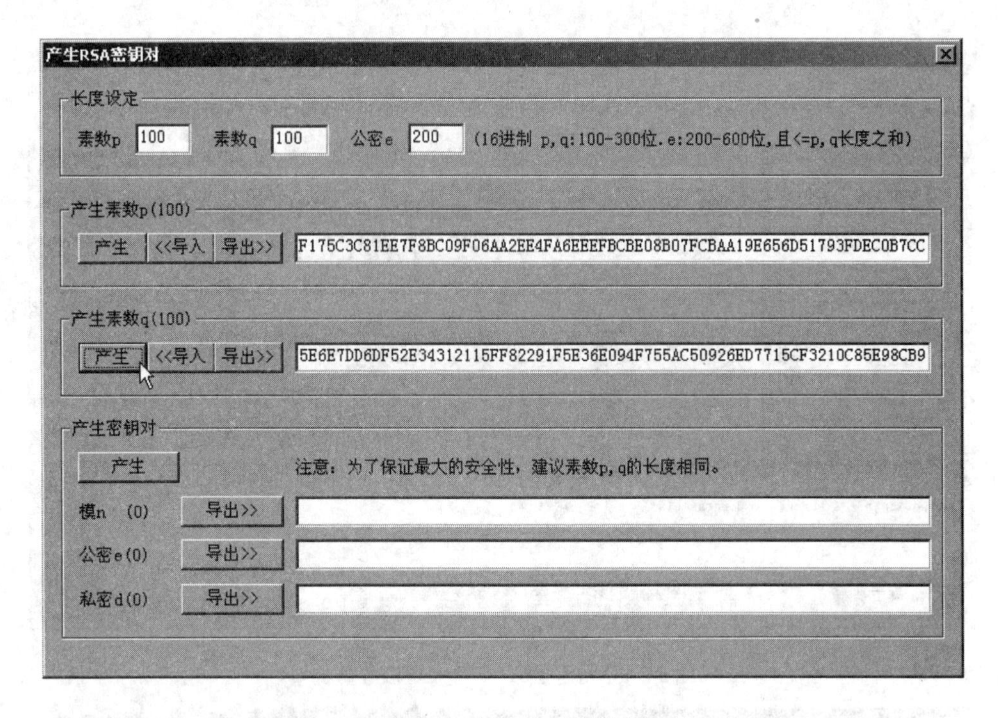

图 2-6 产生 RSA 密钥对

利用素数 p 和 q 产生密钥对，产生的结果如图 2-7 所示。

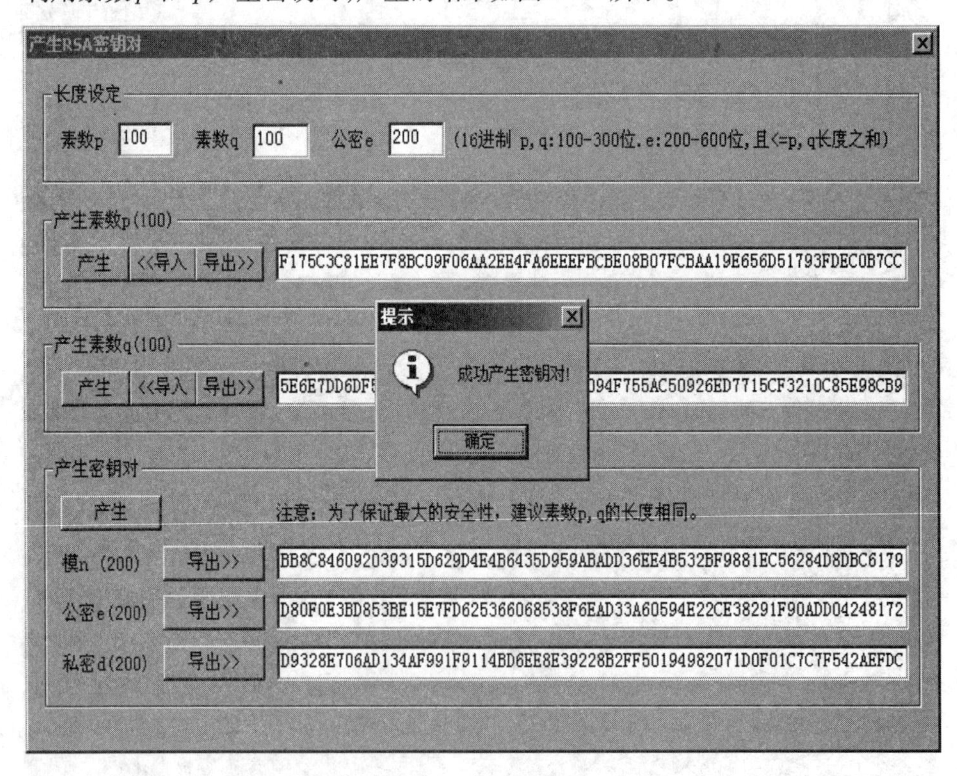

图 2-7 产生的密钥对

必须将生成的模 n、公密 e 和私密 d 导出，并保存成文件，加密和解密的过程中要用到这三个文件。其中模 n 和私密 d 用来加密，模 n 和公密 e 用来解密。将三个文件分别保存，如图 2-8 所示。

图 2-8 公密、模、私密文件

在主界面选择一个文件，并导入“模 n. txt”文件到 RSA 模 n 文本框，导入“私密. txt”或者“公密. txt”文件，加密如果用“私密. txt”，那么解密的过程就用“公密. txt”，反之亦然。加密过程如图 2-9 所示。

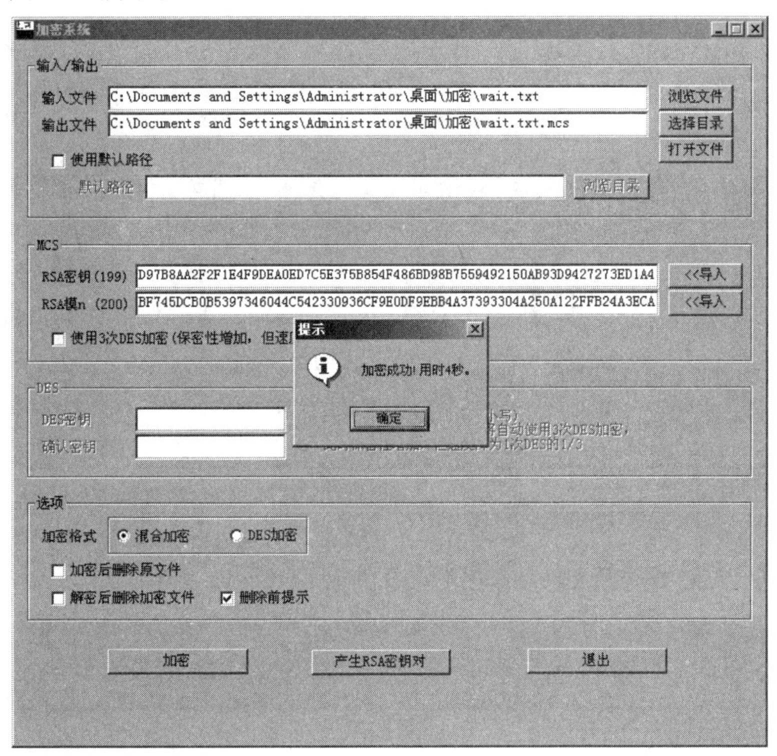

图 2-9 加密过程

加密完成以后，自动产生一个加密文件，如图 2-10 所示。

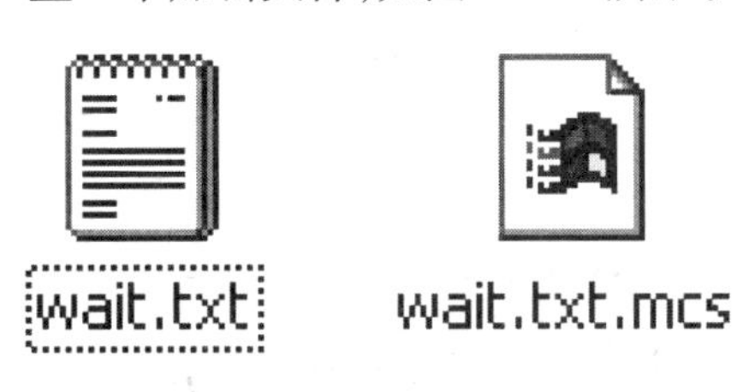

图 2-10 加密文件

解密过程要在输入文件对话框中输入已经加密的文件，按钮“加密”自动变成“解密”。选择“模 n. txt”和密钥，解密过程如图 2－11 所示。

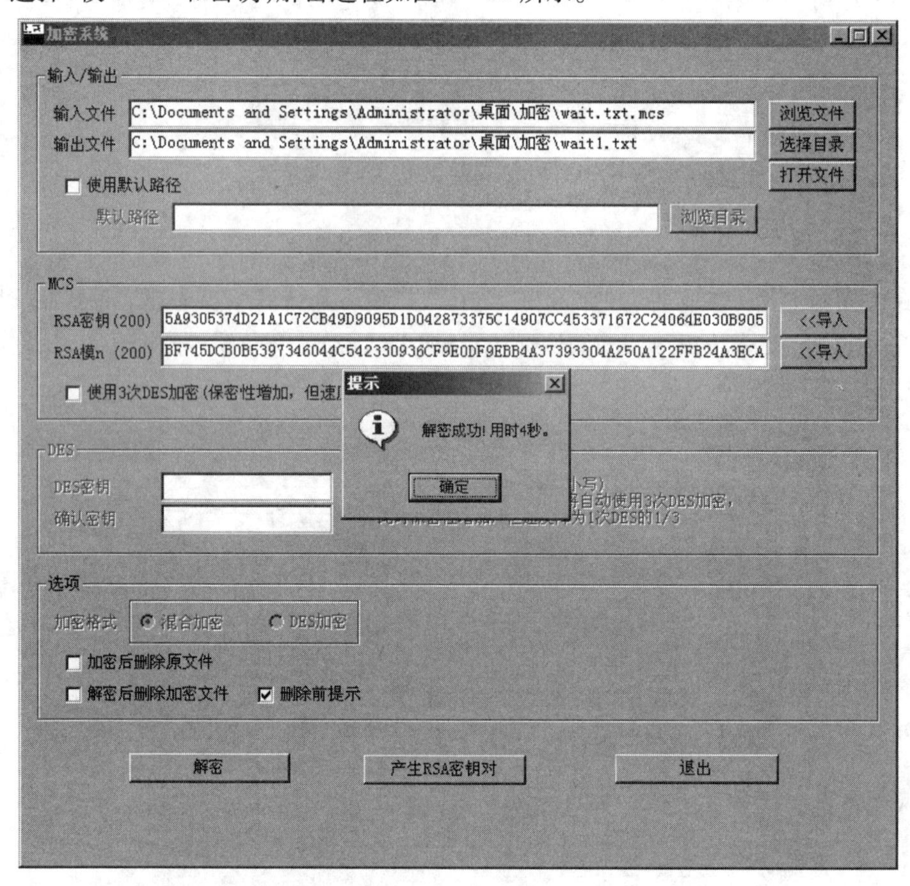

图 2－11　解密过程

解密成功以后，查看原文件和解密后的文件，如图 2－12 所示。

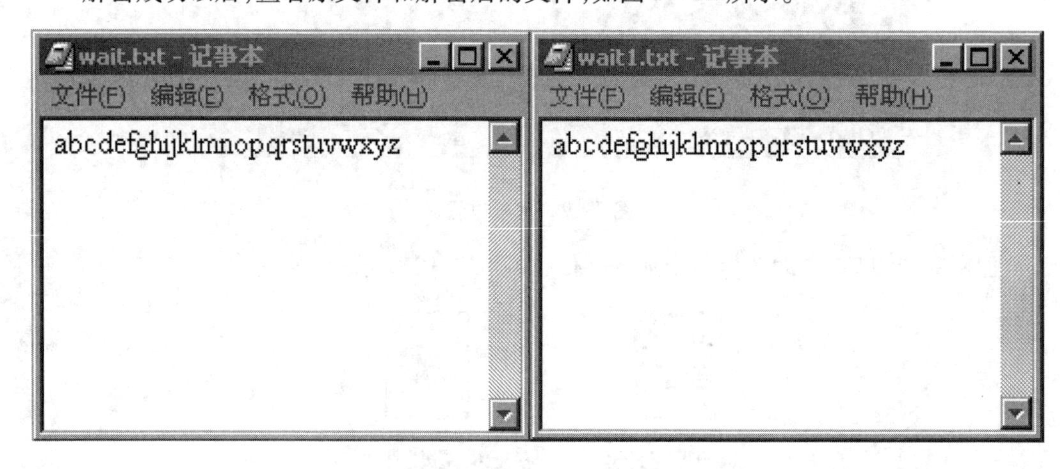

图 2－12　原文件和解密后的文件

学习任务4 PGP 加密软件的使用

任务概述

PGP(Pretty Good Privacy)加密技术是一个基于 RSA 公钥加密体系的邮件加密软件,提出了公共钥匙或不对称文件的加密技术。PGP 加密技术把 RSA 公钥体系和传统加密体系结合了起来,并且在数字签名和密钥认证管理机制上有巧妙的设计,因此,PGP 成为目前几乎最流行的公钥加密软件包。

任务目标

- 能够掌握 PGP 加密软件的应用

学习内容

由于 RSA 算法计算量极大,在速度上不适合加密大量数据,所以 PGP 实际上用来加密的不是 RSA 本身,而是采用传统加密算法 IDEA,IDEA 加解密的速度比 RSA 快得多。PGP 随机生成一个密钥,用 IDEA 算法对明文加密,然后用 RSA 算法对密钥加密。收件人同样是用 RSA 解出随机密钥,再用 IEDA 解出原文。这样的链式加密既有 RSA 算法的保密性(Privacy)和认证性(Authentication),又保持了 IDEA 算法速度快的优势。

PGP 加密软件可以简洁而高效地实现邮件或者文件的加密、数字签名。

一、PGP8.0.2 的安装

安装界面如图 2-13 所示。

下面的几步全面采用默认的安装设置,因为是第一次安装,所以在用户类型对话框中选择“No, I am a New User”,如图 2-14 所示。

根据需要选择安装的组件,一般选择默认选项就可以了,如图 2-15 所示。

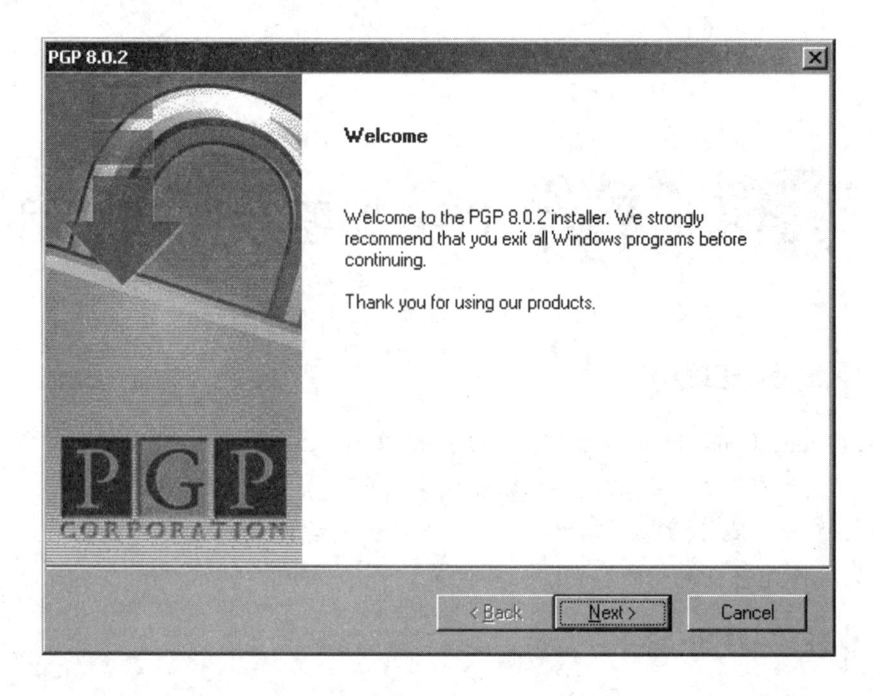

图 2－13　PGP8.0.2 安装界面

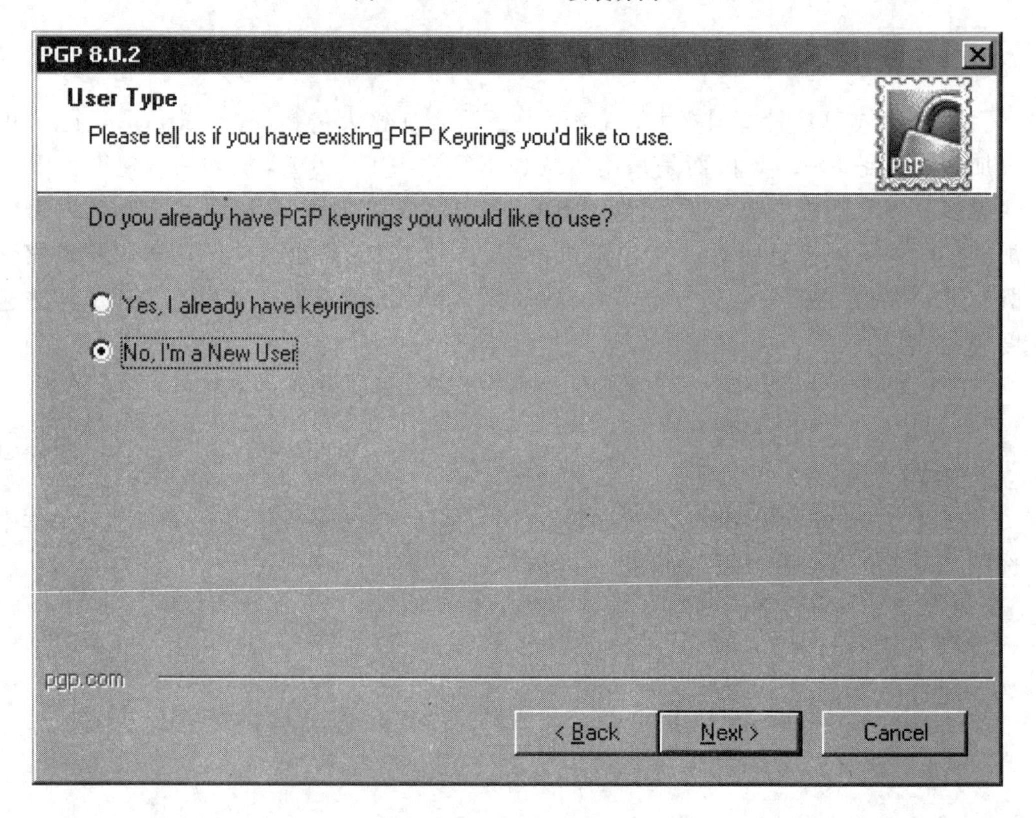

图 2－14　用户类型

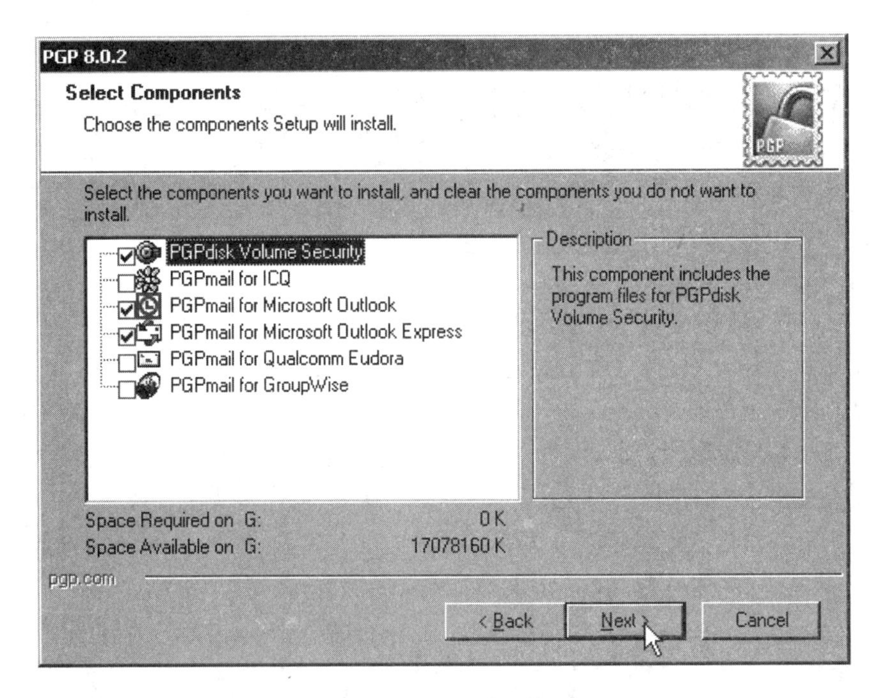

图 2－15 安装组件

二、PGP 的使用

1. 使用 PGP 产生密钥

因为在用户类型对话框中选择了“新用户”，在计算机启动以后，自动提示建立 PGP 密钥，如图 2－16 所示。

图 2－16 建立 PGP 密钥

点击按钮“下一步”，在用户信息对话框中输入相应的姓名和电子邮件地址，如图 2－

17 所示。

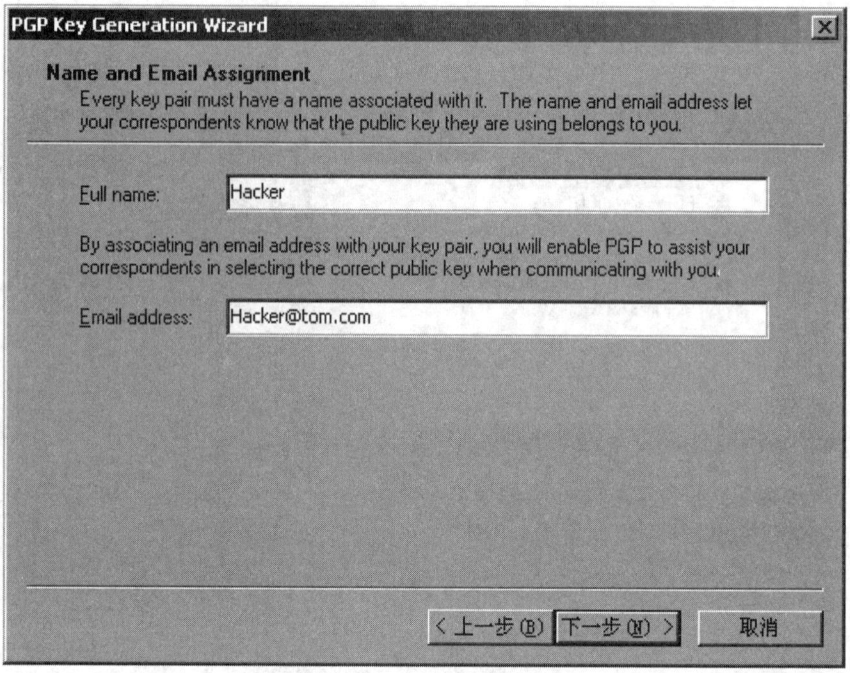

PGP Key Generation Wizard
Name and Email Assignment
Every key pair must have a name associated with it. The name and email address let your correspondents know that the public key they are using belongs to you.
Full name:
Hacker
By associating an email address with your key pair, you will enable PGP to assist your correspondents in selecting the correct public key when communicating with you.
Email address:
Hacker@tom.com
< 上一步(B)
下一步(N) >
取消

图 2－17　输入用户信息

在 PGP 密码输入框中输入 8 位以上的密码并确认，如图 2－18 所示。

PGP Key Generation Wizard
Passphrase Assignment
Your private key will be protected by a passphrase. It is important that you keep this passphrase secret and do not write it down.
Your passphrase should be at least 8 characters long and should contain non-alphabetic characters.
Hide Typing
Passphrase:
Passphrase Quality:
Confirmation:
< 上一步(B)
下一步(N) >
取消

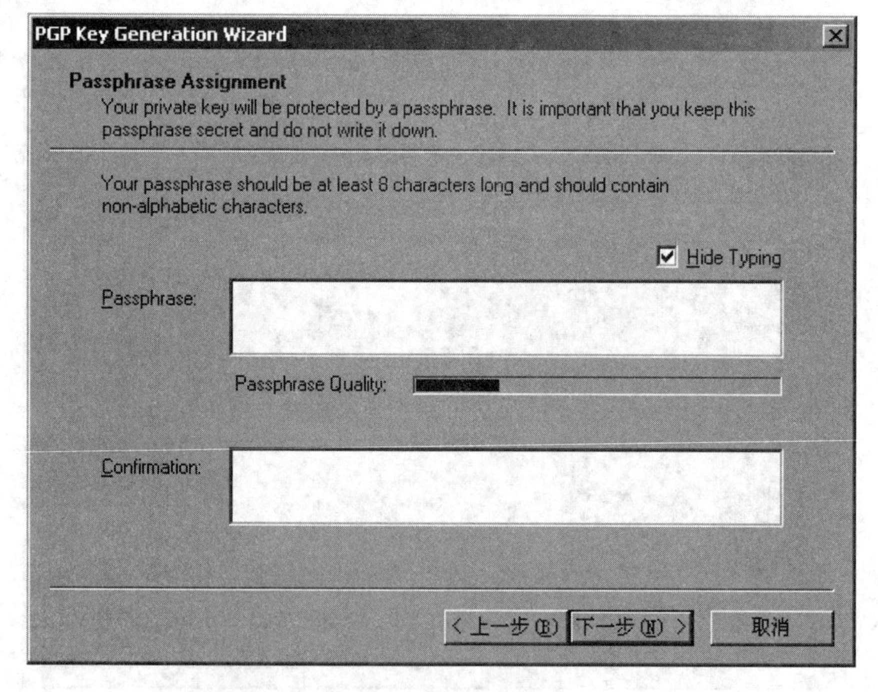

图 2－18　输入密码

然后 PGP 会自动产生 PGP 密钥，生成的密钥如图 2－19 所示。

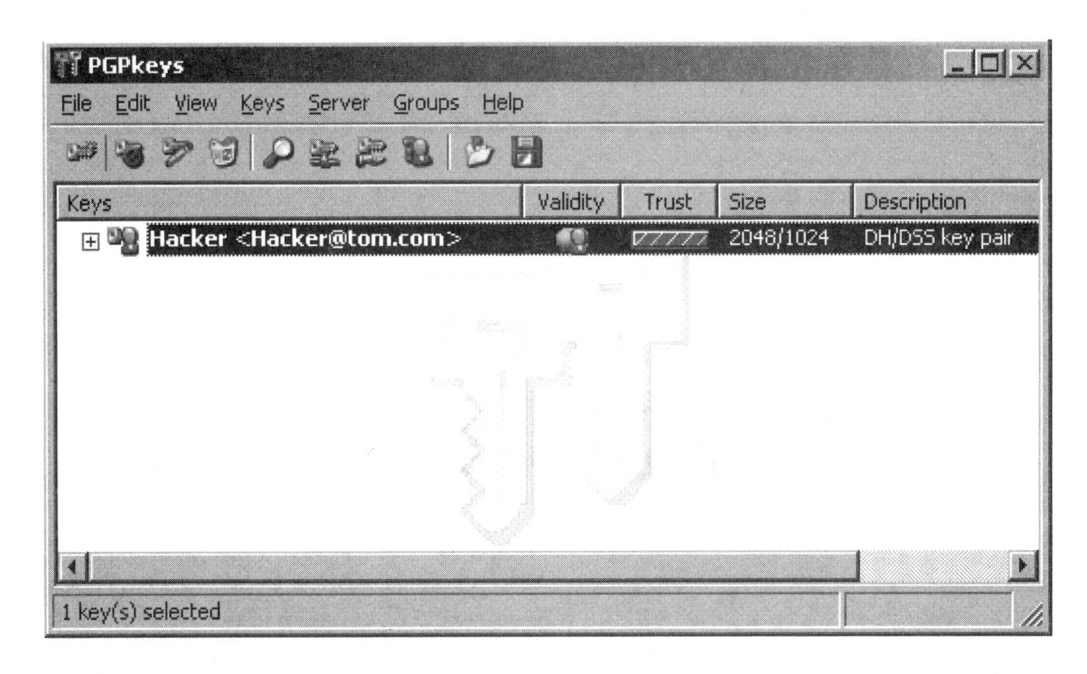

图 2－19　生成 PGP 密钥

2. 使用 PGP 加密文件

使用 PGP 可以加密本地文件，右击要加密的文件，选择 PGP 菜单项的菜单“Encrypt”，如图 2－20 所示。

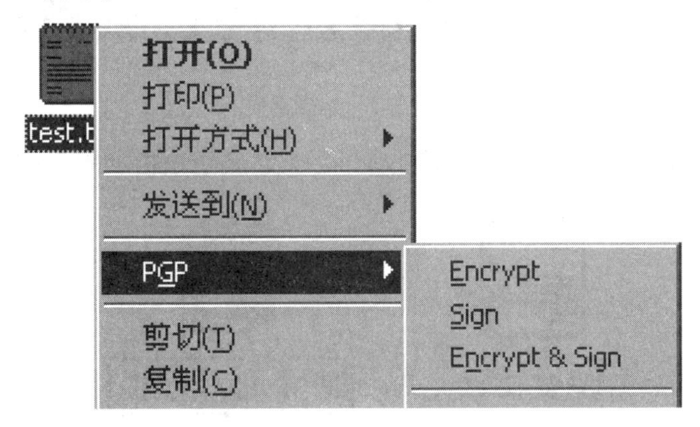

图 2－20　加密文件

系统自动出现对话框，让用户选择要使用的加密密钥，选中一个密钥，点击按钮“OK”，如图 2－21 所示。

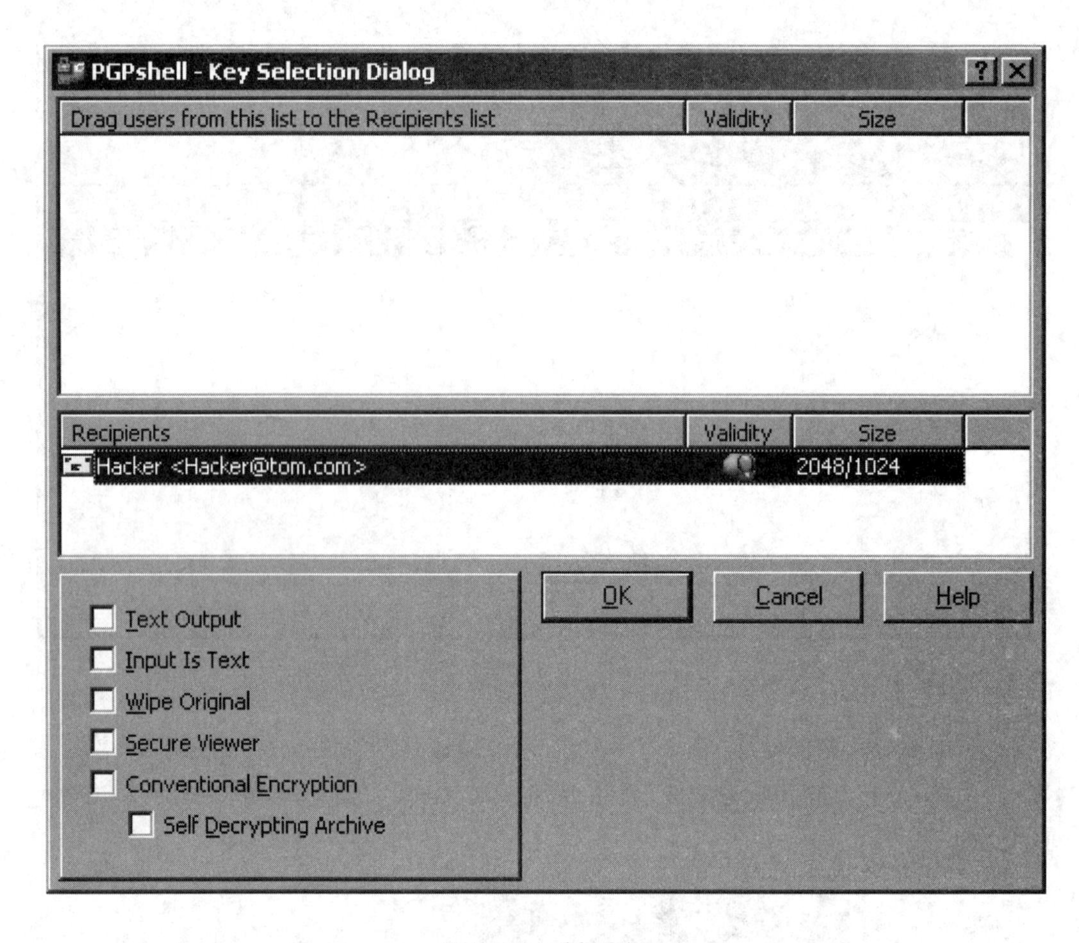

图 2－21　选择密钥

目标文件被加密了，在当前目录下自动产生一个新的文件，如图 2－22 所示。

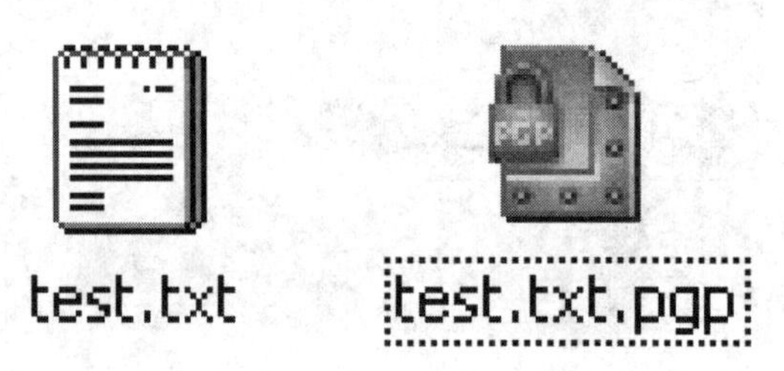

图 2－22　被加密的文件

打开加密后的文件时，程序自动要求输入密码，输入建立该密钥时的密码，如图2－23所示。

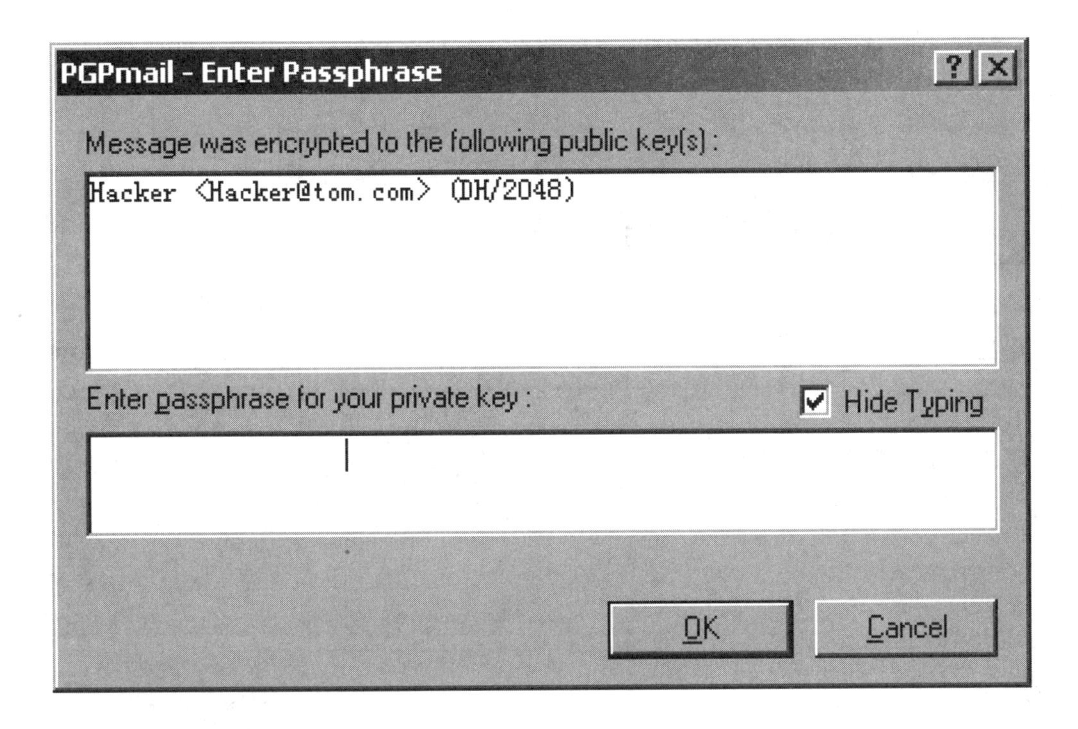

图 2 – 23　打开加密后的文件

3. 使用 PGP 加密邮件

PGP 的主要功能是加密邮件，安装完毕后，PGP 自动和 Outlook 或者 Outlook Express 关联。和 Outlook Express 关联如图 2 – 24 所示。

图 2 – 24　与 Outlook Express 关联

利用 Outlook 建立邮件,可以选择利用 PGP 进行加密和签名,如图 2 - 25 所示。

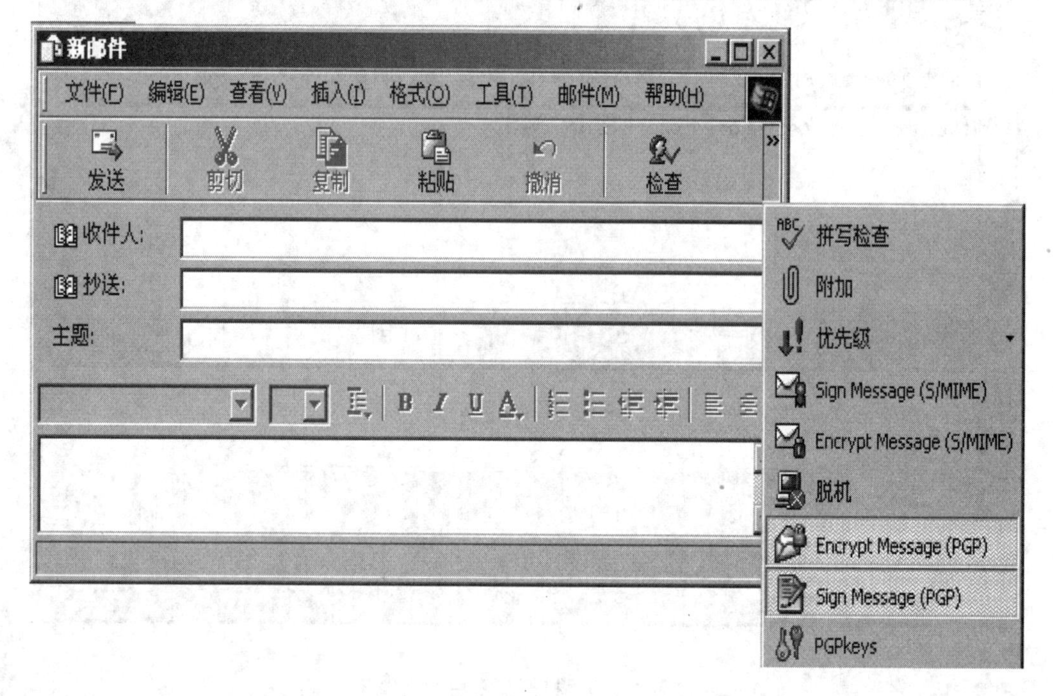

图 2 - 25　用 PGP 对邮件进行加密和签名

学习任务 5　电子商务安全

任务概述

由于现代计算机系统软件的庞大和复杂性,软件安全中的信息安全成为电子商务系统安全的关键。电子商务的信息安全管理包括信息的保密性、交易文件的完整性、信息的不可否认性、交易者身份的真实性。信息加密、数字签名等技术主要解决前三个问题,数字证书主要解决交易者身份的真实性问题。

任务目标

- 掌握电子商务信息安全的四要素
- 了解数字签名和数字证书的原理及应用
- 掌握常用的电子商务安全协议

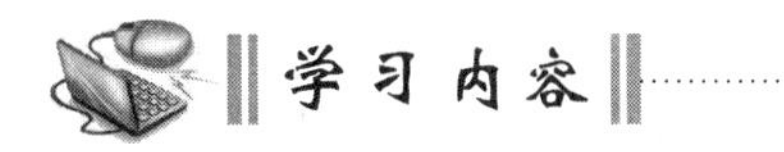

一、电子商务安全概述

电子商务信息安全包括信息传输的保密性、交易文件的完整性、信息的不可否认性及交易者身份的真实性。

电子商务安全是一个复杂的系统问题。由于现代计算机系统软件的庞大和复杂性，软件安全中的信息安全成为电子商务系统安全的关键。基础设施很容易受到各种滥用、误用以及各种不同类型故障的影响。所有电子商务参与者都有可能会遭遇巨大的危险，这些危险可能是由于人为的失误、系统的故障、有意识的犯罪或者各种灾害所造成的。电子商务安全从整体上可以分为两大部分，一是电子商务系统安全，二是电子商务信息安全。本任务将讨论电子商务的信息安全。

1. 信息的保密性

信息的保密性是指信息在传输过程或存储中不被他人窃取。因此，信息需要加密并在必要的节点上设置防火墙。例如，信用卡号在网上传输时，如果非持卡人从网上拦截并知道了该号码，他就可以用这个号码在网上购物，所以必须对要保密的信息进行加密，然后再放到网上传输。

2. 交易文件的完整性

信息的完整性是从信息存储和传输两个方面来讲的。在存储时，要防止非法篡改和破坏网站上的信息。在传输过程中，接收端收到的信息与发送的信息要完全一样，这说明在传输过程中信息没有遭到破坏。尽管信息在传输过程中被加了密，能保证第三方看不到真实的信息，但并不一定能保证信息不被修改。例如，如果发送的信用卡号码是“1234”，接收端收到的却是“1285”，这样，信息的完整性就遭到了破坏。

3. 信息的不可否认性

信息的不可否认性是指信息的发送方不能否认已发送的信息，接收方不能否认已收到的信息。由于商情千变万化，交易达成后是不能否认的，否则必然会损害一方的利益。例如，买方向卖方订购货物，买方订货时世界市场的价格较低，卖方收到订单时价格上涨了，如果卖方否认收到订单的时间，甚至否认收到订单，那么买方就会受到损失。

4. 交易者身份的真实性

交易者身份的真实性是指交易双方确实是存在的，不是假冒的。网上交易的双方相隔千里，互不了解，要使交易成功，必须互相信任，确认对方是真实的，对商家来说要确认客户不是骗子，对客户来说要确认商店不是黑店而是有信誉的商店。

二、数字签名与数字证书

1. 数字签名

所谓“数字签名”就是通过某种密码运算生成一系列符号及代码组成电子密码进行签名，来代替书写签名或印章，对于这种电子式的签名还可进行技术验证，其验证的准确度是一般手工签名和图章所无法比拟的。“数字签名”是目前电子商务、电子政务中应用最普遍、技术最成熟、可操作性最强的一种电子签名方法。它采用了规范化的程序和科学化的方法,用于鉴定签名人的身份以及对一项电子数据内容的认可。它还能验证出文件的原文在传输过程中有无变动,确保传输电子文件的完整性、真实性和不可抵赖性。数字签名在 ISO 标准中定义为:“附加在数据单元上的一些数据,或是对数据单元所做的密码变换,这种数据和变换允许数据单元的接收者用以确认数据单元来源和数据单元的完整性,并保护数据,防止被人(如接收者)进行伪造。”

数字签名技术是公开密钥加密技术和报文分解函数相结合的产物。与加密不同,数字签名的目的是为了保证信息的完整性和真实性。假定 A 发送一个签了名的信息 M 给 B,则 A 的数字签名应该满足下述 3 个条件:

①B 能够证实 A 对信息 M 的签名;

②任何人,包括 B 在内,都不能伪造 A 的签名;

③如果 A 否认对信息 M 的签名,可以通过仲裁解决 A 和 B 之间的争议。

可见,数字签名具有通常签名的特点。数字签名实际上是附加在数据单元上的一些数据或是对数据单元所做的密码变换,这种数据或变换能使数据单元的接收者确认数据单元的来源和数据的完整性,并保护数据,防止被人(如接收者)伪造。

签名机制的本质特征是该签名只有通过签名者的私有信息才能产生,也就是说,一个签名者的签名只能唯一地由他自己产生。当收发双方发生争议时,第三方(仲裁机构)就能够根据消息上的数字签名来裁定这条消息是否确实由发送方发出,从而实现抗抵赖服务。另外,数字签名应是所发送数据的函数,即签名与消息相关,从而防止数字签名的伪造和重用。数字签名技术在原理上,首先用报文分解函数,把要签署的文件内容提炼为一个很长的数字,称为报文分解函数值。签字人用公开密钥系统中的私有密钥加密这个报文,分解函数值,生成所谓的“数字签名”。收件人在收到数字签名的文件后,对此数字签名进行鉴定。用签字人的公开密钥来解开“数字签名”,获得报文分解函数值;然后重新计算文件的报文分解函数值,比较其结果。如果完全相符,则文件内容的完整性、正确性和签字的真实性都得到了保障。因为如果文件被改动,或者有人在没有私有密钥的情况下冒充签字,都将使数字签名的鉴定过程失败。

2. 数字证书

(1)数字证书简介:数字证书就是互联网通信中标志通信各方身份信息的一系列数据,它提供了一种在 Internet 上验证身份的方式,其作用类似于司机的驾驶执照或日常生活中的身份证。它是由一个由权威机构——CA(Certificate Authority)机构,又称为证书授权中心发行的,人们可以在网上用它来识别对方的身份。数字证书是一个经证书授权中心数字签名的包含公开密钥拥有者信息以及公开密钥的文件。

数字证书采用公钥体制,即利用一对互相匹配的密钥进行加密、解密。每个用户自己设定一把特定的仅为本人所知的私有密钥(私钥),用它进行解密和签名;同时设定一把公共密钥(公钥)并由本人公开,为一组用户所共享,用于加密和验证签名。当发送一份保密文件时,发送方使用接收方的公钥对数据加密,而接收方则使用自己的私钥解密,这样信息就可以安全无误地到达目的地了。通过数字的手段保证加密过程是一个不可逆的过程,即只有用私有密钥才能解密。在公开密钥密码体制中,常用的一种是 RSA 体制,其数学原理是将一个大数分解成两个质数的乘积,加密和解密用的是两个不同的密钥。即使已知明文、密文和加密密钥(公开密钥),想要推导出解密密钥(私密密钥),在计算上也是不可能的。按现在的计算机技术水平,要破解目前采用的1 024位RSA密钥,需要上千年的计算时间。公开密钥技术解决了密钥发布的管理问题,商户可以公开其公开密钥,而保留其私有密钥。购物者可以用人人皆知的公开密钥对发送的信息进行加密,安全地传送给商户,然后由商户用自己的私有密钥进行解密。

(2)数字证书的应用:从证书的用途来看,数字证书可分为签名证书和加密证书。签名证书主要用于对用户信息进行签名,以保证信息的真实性和不可否认性;加密证书主要用于对用户传送的信息进行加密,以保证信息的保密性和完整性。

①网上报税:为了加强网上报税系统的安全性,利用基于数字安全证书的用户身份认证技术对网上报税系统中的申报数据进行数字签名,确保申报数据的完整性,确认系统用户的真实身份和申报数据的真实来源,防止出现抵赖行为和他人伪造篡改数据;利用基于数字安全证书的安全通信协议技术,对网络上传输的机密信息进行加密,防止纳税人商业机密或其他敏感信息泄露。

②工商管理:以数字安全证书认证技术为核心,以工商行政管理计算机信息网络为基础,面向全国、全省各类型企业的一项信息化工程基础项目。它可以使工商局更加有效地管理企业,并且保证企业能够在更加安全的网络环境中从事经济活动。

③网上办公:网上办公系统综合国内政府、企事业单位的办公特点,提供了一个虚拟的办公环境,并在该系统中嵌入数字认证技术,展开网上政文的上传下达,通过网络联系各个岗位的工作人员,通过数字安全证书进行数字加密和数字签名,实行跨部门运作,实现安全便捷的网上办公。

④网上招标:以往的招投标受时间、地域和人文的影响,存在着许多弊病,而实行网上的公开招投标,利用数字安全证书对企业进行身份确认,招投标企业只有在通过身份和资质审核后,才可在网上展开招投标活动,从而确保了招投标企业的安全性和合法性,双方企业通过安全网络通道了解和确认对方的信息,选择符合自己条件的合作伙伴,确保网上的招投标在一种安全、透明、信任、合法、高效的环境下进行。

⑤网上交易:利用数字安全证书的认证技术,对交易双方进行身份确认以及资质的审核,确保交易者信息的唯一性和不可抵赖性,保护了交易各方的利益,实现安全交易。

⑥安全电子邮件:邮件的发送方利用接收方的公开密钥对邮件进行加密,邮件接收方用自己的私有密钥解密,确保了邮件在传输过程中的信息安全性、完整性和唯一性。

三、电子商务安全协议

1. SSL协议

从事电子商务活动时会遇到一些常见的在Internet上进行欺骗的行为:

①采用假的服务器来欺骗用户的终端;

②采用假的用户名来欺骗服务器;

③在信息的传输过程中截取信息;

④在Web服务器及Web用户之间进行双方欺骗。

这些攻击模式之所以能得逞,在于传输层协议上没有相应的安全措施。SSL在这种情况下应运而生，由 Netscape 研制并实现，SSL(Secure Sockets Layer)的中文译名叫安全套接层协议。SSL 主要适用于点对点之间的信息传输，通过在浏览器和 WWW 服务器之间建立一条安全通道来实现在 Internet 中传输保密文件。

SSL 是一个用来保证安全传输文件的协议，它包括服务器认证、客户认证(可选)、SSL 链路上的数据完整性和 SSL 链路上的数据保密性。对于电子商务应用来说，使用 SSL 可保证信息的真实性、完整性和保密性。SSL 的工作过程如图 2－26 所示。

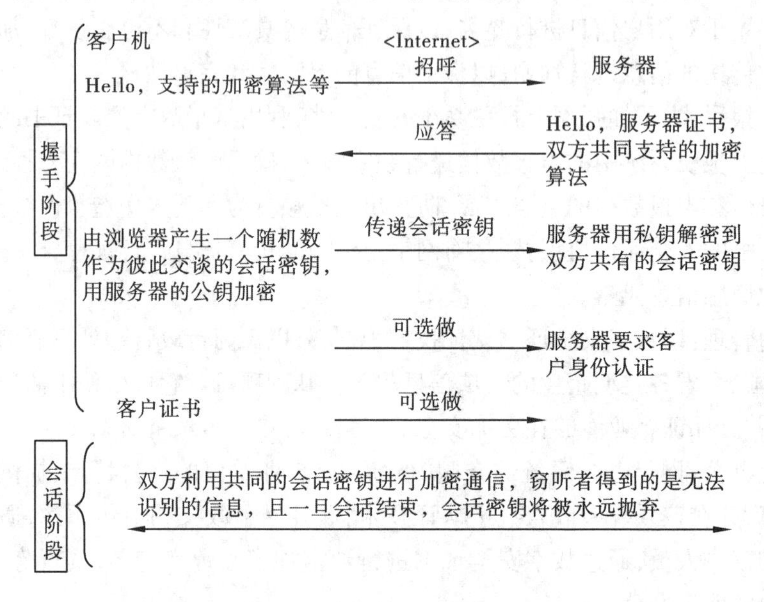

图 2－26　SSL 的工作过程

由于 SSL 不对应用层的消息进行数字签名，因此不能提供交易的不可否认性，这是 SSL 在电子商务中使用的最大不足。SSL 协议只能保证传送过程安全。SSL 协议有利于商家而不利于客户，因为客户的信用卡信息首先传到商家，商家阅读后再传到银行，这样客户资料的安全性便受到威胁。SSL 协议的运行基点是商家对客户信息的保密承诺，但不幸的是网上已经发生过大量黑客通过商家服务器窃取信用卡号的案例。另外，该协议无法保证商家是该信用卡的特约商户，也无法保证购买者就是该信用卡的合法拥有者。随着电子商务的不断发展，SSL 协议作为国际上最早应用于电子商务的一种网络安全技术，其缺陷越来越多地暴露出来，并逐渐被 SET 协议所取代。

2. SET 协议

为了促进电子商务的发展，彻底解决在线交易中商家和客户信息的安全传输问题，同时为了改进 SSL 安全协议不利于客户的缺陷，全球著名的信用卡集团 Visa 和 Master－card 联合开发了 SET 电子商务交易安全协议。这是一个为了在因特网上进行在线交易而设立的一个开放的、以电子货币为基础的电子安全支付体系。SET 克服了 SSL 安全协议有利于商家而不利于顾客的缺点，它在保留对客户信用卡认证的前提下，又增加了对商家身份的认证，这对于需要支付货币的交易来讲是至关重要的。由于设计合理，SET 协议得到了 IBM、HP、Microsoft、Netscape 等许多大公司的支持，已成为事实上的工业标准。

SET 协议比 SSL 协议复杂许多,它不仅加密两个端点间的单个会话,还可以加密和认定三方间的多个信息。

(1)SET 协议所涉及的主要角色:SET 协议所涉及的主要角色包括以下 6 个。

①持卡人或消费者(Card Holder),包括个人消费者和团体消费者,按照在线商店的要求填写出订货单,使用发卡银行发行的信用卡进行付款。

②发卡银行(Issuing Bank),即电子货币(如智能卡、电子现金、电子钱包)发行公司,以及某些兼有电子货币发行的银行。根据不同品牌卡的规定和政策,保证对每一笔认证交易的付款。

③商家(Merchant),提供商品或服务,具备相应电子货币使用的条件。

④收单银行(Acquiring Bank),通过支付网关处理消费者和在线商店之间的交易付款问题。

⑤支付网关,是传统的银行专用网络和开放的 Internet 之间的接口设备,负责 Internet 数据和银行间专用网络数据的转换、加密、解密和通信工作。

⑥认证中心(Certificate Authority),负责对交易双方身份的确认,对厂商的信誉度和消费者的支付手段进行认证。

SET 支付系统中 6 个参与方之间的关系如图 2-27 所示。

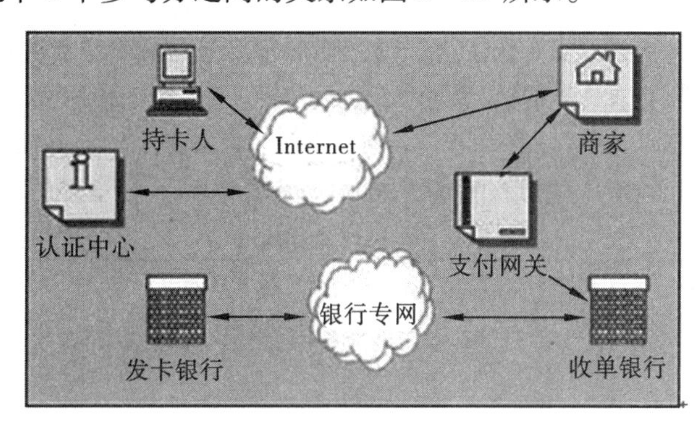

图 2-27 SET 支付系统中 6 个参与方之间的关系图

(2)SET 协议交易的过程:SET 协议交易分以下 3 个阶段进行。

①在购买请求阶段,用户与商家确定所用支付方式的细节。

②在支付的认定阶段,商家会与银行核实,随着交易的进展他们将得到付款。

③在受款阶段,商家向银行出示所有交易的细节,然后银行以适当方式转移存款。

用户只和交易的第一阶段有关,银行与第二、三阶段有关,而商家与三个阶段都发生关系。每个阶段都涉及 RSA 对数据加密,以及 RSA 数字签名。

使用 SET 协议,在一次交易中要完成多次加密与解密操作,故要求商家的服务器有很高的处理能力。

SET 支持了电子商务的特殊安全需要,如:购物信息和支付信息的私密性;使用数字签名确保支付信息的完整性;使用数字签名和持卡人证书,对持卡人的信用卡进行认证;使用数字签名和商户证书,对商户进行认证,保证各方对有关事项的不可否认性。

3. SSL 和 SET 协议的比较

从整体性能来说，两个协议各有优、缺点。从实际运用情况来看，由于 SET 协议的设置成本较 SSL 高许多，且进入国内市场的时间较短，因此目前 SSL 在我国国内的普及率较高，约占 80%。但是随着网上交易的安全性需求的不断增强，SET 的市场占有率会有较大幅度的提高。SSL 和 SET 协议的比较见表 2－7。

表 2－7　SSL 协议与 SET 协议的比较

项目	SSL 协议	SET 协议
参与方	客户、商家和网上银行	客户、商家、支付网关、认证中心和网上银行
软件费用	已被大部分 Web 浏览器和 Web 服务器所内置，因此可直接投入使用，无须额外的附加软件费用	必须在银行网络、商家服务器、客户机上安装相应的软件，而不是像 SSL 协议那样可直接使用，因此增加了许多附加软件费用
便捷性	SSL 在使用过程中无须在客户端安装电子钱包，因此操作简单；每天交易有限额规定，因此不利于购买大宗商品；支付迅速，几秒钟便可完成支付	SET 协议在使用中必须使用电子钱包进行付款，因此在使用前，必须先下载电子钱包软件，因此操作复杂，耗费时间；每天交易无限额，利于购买大宗商品；由于存在验证过程，因此支付缓慢，有时还不能完成交易
安全性	只有商家的服务器需要认证，客户端认证则是有选择的；缺少对商家的认证，因此客户的信用卡号等支付信息有可能被商家泄露	安全需求高，因此所有参与交易的成员，包括客户、商家、支付网关、网上银行都必须先申请数字证书来标识身份；保证了商家的合法性，并且客户的信用卡号不会被窃取，替消费者保守了更多的秘密，使其在购物和支付时更加放心

学习任务 6　加密软件使用

任务概述

在信息化时代，信息的保密和获取会让我们受益匪浅，同样，信息如果被窃取和破坏会给我们带来重大的损失。因此，文件的保护和加密在我们的日常工作和生活中显得异常重要，本任务将介绍常用的加密方法和文件加密软件的使用。

任务目标

- 了解常见的加密技术
- 熟悉常见的加密软件

网络的快速发展，在带来便捷的同时也带来了许多未知风险，一不小心自己的重要文件资料就可能泄露出去。为了防止这种情况发生，文件夹加密软件在当今电脑用户的生活工作中被频繁使用：使用它对自己的重要文件加密、对文件夹加密，甚至对磁盘加密……总之保护个人信息不留死角，才能安心。

一、文件加密

文件加密就是对文件进行加密保护，以某种特殊的算法改变原有的信息数据，使得未授权的用户即使获得了已加密的信息，但因不知解密的方法，仍然无法了解信息的内容。文件加密软件是一款文件加密、文件夹加密软件，软件采用了成熟先进的加密算法、加密方法和文件系统底层驱动，使文件加密和文件夹加密后达到超高的加密强度，并且还能够防止被删除、复制和移动。

1. 加密技术

加密技术包括两个元素：算法和密钥。

（1）算法：将普通的文本（或者可以理解的信息）与一串数字（密钥）结合，产生不可理解的密文的步骤。

（2）密钥：用来对数据进行编码和解码的一种算法。

2. 文件加密方法

（1）使用 Windows 操作系统自身附带的功能完成文件加密。

（2）可以根据自己的需要，选择第三方加密软件进行文件加密。例如：Winrar、金锁文件夹加密特警、加密金刚锁、Easycode Boy Plus！等。

二、加密软件功能

1. 文件夹加密功能

（1）闪电加密：瞬间加密电脑里或移动硬盘上的文件夹，无大小限制，加密后禁止复制、拷贝和删除，并且不受系统影响，即使重装、Ghost 还原、在 DOS 和安全模式下，加密的文件夹依然保持加密状态。

（2）隐藏加密：瞬间隐藏你的文件夹，加密速度和效果与闪电加密相同。

闪电加密和隐藏加密主要针对一些不是十分重要，而且比较大的文件夹。其特点是加密、解密速度特快，并且不额外占用磁盘空间，还可以防止删除、复制。

“文件夹加密超级大师”的这两种加密方法，是利用系统的特性设计，设计得极其完善和安全，是目前使用相同加密方法的同类软件中加密强度最高和最安全的。

（3）金钻加密：把文件夹打包加密成一个加密文件。这样加密后，如果不解密，任何人也无法知道文件夹内存放的是什么数据。

（4）全面加密：将文件夹中的所有文件一次全部加密，使用时需要哪个打开哪个，方便安全。如果需要把文件夹内的文件全部解密，只需要在这个文件夹上单击右键，选择“解密全面加密文件夹”，然后输入正确密码，点击解密按钮就可以了。

（5）移动加密：把文件夹打包加密成一个 EXE 文件。这样加密后，你可以把移动加密的文件夹在其他没有安装“文件夹加密超级大师”的机器上解密。

金钻加密、全面加密、移动加密这三种加密方法主要针对十分重要,但不是特别大的文件夹(最好不要超过600 MB)。其特点是加解密速度不是很快(每秒10 MB ~ 25 MB),因为是使用国际上成熟的加密算法将文件夹内的数据加密成不可识别的密文,所以加密强度最高,没有密码绝对无法解密。这三种加密方法是其他同类加密软件所没有的。

2. 文件加密功能

采用先进的加密算法,使你的文件加密后,真正地达到超高的加密强度,让你的加密文件无懈可击,没有正确密码无法解密。同时,还具有文件加密后的临时解密功能:文件加密后,在使用时输入正确密码,选择打开;使用完毕后,自动恢复到加密状态,无须再次加密。

3. 磁盘保护功能

(1)彻底隐藏电脑里的硬盘和光驱,禁止和只读使用USB设备。

(2)磁盘保护功能可以对电脑中的磁盘进行初级、中级、高级保护。高级保护的磁盘分区彻底隐藏后,在任何环境下都无法找到。

(3)禁止使用USB设备后,插入U盘和移动硬盘不会有任何反应;只读使用USB设备后,可以读取U盘里的数据,但无法向U盘或移动硬盘里写入数据。

(4)数据粉碎功能:彻底删除你需要删除的文件和文件夹,用数据恢复软件无法恢复。

(5)文件夹伪装功能:把文件夹伪装成系统文件夹,方便快捷地保护你的数据。

(6)万能锁功能:快速锁住你的磁盘分区、文件夹和文件。

(7)系统垃圾清理和安全优化设置功能:让你的电脑保持干净、快速、安全、高效。

三、常用的加密方法

有些重要的文件或比较隐私的文件存放在电脑上,这些文件我们只希望自己能看到并使用,不希望别人访问。保护文件最有效的方法就是设置密码,密码设置方法主要有两种:一种是利用Windows系统自带的加密功能进行加密,一种是利用加密软件进行加密。

1. 利用系统进行加密

(1)第一步:打开你的Windows资源管理器,如图2-28所示。

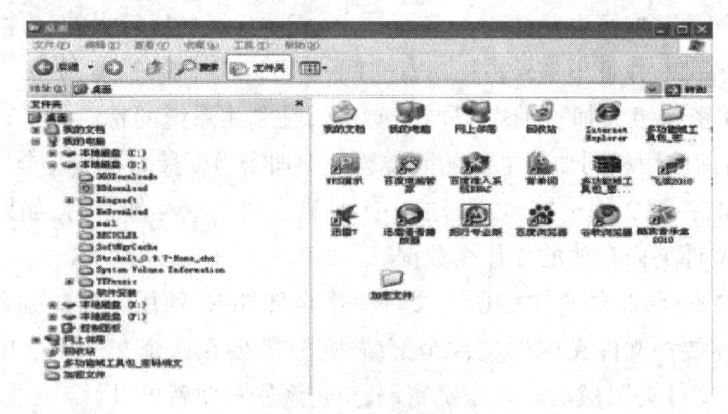

图2-28 资源管理器

（2）第二步：右键点要加密的文件或文件夹，然后单击“属性”，如图2－29所示。

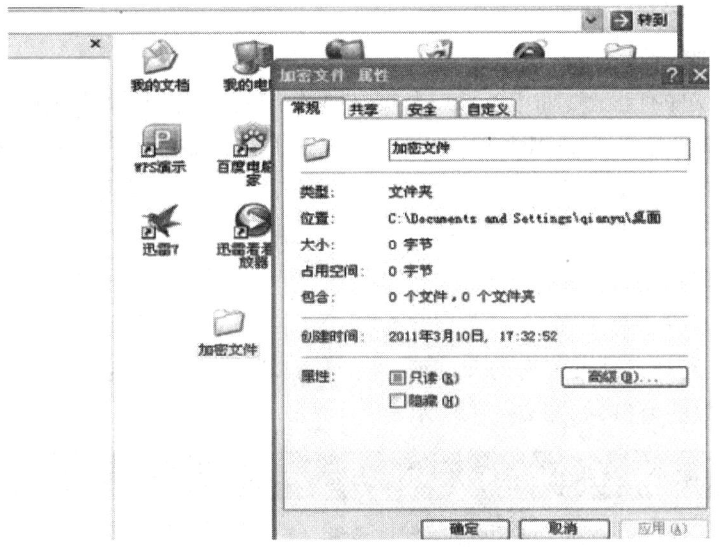

图2－29 加密文件（1）

（3）第三步：在“常规”选项卡点击“高级”，选中“加密内容以便保护数据”复选框，如图2－30所示。

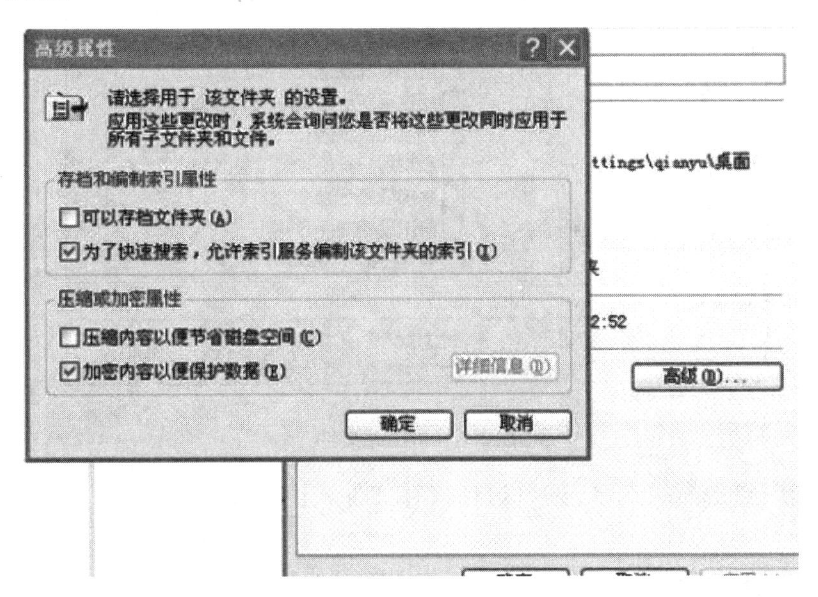

图2－30 加密文件（2）

（4）说明：

①该方法只可以加密NTFS分区卷上的文件和文件夹。

②标记为“系统”属性的文件无法加密，并且位于系统根目录结构中的文件也无法加密。

③在加密文件夹时，系统将询问是否要同时加密它的子文件夹。如果选择“是”，那

它的子文件夹也会被加密,以后所有添加进文件夹中的文件和子文件夹都将在添加时自动加密或者在压缩文件时加密。

2. 利用加密软件进行加密

文件加密软件有很多,如 WinZip、金锁文件夹加密特警、加密金刚锁、Easycode Boy Plus! 等。WinZip 是由 Nico Mak Computing 公司开发的功能强大并且易用的压缩文件管理工具,支持.ZIP、.CAB、.TAR、.GZIP、.MIME 等多种格式的压缩文件。Winzip 是目前比较流行的压缩工具软件之一,它突出的优点是操作简单,对文件的压缩速度快;而且程序提供了与网络浏览器的方便链接,极大地方便了 Internet 用户进行软件的下载、解压 。

(1)用 WinZip 进行加密:下面就以 WinZip 为例讲解一下加密过程。

①第一步:选择自己要加密的文件夹,点击右键,选择添加到压缩文件,会弹出一个压缩文件名和参数的窗口,如图 2-31 所示。

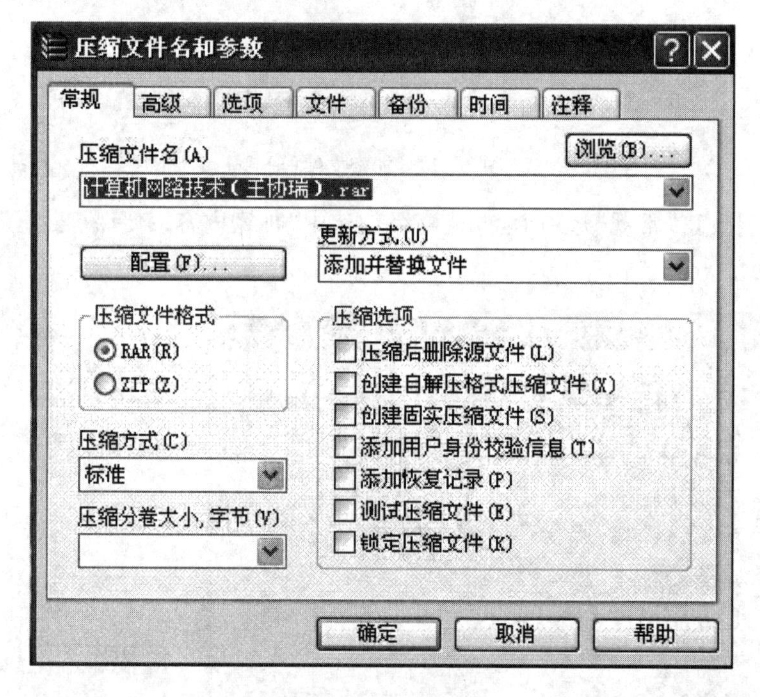

图 2-31　压缩文件

②第二步:点击高级选项,然后选择保存文件安全数据,然后点击设置密码,如图 2-32所示。

③第三步:输入密码后选择"确定",注意密码不要太长,以免自己忘记密码。

压缩完文件夹要把原文件夹删除,别人就只能看到这个压缩文件夹了,除非他知道密码,否则是看不到你的文件内容的。自己要想看文件的话,需要输入密码解压后才能看到。

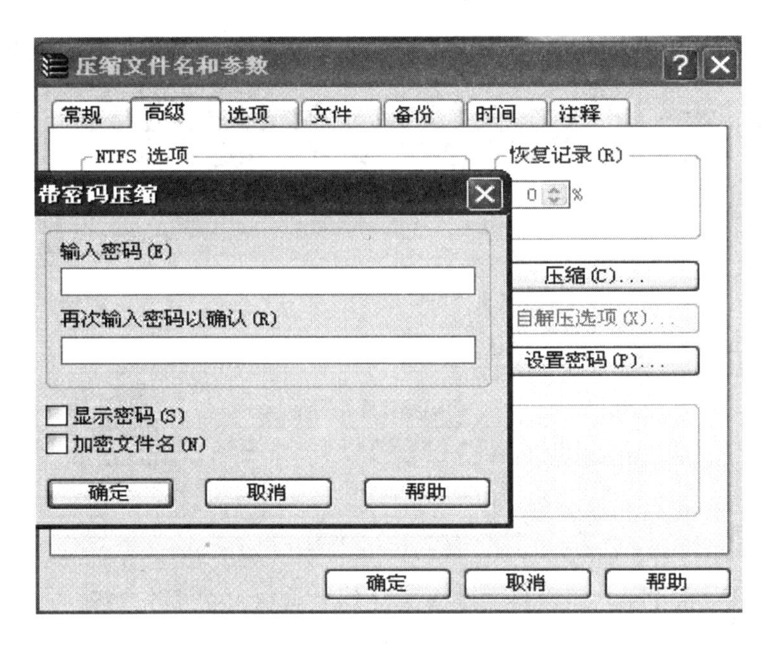

图 2－32　压缩文件加密

(2) Easycode Boy Plus！的使用：万能加密器 Easycode Boy Plus！也是一个功能不错的文件加密软件，它小巧高速，采用高速算法，加密速度快、安全性能好、界面美观，有加/解密列表功能。

①首先安装 Easycode Boy Plus！加密软件，安装完成后加密界面如图 2－33 所示。

图 2－33　加密

②Easycode Boy Plus！也可以对加密文件实现解密操作，界面如图 2－34 所示。

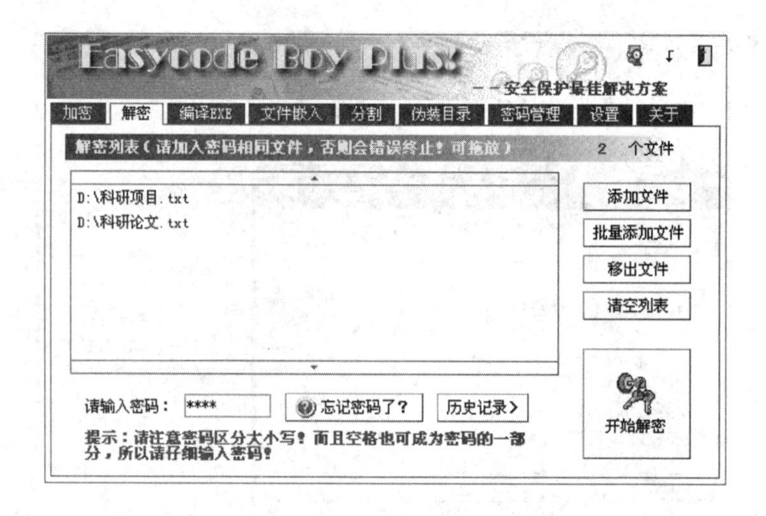

图 2－34　解密

③Easycode Boy Plus！可以将文件编译为 EXE 自解密文件并运行。

第一步：编译为 EXE 自解密文件，如图 2－35 所示。

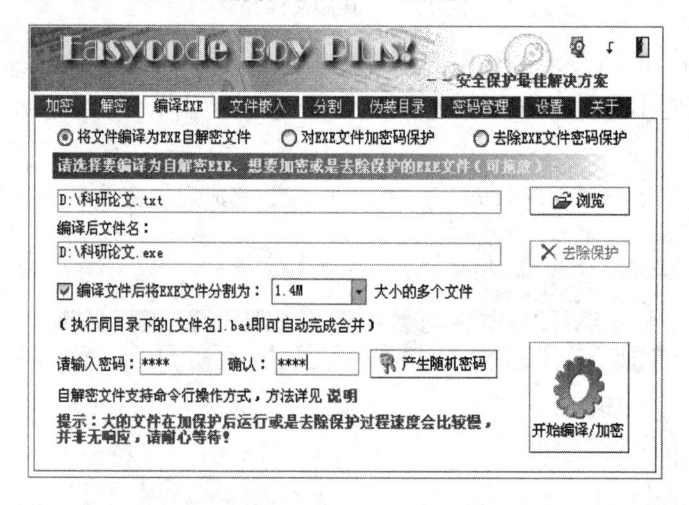

图 2－35　编译为 EXE 自解密文件

第二步：运行自解密 EXE 文件，如图 2－36 所示。

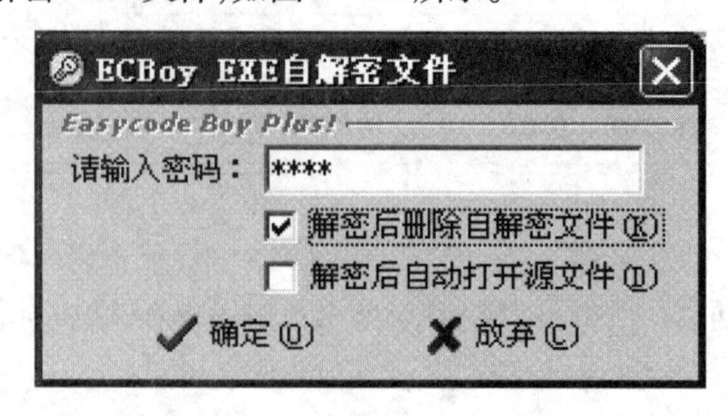

图 2－36　运行自解密 EXE 文件

④对于过去设置的密码，Easycode Boy Plus！可以对其进行管理，操作界面如图 2－37

所示。

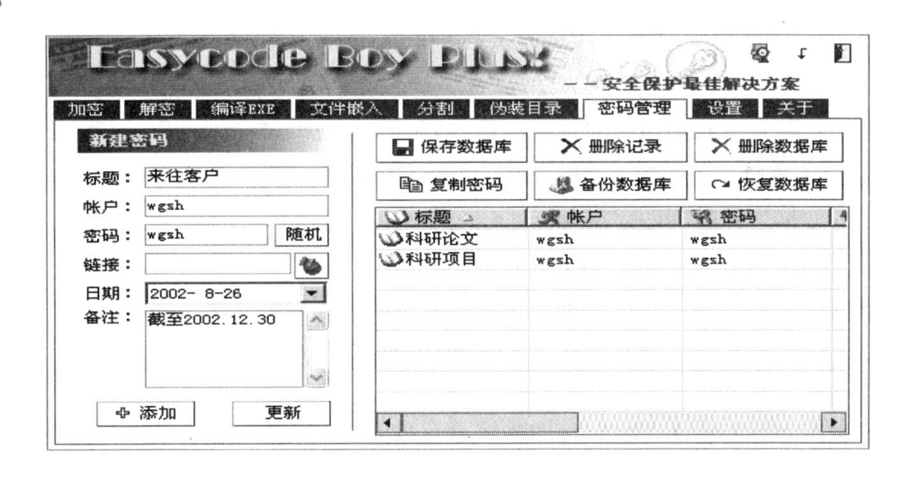

图 2－37　密码管理

思考练习

一、选择题

1. 可以认为数据的加密和解密是对数据进行的某种变换，加密和解密的过程都是在(　　)的控制下进行的。

   A. 明文　　B. 密文　　C. 信息　　D. 密钥

2. 为了避免冒名发送数据或发送后不承认的情况出现，可以采取的办法是(　　)。

   A. 数字水印　　B. 数字签名

   C. 访问控制　　D. 发电子邮件确认

3. 数字签名技术是公开密钥算法的一个典型的应用，在发送端，它是采用(　　)，对要发送的信息进行数字签名；在接收端，采用(　　)进行签名验证。

   A. 发送者的公钥　　B. 发送者的私钥

   C. 接收者的公钥　　D. 接收者的私钥

4. 数字签名为保证其不可更改性，双方约定使用(　　)。

   A. Hash 算法　　B. RSA 算法

   C. CAP 算法　　D. ACR 算法

5. 数字证书采用公钥体制，每个用户设定一把公钥，由本人公开，用它进行(　　)。

   A. 加密和验证签名　　B. 解密和签名

   C. 加密　　D. 解密

二、填空题

1. 在________体制中，使用的密钥完全保密，且要求加密密钥和解密密钥相同，或由其中的一个很容易地推出另一个。

2. 在________算法中，加密和解密使用不同的密钥，一般来说，用对方的公钥进行加密，用自己的私钥进行解密。

3. 常见的密码体制有________和________。
4. DES算法是典型的对称密码算法，是一种用56位密钥来加密________位数据的方法。
5. ________就是互联网通信中标志通信各方身份信息的一系列数据，它提供了一种在Internet上验证身份的方式，人们可以在网上用它来识别对方的身份。
6. 电子商务信息安全的四要素是________、________、________、________。

三、问答题

1. 数据在网络上传输为什么要加密？现在常用的数据加密算法主要有哪些？
2. 简述DES算法和RSA算法的基本思想。这两种典型的数据加密算法各有什么优劣？
3. 密码技术的具体应用有哪些？
4. PGP是一个什么软件？简要说明它和RSA、DES的关系。

单元要点归纳

本单元介绍了密码学的基本知识，包括密码学的历史发展、密码学的含义和相关概念；结合密码学现状介绍了对称密码体制和非对称密码体制，以及几种著名的加密算法，如 DES、RSA 等以及这些算法在数字签名方面的应用，并给出了算法的具体实例；同时也介绍了一些电子商务安全方面的知识以及常用加密软件的应用。通过本单元的学习，能够掌握基本的信息加密技术，为今后的网络安全防范打下良好的基础。

第三单元 网络协议基础

单元概述

要实现网络互联,大家必须遵守一个共同的约定以实现主机之间的通信。网络协议有很多,但目前使用最多的是TCP/IP协议(即传输控制协议/因特网互联协议),它是Internet最基本的协议,是Internet国际互联网络的基础,由网络层的IP协议和传输层的TCP协议组成。IP地址是IP协议提供的一种统一的地址格式,它为互联网上的每一个网络和每一台主机分配一个逻辑地址,以此来屏蔽物理地址的差异。本单元主要介绍各种网络协议、IP地址相关知识、常见的网络服务原理以及常见的网络操作命令。

单元目标

- 能够掌握网络协议的定义和网络分层的好处
- 能够掌握OSI开放系统互联参考模型及TCP/IP协议簇
- 能够掌握IP地址分类
- 能够理解常见的网络服务原理,学会使用各种网络服务
- 能够学会使用常见的网络命令解决网络故障

学习任务1 网络协议概述

任务概述

数据通信是指两个计算机程序之间进行信息传输的过程。通信双方为了进行网络中的数据交换而建立的规则、标准或约定称为网络协议，主要由语法、语义和同步组成。为了保证网络功能的独立性通常将协议分层，网络中常用的分层协议是 TCP/IP 协议，它是一个协议簇，它实现不同网络之间的互联、资源共享和数据通信。

任务目标

- 能够掌握网络协议的定义
- 能够理解协议分层的好处
- 能够掌握 OSI 七层网络模型和 TCP/IP 协议簇
- 能够理解并掌握 TCP 工作原理

学习内容

一、网络协议定义

通信双方为进行网络中的数据交换而建立的规则、标准或约定称为网络协议(Network Protocol)。网络协议也可简称为协议。更进一步讲，网络协议主要由以下三个要素组成：

①语法，即数据与控制信息的结构或格式。

②语义，即需要发出何种控制信息，完成何种动作以及做出何种响应。

③同步，即双方的交互关系和事件顺序。

由此可见，网络协议是计算机网络不可缺少的组成部分。

二、协议簇

复杂的通信系统中，协议是非常复杂的。为了保证网络的各个功能的独立性，通常将协议划分为多个子协议，子协议间保持一种层次结构，子协议的集合通常称为协议簇(协议栈)。

三、协议分层

协议通常有两种不同的形式，一种是用便于阅读和理解的文字描述的，一种是用计算机能够理解的程序代码描述的。为了减少协议设计的复杂性，便于维护，网络设计采用分层结构，协议也是分层执行，每一层利用相邻的下层提供的服务，又向相邻的上层提供服务。我们将计算机网络的各层及协议的集合称为网络体系结构(Architecture),如图 3-1 所示。

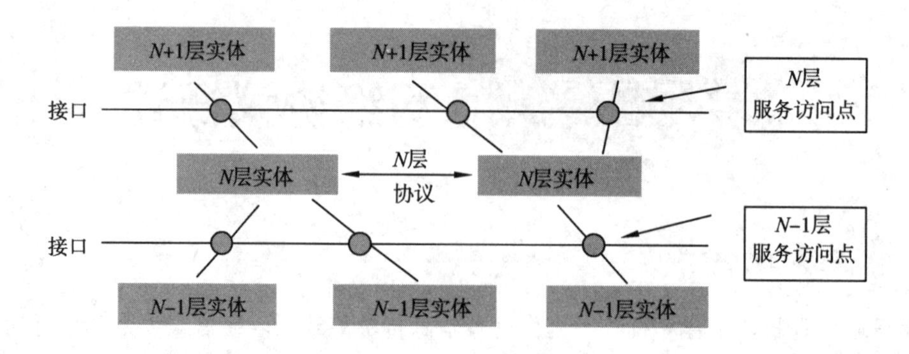

图 3-1 分层结构图

1. 采用分层的好处

(1)各层之间是独立的。由于每一层只实现一种相对独立的功能,因而可将一个难以处理的复杂问题分解为若干个较容易处理的更小一些的问题。这样,整个问题的复杂程度就下降了。

(2)灵活性好。当任何一层发生变化时(例如由于技术的变化),只要层间接口关系保持不变,则这层以上或以下的各层均不受影响。此外,对某一层提供的服务还可进行修改,当某一层提供的服务不再需要时,甚至可以将这层取消。

(3)结构上可分割开。各层都可以采用最合适的技术来实现。

(4)易于实现和维护。这种结构使得实现和调试一个庞大而又复杂的系统变得易于处理。

(5)能促进标准化工作。

2. 每一层的功能

分层时应注意每一层的功能要明确,通常每一层所要实现的功能往往是下面的一种或几种:

(1)差错控制。使得和网络对端的相应层次的通信更加可靠。

(2)流量控制。控制发送端的发送速率不要太快,使接收端来得及接收。

(3)分段和重装。发送端将要发送的数据块划分为更小的单位,在接收端将其还原。

(4)复用和分用。发送端几个高层会话复用一条低层的链接,在接收端再进行分用。

(5)连接建立和释放。交换数据前先建立一条逻辑链接,数据传送结束后释放链接。

四、OSI 参考模型

OSI(Open System Interconnection,开放式系统互联参考模型)是国际标准化组织(International Standards Organization,ISO)制定的模型,把计算机之间的通信从逻辑上分为七个互相连接的协议层,如图 3-2 所示。

应用层
表示层
会话层
传输层
网络层
数据链路层
物理层

图3-2 OSI 参考模型

1. 物理层

物理层(Physical Layer)是OSI参考模型的最底层,也是OSI的第一层。主要功能是利用传输介质为数据链路层提供物理链接,实现比特流的透明传输。同时规定了设备的机械、电气、功能和规程特性,尽可能屏蔽掉具体传输介质和物理设备的差异。该层上的物理设备主要有网线、集线器、中继器、调制解调器等。

物理层可能受到的安全威胁是搭线窃听和监听,可利用数据加密、数据标签加密、数据标签、流量填充等方法保护物理层安全。

2. 数据链路层

数据链路层(Data Link Layer)是OSI模型的第二层,负责建立和管理节点间的链路。该层的主要功能是:通过各种控制协议,将有差错的物理信道变为无差错的、能可靠传输的数据帧。在计算机网络中由于各种干扰的存在,物理链路是不可靠的。因此,这一层的主要功能是在物理层提供的比特流的基础上,通过差错控制、流量控制方法,使有差错的物理线路变为无差错的数据链路,即提供可靠的通过物理介质传输数据的方法。

该层通常又被分为介质访问控制(MAC)和逻辑链路控制(LLC)两个子层。MAC子层的主要任务是解决共享型网络中多用户对信道竞争的问题,完成网络介质的访问控制;LLC子层的主要任务是建立和维护网络链接,执行差错校验、流量控制和链路控制。该层上的物理设备有网桥、交换机等。

3. 网络层

网络层(Network Layer)是OSI模型的第三层,它是通信子网的最高一层。它在下两层的基础上向资源子网提供服务。其主要任务是:通过路由选择算法,为报文或分组通过通信子网选择最适当的路径。该层控制数据链路层与传输层之间的信息转发,建立、维持和终止网络的链接。具体地说,数据链路层的数据在这一层被转换为数据包,然后通过路径选择、分段组合、顺序、进/出路由等控制,将信息从一个网络设备传送到另一个网络设备。该层的物理设备有路由器。

在实现网络层功能时,需要解决的主要问题如下:

(1)寻址:数据链路层中使用的物理地址(如MAC地址)仅解决网络内部的寻址问题。在不同子网之间通信时,为了识别和找到网络中的设备,每一子网中的设备都会被分配一个唯一的地址。由于各子网使用的物理技术可能不同,因此这个地址应当是逻辑地址(如 IP 地址)。

(2)交换:规定不同的信息交换方式。常见的交换技术有电路交换技术和存储转发技术,后者又包括报文交换技术和分组交换技术。

(3)路由算法:当源节点和目的节点之间存在多条路径时,本层可以根据路由算法,通过网络为数据分组选择最佳路径,并将信息从最合适的路径由发送端传送到接收端。

(4)链接服务:与数据链路层流量控制不同的是,前者控制的是网络相邻节点间的流量,后者控制的是从源节点到目的节点间的流量。其目的在于防止阻塞,并进行差错检测。

4. 传输层

该层的主要任务是:向用户提供可靠的端到端的差错和流量控制,保证报文的正确传输。传输层的作用是提供建立、维护和拆除传输链接的功能,向高层屏蔽下层数据通信的细节,即向用户透明地传送报文,传输层在网络层的基础上为高层提供“面向链接”和“面向无链接”两种服务。该层常见的协议:TCP/IP 中的 TCP 协议、Novell 网络中的 SPX 协议和微软的 NetBIOS/NetBEUI 协议。

5. 会话层

会话层(Session Layer)是 OSI 模型的第 5 层,是用户应用程序和网络之间的接口,主要任务是:向两个实体的表示层提供建立和使用链接的方法。将不同实体之间的表示层的链接称为会话,因此会话层的任务就是组织和协调两个会话进程之间的通信,并对数据交换进行管理。计算机之间的通信分为单工、半双工和全双工通信。会话层的具体功能如下:

(1)会话管理:允许用户在两个实体设备之间建立、维持和终止会话,并支持它们之间的数据交换。例如提供单方向会话或双向同时会话,并管理会话中的发送顺序,以及会话所占用时间的长短。

(2)会话流量控制:提供会话流量控制和交叉会话功能。

(3)寻址:使用远程地址建立会话链接。

(4)差错控制:从逻辑上讲会话层主要负责数据交换的建立、保持和终止,但实际的工作却是接收来自传输层的数据,并负责纠正错误。会话控制和远程过程调用均属于这一层的功能。

6. 表示层

表示层(Presentation Layer)是 OSI 模型的第六层,它对来自应用层的命令和数据进行解释,对各种语法赋予相应的含义,并按照一定的格式传送给会话层。其主要功能是处理用户信息的表示问题,如编码、数据格式转换和加密解密等。表示层的具体功能如下:

(1)数据格式处理:协商和建立数据交换的格式,解决各应用程序之间在数据格式表示上的差异。

(2)数据的编码:处理字符集和数字的转换。例如由于用户程序中的数据类型(整型或实型、有符号或无符号等)、用户标识等都可以有不同的表示方式,因此,在设备之间需要具有在不同字符集或格式之间转换的功能。

(3)压缩和解压缩:为了减少数据的传输量,这一层还负责数据的压缩与恢复。

(4)数据的加密和解密:可以提高网络的安全性。

7. 应用层

应用层(Application Layer)是 OSI 参考模型的最高层,它是计算机用户以及各种应用程序和网络之间的接口,其功能是直接向用户提供服务,完成用户希望在网络上完成的各种工作。它在其他 6 层工作的基础上,负责完成网络中应用程序与网络操作系统之间的联系,建立与结束使用者之间的联系,并完成网络用户提出的各种网络服务及应用所需的监督、管理和服务等。此外,该层还负责协调各个应用程序间的工作。

应用层为用户提供的服务和协议有:文件服务、目录服务、文件传输服务(FTP)、远程登录服务(Telnet)、电子邮件服务(E-mail)、打印服务、安全服务、网络管理服务、数据库服务等。

五、TCP/IP 协议

TCP/IP 已成为描述基于 IP 通信的代名词,它实际上是指整个协议簇,每个协议都有自己的功能。

1. TCP/IP 网络参考模型

TCP/IP(Transmission Control Protocol/Internet Protocol)的中译名为传输控制协议/因特网互联协议,又名网络通信协议,是 Internet 最基本的协议和 Internet 国际互联网络的基础,由网络层的 IP 协议和传输层的 TCP 协议组成。TCP/IP 定义了电子设备如何链入因特网,以及数据如何在它们之间传输的标准。协议采用了 4 层的层级结构,每一层都呼叫它的下一层所提供的协议来完成自己的需求。

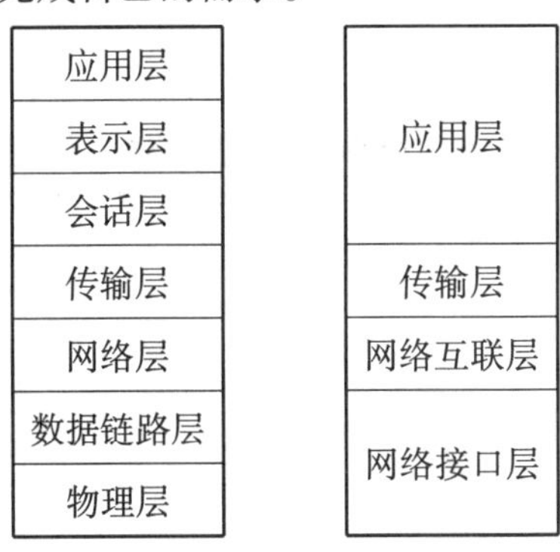

图 3-3 OSI 与 TCP/IP

2. TCP/IP 模型

(1)网络接入层:物理层定义物理介质的各种特性:机械特性、电子特性、功能特性、规程特性。数据链路层负责接收 IP 数据包并通过网络发送,或者从网络上接收物理帧,抽出 IP 数据包,交给 IP 层。ARP 是正向地址解析协议,通过已知的 IP,寻找对应主机的 MAC 地址。RARP 是反向地址解析协议,通过 MAC 地址确定 IP 地址。

(2)网络层:负责相邻计算机之间的通信。其功能包括三方面。①处理来自传输层的分组发送请求,收到请求后,将分组装入 IP 数据包,填充包头,选择去往信宿机的路径,然后将数据包发往适当的网络接口。②处理输入数据包:首先检查其合法性,然后进行寻径——假如该数据包已到达信宿机,则去掉包头,将剩下部分交给适当的传输协议;假如该数据包尚未到达信宿机,则转发该数据包。③处理路径、流控、拥塞等问题。

网络层包括:IP(Internet Protocol)协议、ICMP(Internet Control Message Protocol)、控制报文协议、ARP(Address Resolution Protocol)地址转换协议、RARP(Reverse ARP)反向地址转换协议。IP是网络层的核心,通过路由选择将下一条IP封装后交给接口层。IP数据包是无链接服务。ICMP是网络层的补充,可以回送包文,用来检测网络是否通畅。ping命令就是发送ICMP的echo包,通过回送的echo relay进行网络测试。

(3)传输层:提供应用程序间的通信。其功能包括:格式化信息流,提供可靠传输。为实现后者,传输层协议规定接收端必须发回确认,并且假如分组丢失,必须重新发送,从而提供可靠的数据传输。传输层协议主要是:传输控制协议TCP(Transmission Control Protocol)和用户数据报协议UDP(User Datagram protocol)。

(4)应用层:向用户提供一组常用的应用程序,比如电子邮件、文件传输访问、远程登录等。远程登录使用Telnet协议提供在网络其他主机上注册的接口。TELNET会话提供了基于字符的虚拟终端。文件传输访问FTP使用FTP协议来提供网络内机器间的文件拷贝功能。应用层协议主要包括如下几个:FTP、Telnet、DNS、SMTP、NFS、HTTP。

六、TCP 协议

TCP(Transmission Control Protocol,传输控制协议)是一种面向链接的、可靠的、基于IP地址的传输层协议。TCP提供可靠的数据传输,支持多数据流操作,提供校验、对报文重组等功能。

1. TCP 协议头结构

TCP的功能受限于其协议头中所携带的信息,其协议头结构如图3-4所示。

<table>
<tr><td colspan="3">源端口(2B)</td><td colspan="3">目的端口(2B)</td></tr>
<tr><td colspan="3">序号(4B)</td><td colspan="3">确认序号(4B)</td></tr>
<tr><td colspan="3">头长度(4bit)</td><td colspan="3">保留(6bit)</td></tr>
<tr><td>URG</td><td>ACK</td><td>PSH</td><td>RST</td><td>SYN</td><td>PIN</td></tr>
<tr><td colspan="3">窗口大小(2B)</td><td colspan="3">校验和(16B)</td></tr>
<tr><td colspan="3">紧急指针(16位)</td><td colspan="3">选项(可选)</td></tr>
<tr><td colspan="6">数据</td></tr>
</table>

图3-4 TCP头结构

说明:

(1)源端口:16位的源端口包含初始化通信的端口号。源端口和IP地址的作用是标识包文的返回地址。

(2)目的端口:16位的目的端口定义传输的目的。

(3)序列号:TCP链线发送方向接收方的封包顺序号。

(4)确认序号:接收方回发的应答顺序号。

(5)头长度:表示 TCP 头的双四字节数,如果转化为字节个数需要乘以 4。

(6)URG:紧急指针。0 为不使用,1 为使用。

(7)ACK:请求应答状态。0 为请求,1 为应答。

(8)PSH:以最快的速度传输数据。

(9)RST:链线复位,首先断线链接,然后重建。

(10)SYN:同步链线序号,用来建立链接。

(11)FIN:同步链线序号。0 为结束链线请求,1 为结束链线。

(12)窗口大小:目的机使用 16 位的域告诉源主机,它想收到每个 TCP 数据段大小。

(13)校验和:它不仅对头数据进行校验,还对封包内容校验。

(14)紧急指针:当 URG 为 1 时生效。TCP 的紧急方式是发送紧急数据的一种方式。

2. TCP 工作原理

TCP 提供两个主机间的点对点的通信。TCP 从应用层接收数据并将数据处理成字节流。先将字节分段,然后对段进行编号排序进行传输。在两个主机进行通信之前通过"三次握手"完成初始化,使序号同步,并提供两个主机间的控制信息。

TCP 建立链接需要三次确认,即"三次握手";在断开时需四次确认,即"四次挥手"。

3. TCP 协议的"三次握手"和"四次挥手"

(1)TCP"三次握手":TCP 是主机对主机层的传输控制协议,提供可靠的链接服务,采用三次握手确认建立一个链接位码,即 TCP 标志位,有 6 种标志:SYN(synchronous,建立联机)、ACK(acknowledgement,确认)、PSH(push,传送)、FIN(finish,结束)、RST(reset,重置)、URG(urgent,紧急)。客户机向服务器发送 Sequence number(顺序号码)后,服务器向客户机发送 Acknowledge number(确认号码)。

第一次握手:客户机发送位码为 SYN=1,随机产生 Seq number=1234567 的数据包到服务器,服务器由 SYN=1 知道,客户机要求建立联机;

第二次握手:服务器收到请求后要确认联机信息,向客户机发送 ACK number=(客户机的 Seq+1),SYN=1,ACK=1,随机产生 Seq=7654321 的包;

第三次握手:客户机收到后检查 ACK number 是否正确,即第一次发送的 Seq number+1,以及位码 ACK 是否为 1,若正确,客户机会再发送 ACK number=(服务器的 Seq+1),ACK=1,服务器收到后确认 Seq 值与 ACK=1,则链接建立成功。

如图 3-5 所示。

完成三次握手,客户机与服务器开始传送数据。

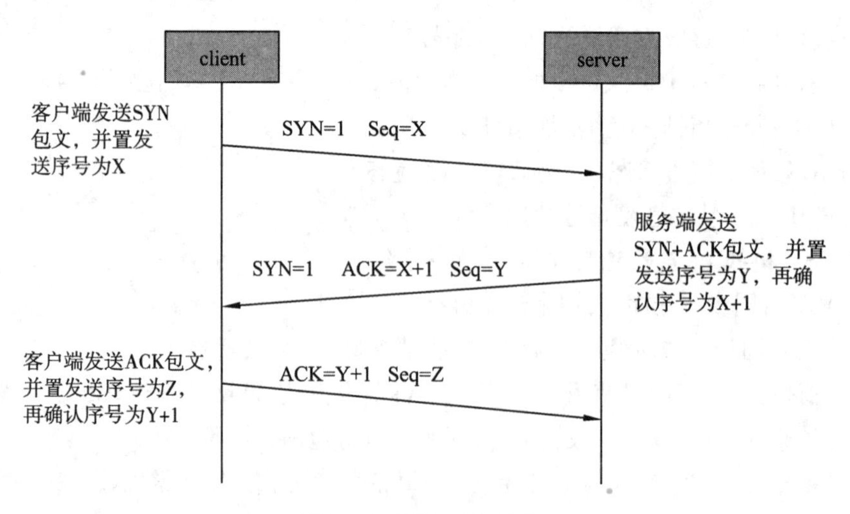

图 3－5 TCP 三次握手

(2)TCP“四次挥手”：由于 TCP 链接是全双工的，因此每个方向都必须单独进行关闭。这个原则是当一方完成它的数据发送任务后就能发送一个 FIN 来终止这个方向的链接。收到一个 FIN 只意味着这一方向上没有数据流动，一个 TCP 链接在收到一个 FIN 后仍能发送数据。首先进行关闭的一方将执行主动关闭，而另一方执行被动关闭。

①客户端发送一个 FIN，用来关闭客户到服务器的数据传送。

②服务器收到这个 FIN，它发回一个 ACK，确认序号为收到的序号加 1。和 SYN 一样，一个 FIN 将占用一个序号。

③服务器关闭与客户端 A 的链接，发送一个 FIN 给客户端。

④客户端发回 ACK 包文确认，并将确认序号设置为收到序号加 1。

如图 3－6 所示。

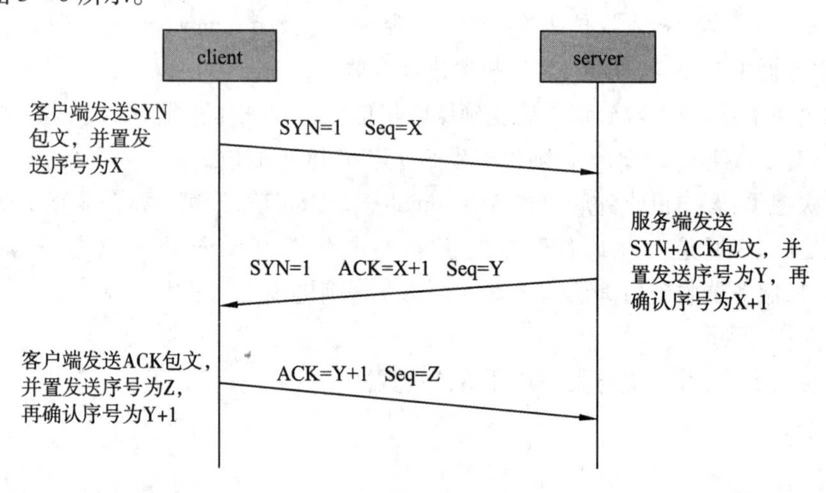

图 3－6 TCP 四次挥手

七、用户数据报协议 UDP

UDP 是 User Datagram Protocol 的简称，中文名是用户数据报协议，是 OSI(Open System Interconnection,开放式系统互联)参考模型中一种无链接的传输层协议,提供面向事务的简单不可靠信息传送服务。

1. UDP 协议头结构

UDP 协议头结构如图 3 -7 所示。

16 位源端口号	16 位目的端口号
16 位 UDP 长度	16 位校验和
数据	

图 3 -7　UDP 协议头结构

说明:

(1)源端口:16 位的源端口号包含初始化通信的端口号。源端口号的 IP 地址的作用是标识包文的返回地址。

(2)目的地址:16 位的目的地址端口域定义传输的目的。端口指明包文接收计算机上的应用程序地址接口。

(3)封包长度:UDP 头和数据的总长度。

(4)校验和:与 TCP 的校验和一样,不仅对头数据进行校验,还对包的内容进行校验。

2. UDP 与 TCP 的区别

(1)TCP(传输控制协议)提供 IP 环境下的数据可靠传输,是面向链接、端到端的传输;UDP(用户数据报协议,User Data Protocol) 面向非链接的传输,不能提供可靠性、流控、差错恢复功能。

(2)TCP 支持的应用协议:Telnet(远程登录)、FTP(文件传输协议)、SMTP(简单邮件传输协议)。TCP 用于传输数据量大、可靠性要求高的应用。

UDP 支持的应用协议:NFS(网络文件系统)、SNMP(简单网络管理系统)、DNS(主域名称系统)、TFTP(通用文件传输协议)等。

(3)TCP 传输速度快,而 UDP 传输速度慢。

八、ICMP 协议

ICMP(Internet Control Message Protocol)是 Internet 控制包文协议。它是 TCP/IP 协议簇的一个子协议,用于在 IP 主机、路由器之间传递控制消息。控制消息是指网络通不通、主机是否可达、路由是否可用等网络本身的消息。这些控制消息虽然并不传输用户数据,但是对于用户数据的传递起着重要的作用。

1. ICMP 协议头结构

ICMP 协议头结构如图 3 -8 所示。

类型(8 位)	代码(8 位)	校验和(8 位)
类型或代码		

图 3 -8　ICMP 协议头结构

2. ICMP 工作原理

ICMP 提供出错报告信息。发送的出错包文返回到发送原数据的设备,因为只有发送设备才是出错包文的逻辑接受者。发送设备随后可根据 ICMP 包文确定发生错误的类型,并确定如何才能更好地重发失败的数据包。但是 ICMP 唯一的功能是报告问题而不是纠正错误,纠正错误的任务由发送方完成。

我们在网络中经常会用到 ICMP 协议,比如我们经常使用的用于检查网络通不通的 ping 命令(Linux 和 Windows 中均有),这个“ping”的过程实际上就是 ICMP 协议工作的过程。还有其他的网络命令如跟踪路由的 Tracert 命令也是基于 ICMP 协议的。

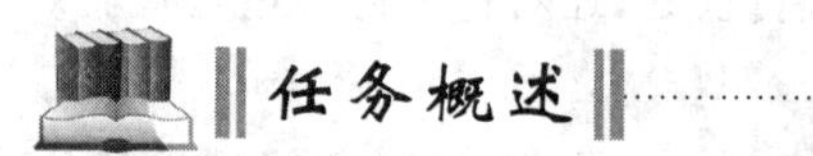

学习任务2 IP 地址基础知识

任务概述

Internet 是当今世界上规模最大、拥有用户最多、资源最广泛的通信网络。链接入网的计算机需要用普遍能接受的方式来识别每台计算机和用户。就像每个人都有自己的居住地址一样,Internet 上的计算机设备或主机也通过唯一性的网络地址来标识自己。这个地址就是 IP 地址。

任务目标

- 理解 IP 地址的功能及管理机构
- 理掌 IP 地址的分类
- 能够进行子网划分

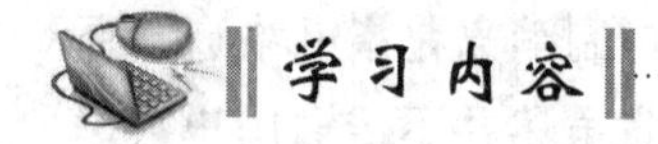

学习内容

一、IP 地址知识

IP 地址是人们在 Internet 上为了区分数以亿计的主机而给每台主机分配的一个专门的地址,通过 IP 地址就可以访问到每一台主机。类似于电话号码,通过电话号码可以找到相应的电话,电话号码没有重复的,IP 地址也是一样的。

基于 IP 传输的数据包必须使用 IP 地址来进行标识。在计算机网络中,每个被传输的数据包包括一个源 IP 地址和一个目的地址,当该数据包在网络中传输时,这两个地址保持不变,以确保网络设备总是能根据这两个 IP 地址,将数据包从源通信主机送到指定的目的主机。

二、IP 地址管理机构

Internet IP 地址由 NIC（Internet Network Information Center）统一负责全球地址的规划、管理；同时由 Inter NIC、APNIC、RIPE 等网络信息中心具体负责美国及全球其他地区的 IP 地址分配。网络管理机构分布见表 3－1。APNIC 负责亚太地区，我国申请 IP 地址要通过 APNIC，申请时要考虑申请哪一类的 IP 地址，然后向国内的代理机构提出。

表 3－1 网络管理机构分布

机构代码	机构全称	负责区域
INTERNIC	互联网络信息中心	美国及其他地区
APNIC	亚洲与太平洋地区网络信息中心	东亚、南亚、大洋洲
RIPE	欧洲 IP 地址注册中心	欧洲、北非、西亚地区
CNNIC	中国互联网络信息中心	中国（除教育网内）
CERNIC	中国教育与科研计算机网络信息中心	中国教育网内
TWNIC	台湾互联网络信息中心	中国台湾
JPNIC	日本互联网络信息中心	日本
KRNIC	韩国互联网络信息中心	韩国
LACNIC	拉丁美洲及加勒比互联网络信息中心	拉丁美洲及加勒比海诸岛
ARIN	美国 Internet 号码注册中心	北美、撒哈拉沙漠以南非洲

三、IP 地址的分类

IP 地址是一个 32 位的二进制数，它由网络 ID 和主机 ID 两部分组成，用来在网络中唯一地标识一台计算机。网络 ID 用来标识计算机所处的网段，主机 ID 用来标识计算机在网段中的位置。IP 地址通常用 4 组 3 位十进制数表示，中间用“.”分隔。比如，192.168.0.1。

为了方便 IP 寻址将 IP 地址划分为 A、B、C、D 和 E 五类，如图 3－9 所示，每类 IP 地址对各个 IP 地址中用来表示网络 ID 和主机 ID 的位数作了明确的规定。当主机 ID 的位数确定之后，一个网络中至多能够包含的计算机数目也就确定，用户可根据企业需要灵活选择一类 IP 地址构建网络结构。

图 3－9 五类 IP 地址

1. A 类

A 类地址用 IP 地址前 8 位表示网络 ID,用 IP 地址后 24 位表示主机 ID。A 类地址用来表示网络 ID 的第一位必须以 0 开始,其他 7 位可以是任意值,当其他 7 位全为 0 时网络 ID 最小,即为 0;当其他 7 位全为 1 时网络 ID 最大,即为 127。网络 ID 不能为 0,它有特殊的用途,用来表示所有网段,所以网络 ID 最小为 1;网络 ID 也不能为 127,127 用来作为网络回路测试用。所以 A 络网络 ID 的有效范围是 1～126,共 126 个网络,每个网络可以包含 $2^{24}-2$ 台主机。

2. B 类

B 类地址用 IP 地址前 16 位表示网络 ID,用 IP 地址后 16 位表示主机 ID。B 类地址用来表示网络 ID 的前两位必须以 10 开始,其他 14 位可以是任意值,当其他 14 位全为 0 时网络 ID 最小,即为 128;当其他 14 位全为 1 时网络 ID 最大,第一个字节数最大,即为 191。B 类 IP 地址第一个字节的有效范围为 128～191,共 16384 个 B 类网络,每个 B 类网络可以包含 $2^{16}-2$ 台主机(即 65534 台主机)。

3. C 类

C 类地址用 IP 地址前 24 位表示网络 ID,用 IP 地址后 8 位表示主机 ID。C 类地址用来表示网络 ID 的前三位必须以 110 开始,其他 22 位可以是任意值,当其他 22 位全为 0 时网络 ID 最小,IP 地址的第一个字节为 192;当其他 22 位全为 1 时网络 ID 最大,第一个字节数最大,即为 223。C 类 IP 地址第一个字节的有效范围为 192～223,共 2097152 个 C 类网络,每个 C 类网络可以包含 $2^{8}-2$ 台主机(即 254 台主机)。

4. D 类

D 类地址用来多播使用,没有网络 ID 和主机 ID 之分。D 类 IP 地址的第一个字节前四位必须以 1110 开始,其他 28 位可以是任何值,则 D 类 IP 地址的有效范围为 224.0.0.0 到 239.255.255.255。

5. E 类

E 类地址保留实验用,没有网络 ID 和主机 ID 之分。E 类 IP 地址的第一字节前四位必须以 1111 开始,其他 28 位可以是任何值,则 E 类 IP 地址的有效范围为 240.0.0.0 至 255.255.255.254。其中 255.255.255.255 表示广播地址。

在实际应用中,只有 A、B 和 C 三类 IP 地址能够直接分配给主机,D 类和 E 类不能直接分配给计算机。

四、子网掩码

子网掩码(subnet mask)又叫网络掩码,它被用来指明一个 IP 地址的哪些位标识的是主机所在的子网,以及哪些位标识的是主机的位掩码。子网掩码不能单独存在,它必须结合 IP 地址一起使用。子网掩码只有一个作用,就是将某个 IP 地址划分成网络地址和主机地址两部分。地址规划组委会规定,用"1"表示网络部分,用"0"表示主机部分。

子网掩码同样是 32 位二进制数,用于屏蔽 IP 地址的一部分信息,以区别网络地址和主机地址,并说明该 IP 地址是在局域网上还是在远程网上。

表 3－2　各类网络子网掩码

类型	子网掩码	掩码中“1”的个数
A 类	255.0.0.0	8
B 类	255.255.0.0	16
C 类	255.255.255.0	24

五、特殊含义的 IP 地址

就像我们每个人都有一个身份证号码一样，网络里的每台电脑（更确切地说，是每一个设备的网络接口）都有一个 IP 地址用于标识自己。我们可能都知道这些地址由四个字节组成，用点分十进制表示以及它们的 A、B、C 分类等，然而，在总数为四十多亿个可用 IP 地址里，你知道下面一些常见的有特殊意义的地址吗？我们一起来看看吧。

1. 0.0.0.0

严格说来，0.0.0.0 已经不是一个真正意义上的 IP 地址了。它表示的是这样一个集合：所有不清楚的主机和目的网络。这里的“不清楚”是指在本机的路由表里没有特定条目指明如何到达。对本机来说，它就是一个“收容所”，所有不认识的“三无”人员一律送进去。如果你在网络设置中设置了缺省网关，那么 Windows 系统会自动产生一个目的地址为 0.0.0.0 的缺省路由。

2. 255.255.255.255

限制广播地址。对本机来说，这个地址指本网段内（同一广播域）的所有主机。

3. 127.0.0.1

回送地址，主要用于网络软件测试和本地机进程间通信。

4. 224.0.0.1

组播地址，224.0.0.1 特指所有主机，224.0.0.2 特指所有路由器。

5. 10. ×. ×. ×、172.16. ×. × ~172.31. ×. ×、192.168. ×. ×

私有地址，这些地址被大量用于企业内部网络中。一些宽带路由器也往往使用 192.168.1.1 作为缺省地址。私有网络由于不与外部互链，因而可能使用随意的 IP 地址。保留这样的地址供其使用是为了避免以后接入公网时引起地址混乱。

学习任务3 常见的网络服务

任务概述

网络服务即网络上的服务，如：在网络上提供网络打字，网络排版，远程网站更新，网站美工，网站客服以及一些网上代理等等，这些都叫网络服务。典型的网络服务方式有DHCP、DNS、FTP、Telnet、WINS、SMTP等。

任务目标

- 能够掌握各种网络服务的原理
- 学会使用各种网络服务

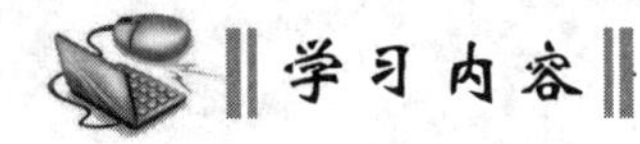

学习内容

一、WINS服务

在默认状态中，网络上的每一台计算机的NetBIOS名字是通过广播的方式来提供更新的，也就是说，假如网络上有n台计算机，那么每一台计算机就要广播$n-1$次，对于小型网络来说，这似乎并不影响网络交通，但是对大型网络来说，就加重了网络的负担。因此，WINS对大中型企业来说尤其重要。

WINS(Windows Internet Name Service)，中文为“Windows网际命名服务”，WINS服务器可以登记WINS-enabled工作站的计算机名、IP地址、DNS域名等数据，当工作站查询名字时，它又可以将这些数据提供给工作站。WINS服务器为客户端提供的服务主要有名字注册、更新、释放和转换服务。

1. 名字注册

名字注册就是客户端从WINS服务器获得信息的过程，在WINS服务中，名字注册是动态的。当一个客户端启动时，它向所配置的WINS服务器发送一个名字注册信息(包括了客户机的IP地址和计算机名)，如果WINS服务器正在运行，并且没有其他客户端计算机已注册相同的名字，服务器就向客户端计算机返还一个成功注册的消息。

2. 名字更新

因为客户端被分配了一个TTL(存活期)，所有它的注册也有一定的期限，过了这个期限，WINS服务器将从数据库中删除这个名字的注册信息。

3. 名字释放

在客户端的正常关机过程中,WINS 客户端向 WINS 服务器发送一个名字释放的请求,以请求释放其映射在 WINS 服务器数据库中的 IP 地址和 NetBIOS 名字。收到释放请求后,WINS 服务器验证一下在它的数据库中是否有该 IP 地址和 NetBIOS 名,如果有就可以正常释放了,否则就会出现错误。

4. 名字解析

当客户端在许多网络操作中需要 WINS 服务器解析名字,例如当使用网络上其他计算机的共享文件时,为了得到共享文件,用户需要指定两件事:系统名和共享名,而系统名就需要转换成 IP 地址。

二、DNS 服务

DNS 的意思是域名系统或者域名服务。域名系统为 Internet 上的主机分配域名地址和 IP 地址。用户使用域名地址,该系统就会自动把域名地址转为 IP 地址。域名服务是运行域名系统的 Internet 工具。执行域名服务的服务器称之为 DNS 服务器,通过 DNS 服务器来应答域名服务的查询。

每个 IP 地址都可以有一个主机名,主机名由一个或多个字符串组成,字符串之间用小数点隔开。主机名到 IP 地址的映射有两种方式:

(1)静态映射:每台设备上都配置主机到 IP 地址的映射,各设备独立维护自己的映射表,而且只供本设备使用。

(2)动态映射:建立一套域名解析系统(DNS),只在专门的 DNS 服务器上配置主机到 IP 地址的映射,网络上需要使用主机名通信的设备,首先需要到 DNS 服务器查询主机所对应的 IP 地址。

通过主机名,最终得到该主机名对应的 IP 地址的过程叫作域名解析(或主机名解析)。在解析域名时,可以首先采用静态域名解析的方法,如果静态域名解析不成功,再采用动态域名解析的方法。

三、FTP 服务

文件传输协议 FTP(File Transfer Protocol)是 Internet 传统的服务之一。它的主要功能是提供文件的共享,支持间接使用远程计算机,使用户不因各类主机文件存储器系统的差异而受影响,可靠且有效地传输数据。

在 TCP/IP 中,FTP 是非常独特的,因为命令和数据能够同时传输,而数据传输是实时的,其他协议不具有这个特性。FTP 使用户能在两个联网的计算机之间传输文件,它是 Internet 传递文件最主要的方法。使用匿名(Anonymous)FTP,用户可以免费获取 Internet 丰富的资源。除此之外,FTP 还提供登录、目录查询、文件操作及其他会话控制功能。举例如下:

(1)下载一个 FTP 工具:FlashFXP。

(2)下载完后安装并打开工具,点击“站点”选项。如图 3 – 10 所示。

图 3 – 10　站点选项

(3)选择“站点管理器”,点击左下角“新建站点”,输入站点名称。如图 3 – 11 所示。

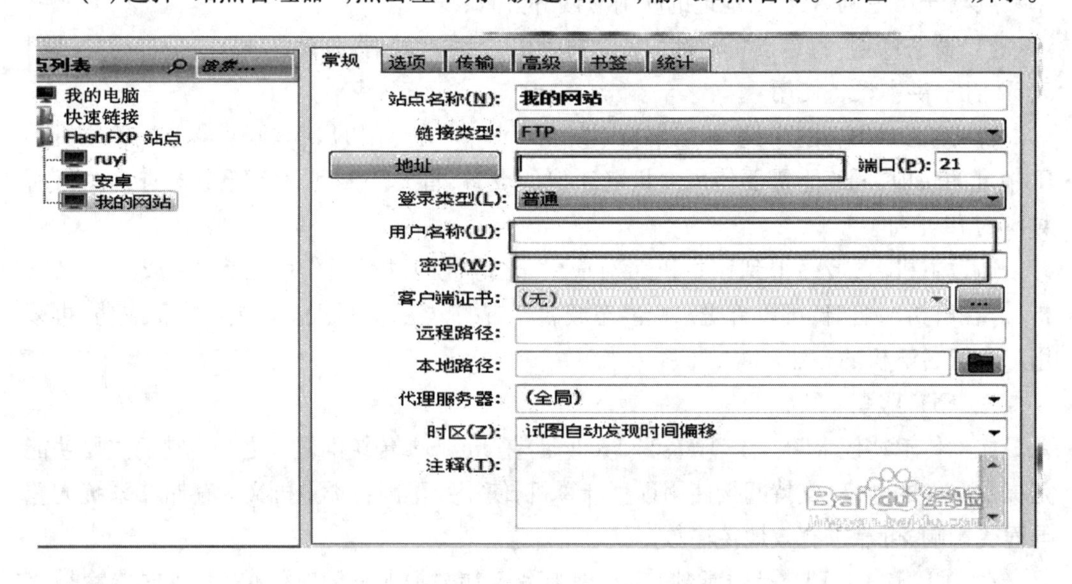

图 3 – 11　新建站点

(4)输入对应的服务器 IP 地址,把服务商给的 FTP 用户名和密码填上,最后点击链接即可。如图 3 – 12 所示。

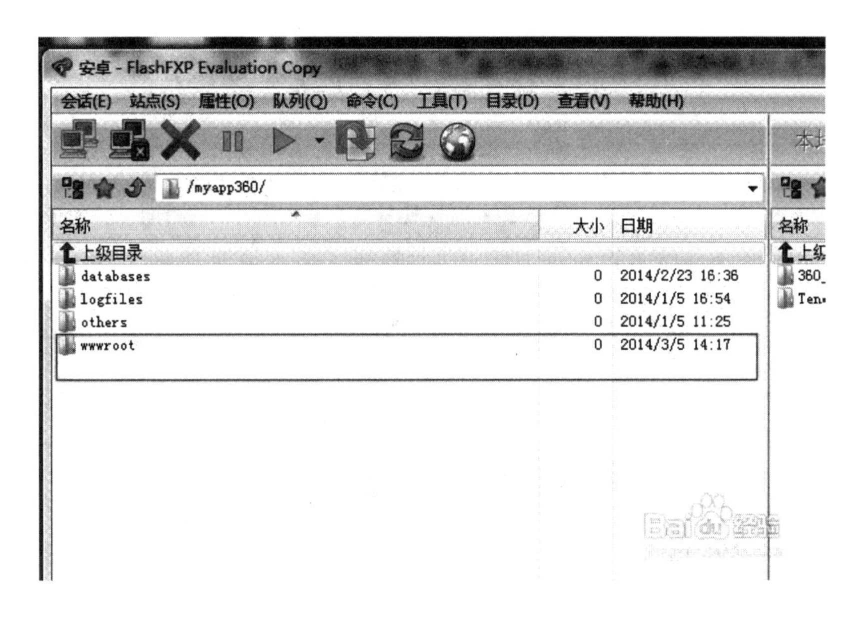

图 3－12 链接成功

四、E－mail 服务

电子邮件是一种用电子手段提供信息交换的通信方式，是互联网应用最广的服务。电子邮件可以是文字、图像、声音等多种形式。同时，用户可以得到大量免费的新闻、专题邮件，并实现轻松的信息搜索。电子邮件的存在极大地方便了人与人之间的沟通与交流，促进了社会的发展。通过网络的电子邮件系统，用户可以以非常低廉的价格、非常快速的方式，在几秒钟之内把邮件发送到世界上任何指定的目的地，与世界上任何一个角落的网络用户联系。

电子邮件在 Internet 上发送和接收可以很形象地用我们日常生活中邮寄包裹来形容：当我们要寄一个包裹时，我们首先要找到任何一个有这项业务的邮局，在填写完收件人姓名、地址等等之后包裹就寄出。而到了收件人所在地的邮局，对方取包裹的时候必须去这个邮局才能取出。同样地，当我们发送电子邮件时，这封邮件是由邮件发送服务器发出，并根据收信人的地址判断对方的邮件接收服务器而将这封信发送到该服务器上，收信人要收取邮件也只能访问这个服务器才能完成。

五、Telnet 服务

Telnet 意为远程登录，是最主要的 Internet 应用之一。远程登录可以让您在一台入网的计算机的键盘上通过网络与远程的一台计算机相连，如同是那台计算机的终端一样。一旦链接成功，远程计算机就可以为您提供为本地提供的一切服务。Telnet 采用 Client/Server 模式，在用户要登录的远程系统上必须运行 Telnet 服务程序，在用户的本地计算机上需要安装 Telnet 客户软件。Telnet 的最基本的应用是共享远程系统的资源，只要有访问权限，您就可以共享该计算机上的相关资源，包括超级计算机、精密绘图仪、高速打印机等硬件资源，也包括一些计算程序等软件资源及大型数据库的信息资源。

现在以登录到北大图书馆为例，说明如何使用 Telnet。

(1)运行命令:“telnet pul2. pxu. edu. cn”,如图 3 - 13 所示。

图 3 - 13　telnet 命令

(2)登录成功后,在 login 后输入登录名“PULROS”,如图 3 - 14 所示。

图 3 - 14　PULROS 命令

(3)完成前两步后,即可进入北大图书馆系统,屏幕显示如图 3 - 15 所示。

图 3 - 15　登录界面

六、Web 服务

Web 服务是目前最常用的服务,使用 HTTP 协议,默认 Web 服务占用 80 端口,在 Windows 平台下一般使用 IIS 作为 Web 服务器。Web Service 技术能使得运行在不同机器上的不同应用无须借助附加的、专门的第三方软件或硬件,就可相互交换数据或集成。依据 Web Service 规范实施的应用之间,无论它们所使用的语言、平台或内部协议是什么,都可以相互交换数据。Web Service 是自描述、自包含的可用网络模块,可以执行具体的业务功能。Web Service 也很容易部署,因为它们基于一些常规的产业标准以及已有的一些技术,诸如标准通用标记语言下的子集 XML、HTTP。Web Service 减少了应用接口的花费。Web Service 为整个企业甚至多个组织之间的业务流程的集成提供了一个通用机制。

七、常用的服务端口

网络服务需要通过端口提供服务，常见的端口、端口协议及服务见表 3－3。

表 3－3　　常见的服务端口

端口	协议	服务
21	TCP	FTP 服务
25	TCP	SMTP 服务
53	TCP/UDP	DNS 服务
80	TCP	Web 服务
135	TCP	RPC 服务
137	UDP	NetBIOS 域名服务
138	UDP	NetBIOS 数据服务
139	TCP	NetBIOS 会话服务
443	TCP	基于 SSL 的 HTTP 服务
445	TCP/UDP	Microsoft SMB 服务
3389	TCP	Windows 终端服务

学习任务4 常见的网络操作命令

任务概述

计算机网络是利用通信介质把分布在不同地理位置上的计算机互联起来，而随着网络的普及，网络故障在所难免。网络故障问题出在哪里，我们如何检查是哪里的问题呢？本任务内容的重点是如何利用网络命令解决网络故障问题。

任务目标

- 掌握 Windows 环境常用网络命令的用法
- 学会使用网络命令查看网络信息，解决网络故障

学习内容

一、ipconfig 命令

ipconfig 命令的主要功能是显示用户所在主机内部的 IP 协议的配置信息等资料。

它的主要参数有：

(1) all：显示与 TCP/IP 协议相关的所有细节信息，其中包括测试的主机名、IP 地址、子网掩码、节点类型、是否启用 IP 路由、网卡的物理地址、默认网关等。

(2)renew all:更新全部适配器的通信配置情况,所有测试重新开始。

(3)release all:释放全部适配器的通信配置情况。

(4)renew *n*:更新第 *n* 号适配器的通信配置情况,所有测试重新开始。

例如:C:\>ipconfig,显示如图 3-16 所示。

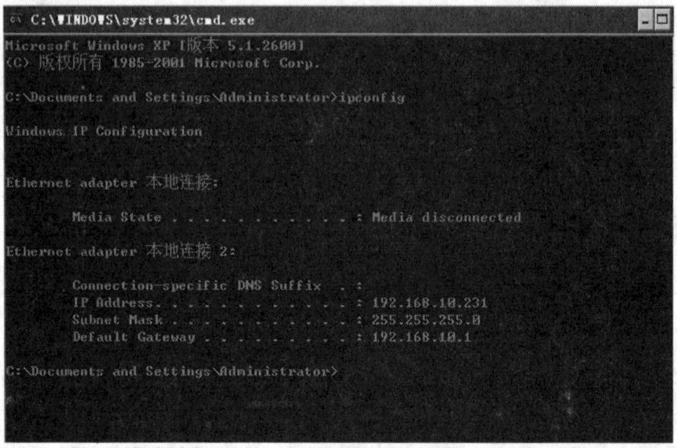

```
C:\WINDOWS\system32\cmd.exe
Microsoft Windows XP [版本 5.1.2600]
(C) 版权所有 1985-2001 Microsoft Corp.

C:\Documents and Settings\Administrator>ipconfig

Windows IP Configuration

Ethernet adapter 本地连接:

        Media State . . . . . . . . . . . : Media disconnected

Ethernet adapter 本地连接 2:

        Connection-specific DNS Suffix  . :
        IP Address. . . . . . . . . . . . : 192.168.10.231
        Subnet Mask . . . . . . . . . . . : 255.255.255.0
        Default Gateway . . . . . . . . . : 192.168.10.1

C:\Documents and Settings\Administrator>
```

图 3-16　ipconfig 命令

二、Ping 命令

Ping 命令是一个在网络中非常重要的并且常用的命令,主要是用来测试网络是否连通。该命令通过发送一个 ICMP(网络控制消息协议)包的回应来看是否和对方连通,一般我们用来测试目标主机是否可以链接,或者可以通过 TTL 值来判断对方的操作系统的版本。

常用参数:-a,-t,-r。

使用举例:

Ping　计算机名　　例:Ping　student2　//获取计算机 IP

Ping　IP 地址　　例:Ping　-a 172.16.22.36　//获取计算机名

Ping　域名　　　例:Ping　www.ecjtu.jx.cn

比如你想测试你和 IP 地址为 192.168.10.231 的机器是否连通,若连通就返回以下信息,如图 3-17 所示。

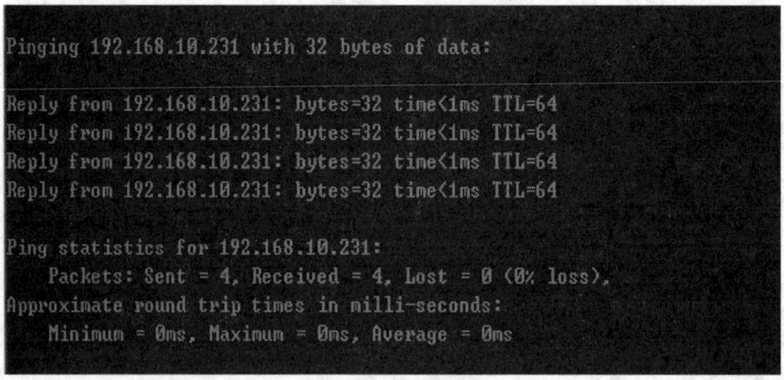

```
Pinging 192.168.10.231 with 32 bytes of data:

Reply from 192.168.10.231: bytes=32 time<1ms TTL=64
Reply from 192.168.10.231: bytes=32 time<1ms TTL=64
Reply from 192.168.10.231: bytes=32 time<1ms TTL=64
Reply from 192.168.10.231: bytes=32 time<1ms TTL=64

Ping statistics for 192.168.10.231:
    Packets: Sent = 4, Received = 4, Lost = 0 (0% loss),
Approximate round trip times in milli-seconds:
    Minimum = 0ms, Maximum = 0ms, Average = 0ms
```

图 3-17　连通状态

如果不连通的话,就会返回超时,如图 3-18 所示。

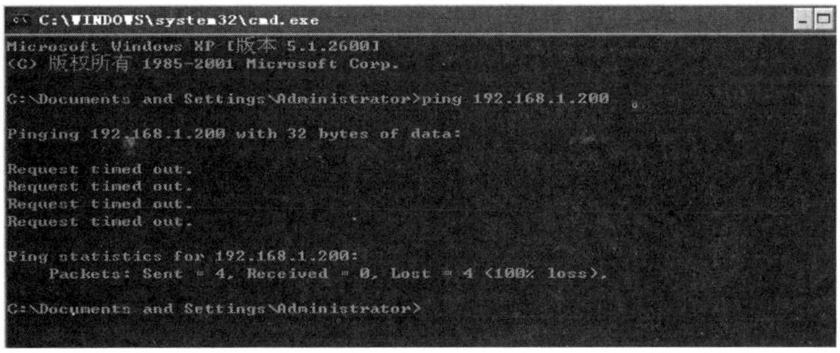

```
C:\WINDOWS\system32\cmd.exe
Microsoft Windows XP [版本 5.1.2600]
(C) 版权所有 1985-2001 Microsoft Corp.

C:\Documents and Settings\Administrator>ping 192.168.1.200

Pinging 192.168.1.200 with 32 bytes of data:

Request timed out.
Request timed out.
Request timed out.
Request timed out.

Ping statistics for 192.168.1.200:
    Packets: Sent = 4, Received = 0, Lost = 4 (100% loss),

C:\Documents and Settings\Administrator>
```

图 3-18　不连通状态

三、arp 命令

显示和修改“地址解析协议”(ARP) 所使用的到以太网的 IP 或令牌环物理地址翻译表。该命令只有在安装了 TCP/IP 协议之后才可用。

arp -a [inet_addr] [-N [if_addr]]

arp -d inet_addr [if_addr]

arp -s inet_addr ether_addr [if_addr]

参数:

-a(或 g):通过询问 TCP/IP 显示当前 ARP 项。如果指定了 inet_addr,则只显示指定计算机的 IP 和物理地址。

inet_addr:以加点的十进制标记指定 IP 地址。

-N:显示由 if_addr 指定的网络界面 ARP 项。

if_addr:指定需要修改其地址转换表接口的 IP 地址(如果有的话)。如果不存在,将使用第一个可适用的接口。

-d:删除由 inet_addr 指定的项。

-s:在 ARP 缓存中添加项,将 IP 地址 inet_addr 和物理地址 ether_addr 关联。物理地址由以连字符分隔的 6 个十六进制字节给定。使用带点的十进制标记指定 IP 地址。项是永久性的,即在超时到期后项自动从缓存删除。

例如:输入 arp-a 后,显示如图 3-19 所示。

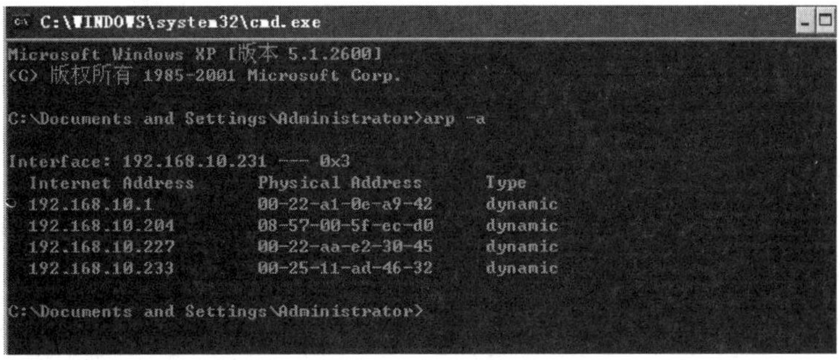

```
C:\WINDOWS\system32\cmd.exe
Microsoft Windows XP [版本 5.1.2600]
(C) 版权所有 1985-2001 Microsoft Corp.

C:\Documents and Settings\Administrator>arp -a

Interface: 192.168.10.231 --- 0x3
  Internet Address      Physical Address      Type
  192.168.10.1          00-22-a1-0e-a9-42     dynamic
  192.168.10.204        08-57-00-5f-ec-d0     dynamic
  192.168.10.227        00-22-aa-e2-30-45     dynamic
  192.168.10.233        00-25-11-ad-46-32     dynamic

C:\Documents and Settings\Administrator>
```

图 3-19　arp 命令

四、netstat 命令

显示协议统计和当前的 TCP/IP 网络连接。

格式:netstat [-a] [-e] [-n] [-s] [-p protocol] [-r] [interval]

参数说明:

-a:显示所有链接和侦听端口。

-e:显示以太网统计。该参数可以与 -s 选项结合使用。

-n:以数字格式显示地址和端口号。

-s:显示每个协议的统计。默认情况下,显示 TCP、UDP、ICMP 和 IP 的统计。

-p:选项可以用来指定默认的子集。

-p protocol:显示由 protocol 指定的协议的链接;protocol 可以是 TCP 或 UDP。如果与 -s 选项一同使用显示每个协议的统计,protocol 可以是 TCP、UDP、ICMP 或 IP。

-r:显示路由表的内容。

interval:重新显示所选的统计,在每次显示之间暂停 interval 秒。按 CTRL + B 停止重新显示统计。如果省略该参数,netstat 将打印一次当前的配置信息。

例如:输入 netstat -a,显示如图 3-20 所示。

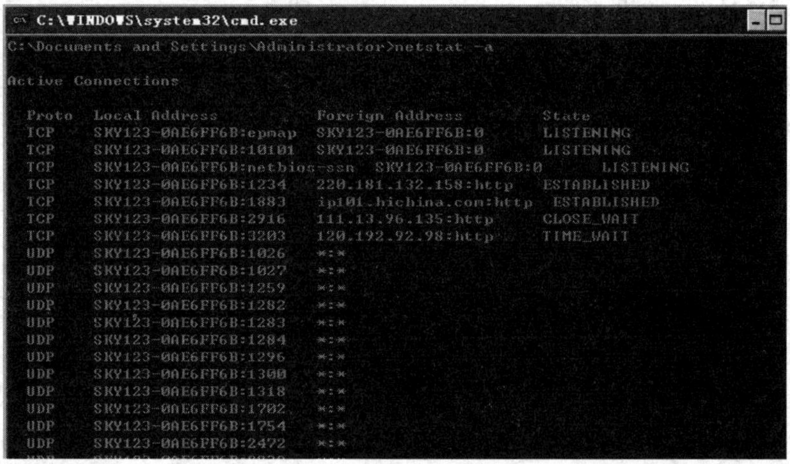

```
C:\WINDOWS\system32\cmd.exe
C:\Documents and Settings\Administrator>netstat -a

Active Connections

  Proto  Local Address          Foreign Address        State
  TCP    SKY123-0AE6FF6B:epmap  SKY123-0AE6FF6B:0      LISTENING
  TCP    SKY123-0AE6FF6B:10101  SKY123-0AE6FF6B:0      LISTENING
  TCP    SKY123-0AE6FF6B:netbios-ssn  SKY123-0AE6FF6B:0      LISTENING
  TCP    SKY123-0AE6FF6B:1234   220.181.132.158:http   ESTABLISHED
  TCP    SKY123-0AE6FF6B:1883   ip101.hichina.com:http  ESTABLISHED
  TCP    SKY123-0AE6FF6B:2916   111.13.96.135:http     CLOSE_WAIT
  TCP    SKY123-0AE6FF6B:3203   120.192.92.98:http     TIME_WAIT
  UDP    SKY123-0AE6FF6B:1026   *:*
  UDP    SKY123-0AE6FF6B:1027   *:*
  UDP    SKY123-0AE6FF6B:1259   *:*
  UDP    SKY123-0AE6FF6B:1282   *:*
  UDP    SKY123-0AE6FF6B:1283   *:*
  UDP    SKY123-0AE6FF6B:1284   *:*
  UDP    SKY123-0AE6FF6B:1296   *:*
  UDP    SKY123-0AE6FF6B:1300   *:*
  UDP    SKY123-0AE6FF6B:1318   *:*
  UDP    SKY123-0AE6FF6B:1702   *:*
  UDP    SKY123-0AE6FF6B:1754   *:*
  UDP    SKY123-0AE6FF6B:2472   *:*
```

图 3-20　netstat 命令

五、route 命令

控制网络路由表。该命令只有在安装了 TCP/IP 协议后才可以使用。

格式:route [-f] [-p] [command [destination] [mask subnetmask] [gateway] [metric costmetric]]

主要参数:

-f:清除所有网关入口的路由表。如果该参数与某个命令组合使用,路由表将在运行命令前清除。

-p:该参数与 add 命令一起使用时,将使路由表在系统引导程序之间持久存在。默认情况下,系统重新启动时不保留路由表。与 print 命令一起使用时,显示已注册的持久路由列表。

例如:输入 route -p,显示如图 3-21 所示。

```
C:\WINDOWS\system32\cmd.exe
Microsoft Windows XP [版本 5.1.2600]
(C) 版权所有 1985-2001 Microsoft Corp.

C:\Documents and Settings\Administrator>route -f
The route specified was not found.

C:\Documents and Settings\Administrator>route -p

Manipulates network routing tables.

ROUTE [-f] [-p] [command [destination]
                  [MASK netmask]  [gateway] [METRIC metric]  [IF interface]

  -f           Clears the routing tables of all gateway entries.  If this is
               used in conjunction with one of the commands, the tables are
               cleared prior to running the command.
  -p           When used with the ADD command, makes a route persistent across
               boots of the system. By default, routes are not preserved
               when the system is restarted. Ignored for all other commands,
               which always affect the appropriate persistent routes. This
               option is not supported in Windows 95.
  command      One of these:
                 PRINT     Prints  a route
                 ADD       Adds    a route
                 DELETE    Deletes a route
```

图 3-21　route 命令

六、Telnet 命令

Telnet 命令是一个远程登录的命令，可以通过这个命令来远程登录网络上已经开发了远程终端功能的服务器。

命令格式：Telnet 远程主机 IP 端口

例如：Telnet 192.168.0.1 23

如果我们不输入端口，则默认为 23 端口。一般登陆后，对方远程终端服务就会要求输入用户名和密码，正确就可以登录。

一般出现以下消息，如图 3-22 所示。

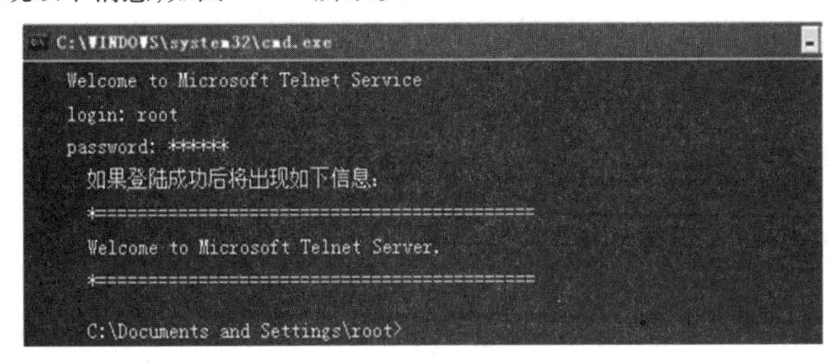

图 3-22　telnet 命令

这表示你通过 Telnet 登录到了对方的系统。

七、nslookup 命令

nslookup 命令的功能是查询一台机器的 IP 地址和其对应的域名，通常它能监测网络中 DNS 服务器是否能正确实现域名解析，它的运行需要一台域名服务器来提供域名服务。如果用户已经设置好域名服务器，就可以用这个命令查看不同主机的 IP 地址对应的域名。

该命令的一般格式为：nslookup [IP 地址/域名]

如果在本地机上使用 nslookup 命令来查询 www.baidu.com 的话，执行后如图 3－23 所示。

图 3－23　nslookup

思考练习

一、选择题

1. 在 OSI 的七层参考模型中，工作在第二层上的网间连接设备是(　　)。

A. 集线器　　B. 路由器　　C. 交换机　　D. 网关

2. 物理层上信息传输的基本单位称为(　　)。

A. 段　　B. 位　　C. 帧　　D. 报文

3. 在 OSI 的七层参考模型中，工作在第三层上的网间连接设备是(　　)。

A. 集线器　　B. 路由器　　C. 交换机　　D. 网关

4. IP v4 地址由(　　)位二进制数组成。

A. 16 位　　B. 8 位　　C. 32 位　　D. 64 位

5. Internet 的基本结构与技术起源于(　　)。

A. DECnet　　B. ARPAnet　　C. NOVELL　　D. UNIX

二、填空题

1. ________是个开放性的模型，它的一个重要特点就是具有分层结构，其中表示层具有的功能是规范________方式和规定________等。

2. 路由器的功能由三种：网络连接功能、________和设备管理功能。

3. 网络协议的三要素为________、________、________。

4. 在 OSI 七层结构模型中，处于会话层与应用层之间的是________。

5. 在网络互联系统中，互联设备路由器处于________。

三、简答题

1. 简述 OSI 参考模型各层主要功能。

2. 简述 TCP/IP 各层主要功能。

3. 简述常见的网络服务及其原理。

单元要点归纳

要实现网络互联,大家需遵守一个共同协定,即协议。在这个协议的管理下进行网络及各种网络间的互联。通过本单元的学习,要求理解并掌握网络协议的定义、网络分层的好处、开放系统互联参考模型 OSI 七层、TCP/IP 协议簇、IP 地址分类等相关知识,掌握常见的网络服务原理,逐步学会使用各种网络服务。

第四单元　计算机病毒及其防范

单元概述

如今,人们对计算机病毒已经不再陌生,特别是经历了CIH、宏病毒和冲击波等病毒以后,人们对计算机病毒有了更深一层的认识。随着计算机的普及、病毒技术和网络技术的日趋成熟,病毒也在不断地发展变化,由计算机病毒造成的经济损失也是不可估量的。为了更好地防范计算机病毒,必须对它的发展、结构、特征和工作原理有一个清楚的认识。

单元目标

- 能够了解计算机病毒的概念
- 能够掌握计算机病毒的特征与分类
- 能够了解常见的计算机病毒
- 能够掌握反病毒技术
- 能够掌握常用防病毒软件的使用

学习任务1 计算机病毒概述

任务概述

由计算机病毒造成的经济损失是不可估量的，为了更好地防范计算机病毒，必须对它的发展、结构、特征和工作原理有一个清楚的认识。

任务目标

- 能够掌握计算机病毒的定义
- 能够了解计算机病毒的发展历史
- 能够掌握计算机病毒的危害
- 能够掌握计算机病毒的特征与分类

学习内容

一、计算机病毒的定义

我国1994年2月18日颁布的《中华人民共和国计算机安全保护条例》对病毒的定义如下："计算机病毒，是指编制或者在计算机程序中插入的破坏计算机功能或者毁坏数据、影响计算机使用，并能自我复制的一组计算机指令或者程序代码。"

二、计算机病毒的发展历史

第一个被称作计算机病毒的程序是在1983年11月由弗雷德·科恩博士研制出来的。它是一种运行在VAX11/750计算机系统上，可以复制自身的破坏性程序，这是人们在真实的实验环境中编制出的一段具有历史意义的特殊代码，使得计算机病毒完成了从构思到构造的飞跃。

1988年11月，美国23岁的研究生罗伯特·莫里斯编写的"蠕虫病毒"虽然并没有恶意，但这种"蠕虫"却在美国的Internet网上到处爬行，6 000多台计算机被病毒感染，并被不断复制充满整个系统使之不能正常运行，造成巨额损失。这是一次非常典型的计算机病毒入侵计算机网络的事件。

概括来讲，计算机病毒的发展可分为以下几个主要阶段：DOS引导阶段，DOS可执行阶段，伴随、批次性阶段，幽灵、多形阶段，生成器、变体机阶段，网络、蠕虫阶段，Windows阶段，宏病毒阶段，互联网阶段，邮件炸弹阶段。

三、计算机病毒的危害

随着计算机网络的不断发展，病毒的种类也越来越繁多，如果没有对系统加上安全防范措施，计算机病毒可能会破坏系统的数据甚至导致系统瘫痪。归纳起来，计算机病毒的危害大致有如下方面：

（1）破坏磁盘文件分配表，使磁盘的信息丢失。这时使用 DIR 命令查看文件，就会发现文件还在，但是文件的主体已经失去联系，文件已经无法再使用。

（2）删除软盘或磁盘上的可执行文件或数据文件，使文件丢失。

（3）修改或破坏文件中的数据，这时文件的格式是正常的，但是内容已发生了变化。这对于军事或金融系统的破坏是致命的。

（4）产生垃圾文件，占据磁盘空间，使磁盘空间逐渐减少。

（5）破坏硬盘的主引导扇区，使计算机无法启动。

（6）对整个磁盘或磁盘的特定扇区进行格式化，使磁盘中的全部或部分信息丢失。

（7）破坏计算机主板上的 BIOS 内容，使计算机无法正常工作。

（8）破坏网络中的资源。

（9）占用 CPU 运行时间，使运行效率降低。

（10）破坏屏幕正常显示，干扰用户的操作。

（11）破坏键盘的输入程序，使用户的正常输入出现错误。

（12）破坏系统设置或对系统信息加密，使系统工作紊乱。

四、计算机病毒的特征

计算机病毒是一种特殊的程序，除与其他正常程序一样可以存储和执行之外，还具有传染性、潜伏性、破坏性、触发性等多种特征。

1. 传染性

计算机病毒的传染性是计算机病毒的再生机制，即病毒具有把自身复制到其他程序中的特性。

带有病毒的程序一旦运行，那些病毒代码就成为活动的程序，它会搜寻符合其传染条件的程序或存储介质，确定目标后再将自身代码插入其中，与系统中的程序连接在一起，达到自我繁殖的目的。被感染的程序有可能被运行，再次感染其他程序，特别是系统命令程序。通过被感染的软盘、移动硬盘等存储介质被移到其他的计算机中，或者是通过计算机网络扩散，只要有一台计算机感染，若不及时处理，病毒就会迅速扩散。可以说，感染性是病毒的根本属性，也是判断一个程序是否被病毒感染的主要依据。

2. 潜伏性

计算机病毒的潜伏性是指计算机感染病毒后并非是马上发作，而是要潜伏一段时间。从病毒感染某个计算机系统开始到该病毒发作为止的这段时期，称为病毒的潜伏期。病毒之间潜伏性的差异很大。有的病毒非常外露，有的病毒却不容易发现，这种隐蔽型的病毒更加可怕。著名的“黑色星期五”病毒是逢 13 日的星期五发作，CIH 病毒是 4 月 26 日发作。这些病毒在平时隐藏得很好，只有在发作日才会露出本来的面目。

3. 破坏性

破坏是计算机病毒的最终表现，只要它侵入计算机系统，就会对系统及应用程序产生不同程度的影响。由于病毒就是一种计算机程序，程序能够实现对计算机的所有控制，病毒也一样可以做到。其中恶性病毒可以修改系统的配置信息、删除数据、破坏硬盘分区表、引导记录等,甚至格式化磁盘、导致系统崩溃,对数据造成不可挽回的破坏。

4. 隐蔽性

计算机病毒为了隐藏,一般将病毒代码设计得非常短小精悍,一般只有几百个字节或1 kB大小,所以病毒瞬间就可将这短短的代码附加到正常程序中或磁盘较隐蔽的地方,使人不易察觉。正是由于计算机病毒的这种不露声色的特点,使得它可以在用户没有丝毫察觉的情况下扩散到上百万台计算机中。

5. 触发性

计算机病毒因某个事件的出现,诱发病毒进行感染或进行破坏,称为病毒的触发。病毒为了又隐蔽自己又保持杀伤力,就必须给自己设置合理的触发条件。每个病毒都有自己的触发条件,这些条件可能是时间、日期、文件类型或某些特定的数据。

6. 衍生性

衍生性表现为两个方面:一方面,有些计算机病毒本身在传染过程中会通过一套变换机制,产生出许多与原代码不同的病毒;另一方面,有些恶作剧者或恶意攻击者人为地修改病毒的原代码。这两种方式都有可能产生出不同于原病毒代码的变种病毒,使人们防不胜防。

7. 寄生性

寄生性是指病毒对其他文件或系统进行一系列非法操作,使其带有这种病毒,并成为该病毒的一个新的传染源的过程。这也是病毒的最基本特征。

8. 持久性

持久性是指计算机病毒被发现以后,数据和程序的恢复都非常困难。特别是在网络操作的情况下,由于病毒程序由一个受感染的程序通过网络反复传播,这样就使得病毒的清除非常麻烦。

五、计算机病毒的分类

在对计算机病毒进行分类时,可以根据病毒的诸多特点从不同的角度进行划分:按照病毒的传染途径可以分为引导型病毒、文件型病毒和混合型病毒;按照病毒的传播媒介可以分为单机病毒和网络病毒;按照病毒的表现性质可分为良性病毒和恶性病毒;按病毒的破坏能力可以划分为无害型、无危险型、危险型和非常危险型病毒;按病毒的攻击对象分为攻击DOS的病毒、攻击Windows的病毒和攻击网络的病毒等。

1. 按照病毒的传染途径进行分类

按照计算机病毒的传染途径进行分类,可划分为引导型病毒、文件型病毒和混合型病毒。

(1)引导型病毒:引导型病毒的感染对象是计算机存储介质的引导扇区。病毒将自身的全部或部分程序取代正常的引导记录,而将正常的引导记录隐藏在介质的其他存储空间中。由于引导扇区是计算机系统正常工作的先决条件,所以此类病毒会在计算机操作启动之前就获得系统的控制权,因此其传染性较强。

(2)文件型病毒:文件型病毒通常感染带有.COM、.EXE、.DRV、.OVL、.SYS等扩展名的可执行文件。它们在每次激活时,感染文件把自身复制到其他可执行的文件中,并能在内存中保存很长的时间,直到病毒被激活。当用户调用感染了病毒的可执行文件时,病毒首先被运行,然后病毒驻留在内存中等待感染其他文件或直接感染其他文件。这种病毒的特点是依附于正常文件中,成为程序文件的一个外壳或部件,如宏病毒等。

(3)混合型病毒:混合型病毒兼有引导型病毒和文件型病毒的特点,既感染引导区又感染文件,因此扩大了这种病毒的传染途径。这种病毒的破坏力比前两种病毒更大,而且也难以根除。

2. 按照病毒的传播媒介分类

按照计算机病毒的传播媒介来划分,可以分为单机病毒和网络病毒。

(1)单机病毒:单机病毒就是 DOS 病毒、Windows 病毒和能在多操作系统下运行的宏病毒。单机病毒常用的传播媒介是软盘、硬盘、光盘、U 盘、移动硬盘等存储介质。

(2)网络病毒:网络病毒是通过计算机网络来传播,感染网络中的可执行文件的病毒。此种病毒具有传播速度快、危害性大、难以控制、难以根治、容易产生更多的变种等特点。

3. 按照病毒的表现性质分类

按照病毒的表现性质可分为良性病毒和恶性病毒。

(1)良性病毒:良性病毒是指那些仅为了表现自己,而不想破坏计算机系统资源的病毒。这些病毒多是出自于一些恶作剧的人之手,病毒发作时常常是在屏幕上出现提示信息或者是发出一些声音等等,病毒的编写者不是为了对计算机系统进行恶意的攻击,仅仅是为了显示他们在计算机编程方面的技巧和才华。尽管它们不会给系统造成巨大的损失,但是也会占用一定的系统资源,从而干扰计算机系统的正常运行。如小球病毒、巴基斯坦病毒等。因此,这种病毒也有必要引起人们的注意。

(2)恶性病毒:恶性病毒就像是计算机系统的恶性肿瘤,它们的目的就是为了破坏计算机系统的资源。常见的恶性病毒的破坏行为就是删除计算机中的数据与文件,甚至还会格式化磁盘;有的不是删除文件,而是让磁盘乱作一团,表面上看不出有什么破坏痕迹,其实原来的数据和文件都已经改变了;甚至还有更严重的破坏行为,例如 CIH 病毒,它不仅能够破坏计算机系统的资源,甚至能够擦除主板 BIOS,造成主板损坏。如黑色星期五病毒、磁盘杀手病毒等。这种病毒的破坏力和杀伤力都很大,人们一定要做好预防工作。

学习任务2 常见计算机病毒介绍

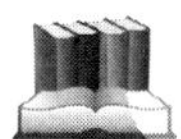

任务概述

随着计算机技术和网络技术的发展,每年都会产生新的病毒,有些病毒危险度很高,很可能给企业和个人带来巨大的损失。本任务主要介绍一些常见的病毒。

任务目标

- 能够了解特洛伊木马及其防范
- 能够了解蠕虫病毒及其防范
- 能够了解宏病毒及其防范
- 能够了解 ARP 病毒及其防范

学习内容

一、特洛伊木马分析与防范

1. 特洛伊木马介绍

“特洛伊木马”(trojan horse)简称“木马”。特洛伊木马只是一种远程管理工具,它驻留在目标计算机里,可以随计算机自动启动并在某一端口进行侦听,在对接收的数据识别后,对目标计算机执行特定的操作。木马,其实质只是一个通过端口进行通信的网络客户/服务程序。网络客户/服务模式的原理是一台主机提供服务(服务器),另一台主机接受服务(客户机)。作为服务器的主机一般会打开一个默认的端口并进行监听(listen),如果有客户机向服务器的这一端口提出连接请求(connect request),服务器上的相应程序就会自动运行,来应答客户机的请求。对于特洛伊木马,被控制端就成为一台服务器,控制端则是一台客户机。

2. 特洛伊木马具有的特性

(1)它的隐蔽性主要体现在以下两个方面。

①不产生图标。木马虽然在系统启动时会自动运行,但它不会在任务栏中产生一个图标。

②木马程序自动在任务管理器中隐藏,并以系统服务的方式欺骗操作系统。

(2)具有自动运行性。木马为了控制服务端,它必须在系统启动时即跟随启动,所以它必须潜伏在用户的启动配置文件中,如 win. ini、system. ini、winstart. bat 以及启动组等文件之中。

(3)包含未公开并且可能产生危险后果的程序。

(4)具备自动恢复功能。现在很多的木马程序中的功能模块不再由单一的文件组成,而是具有多重备份,可以相互恢复。

(5)能自动打开特别的端口。木马程序潜入用户的电脑之中的目的主要不是为了破坏用户的系统,而是为了获取用户的系统中有用的信息,以便黑客们控制用户的机器,或实施进一步的入侵企图。

(6)功能的特殊性。通常的木马功能都是十分特殊的,除了普通的文件操作以外,还有些木马具有搜索 cache 中的口令、设置口令、扫描目标的 IP 地址、进行键盘记录、操作远程注册表以及锁定鼠标等功能。

3. 特洛伊木马的防范

对付特洛伊木马程序,可以采用以下的防范方法。

(1)不要随便运行程序。

(2)不要到不正规的站点去下载软件,因为许多黑客将木马隐藏在软件的安装程序里。

(3)对于陌生人的电子邮件,需要检查源地址,然后再去看信件里有什么内容。如果有附件的话,也要小心查看,因为附件里可能隐藏了可执行文件。

(4)检查系统配置文件,系统配置文件包括了 win. ini 文件、system. ini 文件以及 config. sys 文件,这 3 个文件里都记录了操作系统启动的时候需要启动和加载的程序,而且应当查看文件路径是否正常。

(5)养成经常查杀木马的良好习惯,尽量打开病毒监控,并保持病毒库的更新。

另外,当发现电脑的网络状态不正常的时候,需要马上断开网络,然后检查原因,看是否为木马导致的。

二、蠕虫病毒分析与防范

1. 蠕虫病毒介绍

最初的蠕虫病毒出现在 DOS 环境下,病毒发作时会在屏幕上出现一条类似虫子的东西,胡乱吞吃屏幕上的字母并将其改形。现在蠕虫病毒是一种常见的计算机病毒。它的传染机理是利用网络进行复制和传播,主要传染途径是网络和电子邮件。在产生的破坏性上,蠕虫病毒也不是普通病毒所能比拟的:网络的发展使得蠕虫病毒可以在短短的时间内蔓延至整个网络,造成网络瘫痪。

蠕虫病毒是自包含的程序(或一套程序),它能传播它自身的拷贝或它的某些部分到其他的计算机系统中。与一般病毒不同,蠕虫不需要将其自身附着到宿主程序上。有两种类型的蠕虫:主机蠕虫与网络蠕虫。主机蠕虫完全包含在它们运行的计算机中,并且通过网络的连接将自身拷贝到其他的计算机中。蠕虫病毒一般是通过 1434 端口漏洞传播。

2. 蠕虫病毒的特征

(1)利用操作系统和应用程序的漏洞主动进行攻击。此类病毒主要是“红色代码”和“尼姆亚”以及至今依然肆虐的“求职信”等。

(2)传播方式多样。如“尼姆亚”病毒和“求职信”病毒的传播途径包括文件、电子邮件、Web 服务器、网络共享等等。

(3)病毒制作技术与传统的病毒不同。与传统的病毒不同的是,许多新病毒是利用当前最新的编程语言与编程技术实现的,易于修改以产生新的变种,从而逃避反病毒软件的搜索。

(4)与黑客技术相结合,潜在的威胁更大。以“红色代码”为例,感染后机器 Web 目录的\scrIPts 下将生成一个 root. exe,可以远程执行任何命令,从而使黑客能够反复进入。

3. 蠕虫病毒的防范

(1)企业防范蠕虫病毒的措施:

①加强网络管理员安全管理水平,提高安全意识。

②建立病毒检测系统。

③建立应急响应系统。

④建立灾难备份系统。

(2)个人用户防范蠕虫病毒的措施:

①选购合适的杀毒软件。网络蠕虫病毒的发展已经使传统杀毒软件的“文件级实时监控系统”落伍,杀毒软件必须向内存实时监控和邮件实时监控发展。

②经常升级病毒库。杀毒软件对病毒的查杀是以病毒的特征码为依据的,而病毒每天都层出不穷,尤其是在网络时代,蠕虫病毒的传播速度快、变种多,所以必须随时更新病毒库,以便能够查杀最新的病毒。

③提高防病毒意识,不要轻易去点击陌生的站点。

④不随意查看陌生邮件,尤其是带有附件的邮件。

三、宏病毒分析与防范

1. 宏病毒介绍

宏病毒是一种寄存在文档或模板的宏中的计算机病毒。一旦打开这样的文档,其中的宏就会被执行,于是宏病毒就会被激活,转移到计算机上并驻留在 Normal 模板上。从此以后,所有自动保存的文档都会感染上这种宏病毒,而且如果其他用户打开了感染病毒的文档,宏病毒又会转移到其他的计算机上。

宏病毒的感染,利用了一些数据处理系统,如字处理或表格处理系统内置宏命令编程语言的特性。这种特性可以把特定的宏命令代码附加在指定文件上,在未经使用者许可的情况下获取某种控制权,实现宏命令在不同文件之间的共享和传递,这使得目前的办公软件能够完成许多自动文档批处理功能,而宏病毒正是借助和应用了这些功能才得以四处扩散。

宏病毒与传统的病毒有很大的不同,它不感染. exe 和. com 等可执行文件,而是将病毒代码以“宏”的形式潜伏在 Office 文件中,主要感染 Word 和 Excel 等文件。当采用 Office 软件打开这些染毒文件时,这些代码就会被执行并产生破坏作用。

2. 宏病毒的传播方法

用户在打开或建立 Word 文件时,系统都会自动装入通用的模板并执行其中的宏命令。其中的操作可以是打开文件、关闭文件、读取数据以及保存和打印,并对应着特定的宏命令,如“保存”文件与 FileSave 命令相对应,“另存为”文件对应着 FileSaveAs 等。

3. 宏病毒的防范

(1)将常用的 Word 模板文件改为只读属性,可防止 Word 系统被感染。

(2)因为 Word 宏病毒肯定会将自动宏作为一个侵入点,所以应禁止使用所有的自动宏,这种方法能够有效地防止宏病毒感染。

四、ARP 病毒分析与防范

1. ARP 病毒介绍

ARP 病毒也叫 ARP 地址欺骗类病毒,这是一类特殊的病毒。该病毒一般属于木马病毒,不具备主动传播的特性,不会自我复制,但是由于其发作的时候会向全网发送伪造的 ARP 数据包,严重干扰全网的正常运行,其危害甚至比一些蠕虫病毒还要严重得多。

ARP 病毒发作的现象是网络掉线,但网络连接正常,内网的部分 PC 机不能上网,或者所有电脑不能上网,无法打开网页或打开网页慢,局域网时断时续并且网速较慢,网上银行、游戏及 QQ 账号的频繁丢失等。

2. ARP 病毒的防范

(1)做好 IP - MAC 地址的绑定工作(即将 IP 地址与硬件识别地址绑定),在交换机和客户端都要绑定,这是可以使局域网免疫 ARP 病毒侵扰的好办法。

(2)给系统安装补丁程序,可以通过 Windows Update 安装系统补丁程序。

(3)禁用系统的自动播放功能,防止病毒从 U 盘、移动硬盘、MP3 等移动存储设备进入到计算机。

(4)在网络正常的时候保存好全网的 IP - MAC 地址对照表,这样在查找 ARP 中毒电脑时会很方便。

(5)部署网络流量检测设备,时刻监视全网的 ARP 广播包,查看其 MAC 地址是否正确。

(6)安装杀毒软件,及时升级病毒库,定期全网杀毒。

(7)用户要提高网络安全意识,不要轻易下载、使用盗版和存在安全隐患的软件,或浏览一些缺乏可信度的网站(网页),不要随便打开来历不明的电子邮件尤其是邮件附件,不要随便共享文件和文件夹,不要随便打开 QQ、MSN 等聊天工具上发来的链接信息等。

(8)设置足够强劲的密码。

学习任务3 反病毒技术

任务概述

随着计算机网络的发展,新病毒不断产生,平均每天要出现30~50种新病毒,在这种情况下,反病毒事业也得到了飞速的发展。人们在享受着Internet所带来的好处的同时,也承受着计算机病毒所带来的困扰:病毒一次次地侵入计算机系统,毁坏操作系统、删除重要信息甚至格式化磁盘。所以,为了更好地防范病毒,避免计算机病毒带来的侵扰和破坏,应该建立一个更好的防范体系和制度,不给计算机病毒任何可乘之机。

任务目标

- 能够了解反病毒技术的发展
- 能够掌握病毒防治常用方法

学习内容

一、反病毒技术的发展

随着计算机技术及反病毒技术的发展,早期的防病毒卡像其他的计算机硬件卡(如汉字卡等)一样,逐步衰落退出市场。与此对应的是,各种反病毒软件开始日益风行起来,并且在十几年的发展中经历了好几代反病毒技术。

第一代反病毒技术是采取单纯的病毒特征代码分析,将病毒从带毒文件中清除掉。这种方式可以准确地清除病毒,可靠性很高。后来病毒技术发展了,特别是加密和变形技术的运用,使得这种简单的静态扫描方式失去了作用。随之而来的反病毒技术也发展了一步。

第二代反病毒技术是采用静态广谱特征扫描方法检测病毒,这种方式可以更多地检测出变形病毒,但另一方面误报率也提高,尤其是用这种不严格的特征判定方式去清除病毒带来的风险性很大,容易造成文件和数据的破坏。所以说静态防病毒技术也有难以克服的缺陷。

第三代反病毒技术的主要特点是将静态扫描技术和动态仿真跟踪技术结合起来,将查找病毒和清除病毒合二为一,形成一个整体解决方案,能够全面实现防、查、杀等反病毒所必备的各种手段,以驻留内存方式防止病毒的入侵,凡是检测到的病毒都能清除,不会破坏文件和数据。随着病毒数量的增加和新型病毒技术的发展,静态扫描技术将会使反毒软件速度降低,驻留内存的防毒模块容易产生误报。

第四代反病毒技术针对计算机病毒的发展,基于病毒家族体系的命名规则,以及多位

CRC 校验和扫描机理,采用启发式智能代码分析模块、动态数据还原模块(能查出隐蔽性极强的压缩加密文件中的病毒)、内存解毒模块、自身免疫模块等先进的解毒技术,较好地解决了以前防毒技术顾此失彼、此消彼长的状态。

二、病毒防治常用方法

防治计算机病毒可以使用以下几种方法:

(1)计算机内要运行实时的监控软件和防火墙软件。

(2)要及时地升级杀毒软件的病毒库。

(3)如果用的是 Windows 操作系统,最好经常到微软网站查看有无最新发布的补丁,以便及时升级。

(4)不要打开来历不明的邮件,特别是有些附件。

(5)接收远程文件时,不要直接将文件写入硬盘,最好将远程文件先存入软盘,然后对其进行杀毒,确认无毒后再拷贝到硬盘中。

(6)尽量不要共享文件或数据。

(7)对重要的数据和文件做好备份。

当然,上述几点还远远不能防止计算机病毒的攻击,但是做了这些准备,从一定程度上会使系统更安全一些。

三、Windows 病毒防范技术

由于 Windows 操作系统的界面美观、简单易用,因而被大多数用户所青睐。但是,人们也发现需要为此付出代价,那就是 Windows 操作系统经常会受到各种各样的计算机病毒的攻击。其实,如果把系统设置得更加安全一些,不让病毒侵入,应该比在感染了计算机病毒之后再去查杀病毒要省事多了。下面,就介绍一下如何来提高 Windows 操作系统的安全性。

1. 经常对系统升级并经常浏览微软的网站去下载最新补丁

具体操作方法:单击“开始”菜单中的“Windows Update”,就可以直接连接到微软的升级网站,然后按照网页中的提示一步步做就可以了。如图 4-1 所示。

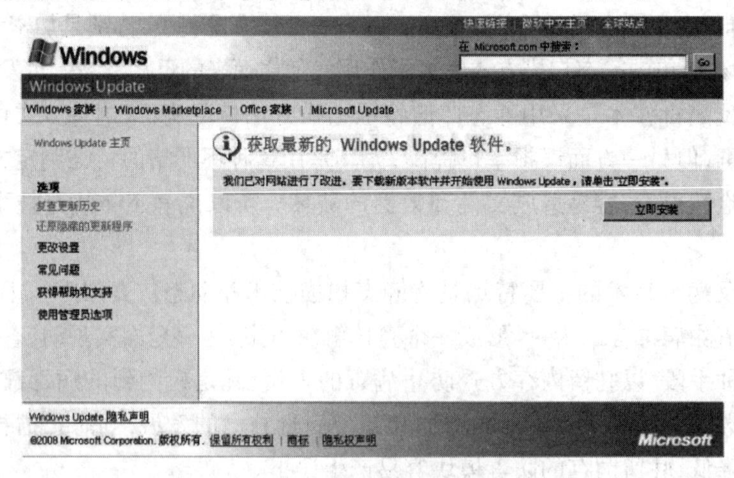

图 4-1 Windows 操作系统的升级页面

2. 正确配置 Windows 操作系统

在安装完 Windows 操作系统以后，一定要对系统进行配置，这对 Windows 操作系统防病毒起着至关重要的作用。

(1) 正确配置网络：去掉共享和禁用端口。

①将网络文件和打印机共享去掉。具体操作为：右击“网上邻居”，选择“属性”，然后右击“本地连接”并选择“属性”，在弹出的窗口中，取消选中“Microsoft 网络的文件和打印机共享”复选框，如图 4－2 所示。

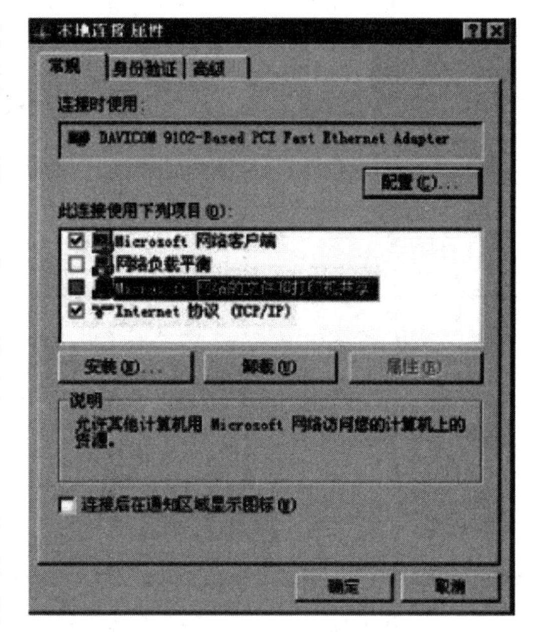

图 4－2 禁用网络的文件和打印机共享

②将不需要的端口禁用。具体操作为：右击“网上邻居”选择“属性”，然后右击“本地连接”选择“属性”，在弹出的窗口中选择“Internet 网络协议(TCP/IP)”，再选择“属性”，在弹出的 Internet 网络协议(TCP/IP)窗口中选择“高级”，再选择“选项”卡，然后双击“TCP/IP 筛选”，选择“启用 TCP/IP 筛选机制”，并选择系统只允许对外开放的端口即可。如图 4－3 所示。

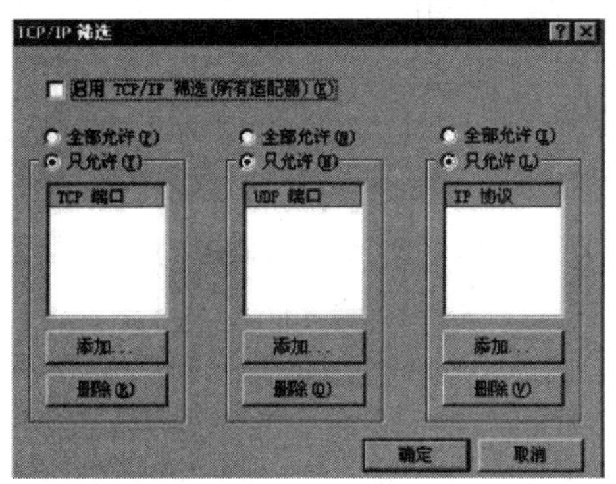

图 4－3 禁用端口

(2) 正确配置服务：对于一个网络管理员来说，虽然服务打开得多可能会带来许多方便，但不一定是一件好事，因为服务也可能是病毒的切入点，所以应该将系统不必要的服务关闭。具体操作为：打开“控制面板”中的“管理工具”，再选择“服务”一项，然后将相应的不必要服务设置为禁用即可。如图 4－4 所示。

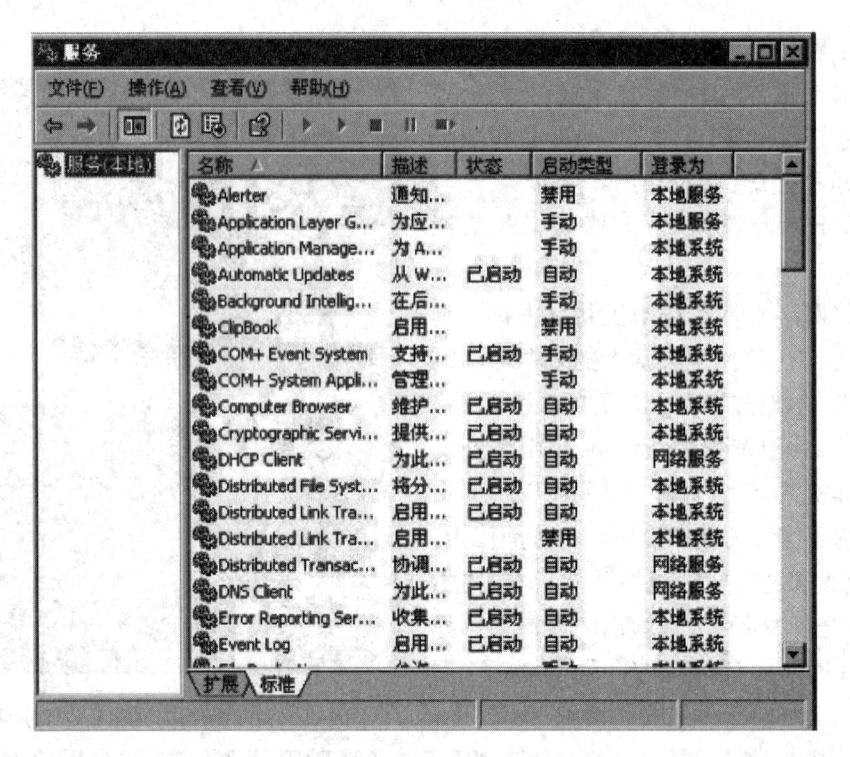

图 4-4 服务的启动或关闭

3. 利用 Windows 系统自带的工具

(1)利用注册表工具:regedit 命令是注册表编辑工具,利用它可以检查出许多病毒。例如在 HKEY_LOCAL_MACHINE\SOFTWARE\Microsft\Windows\CurrentVersion\Rim 下如果有一些奇怪的键值,就说明系统可能感染了病毒。因为在这个主键下,所有注册的程序都会在 Windows 系统启动时自动运行,而病毒往往也是利用这个机会来使自己启动,从而获取系统的控制权。

(2)利用 Msinfo32.exe 命令:Msinfo32.exe 命令提供的是一个系统信息查看的工具,它包含以下几类信息。

①系统摘要:显示计算机的基本信息,例如操作系统的名称、版本、处理器、BIOS 版本号等等。

②硬件资源:显示系统有没有冲突、有哪些信息共享、中断 IRQ、I/O 设备等情况。

③组件:显示当前系统安装的硬件信息。

④软件环境:显示当前系统运行的所有软件的信息,包括驱动程序、网络连接等。

⑤Internet Explore:浏览器的所有信息。

⑥应用程序:显示一些常用应用程序的信息。

在这几项信息中,可以通过“软件环境”来查看系统的运行情况,在右边的窗口中可以查看有没有可疑的病毒,如图 4-5 所示。

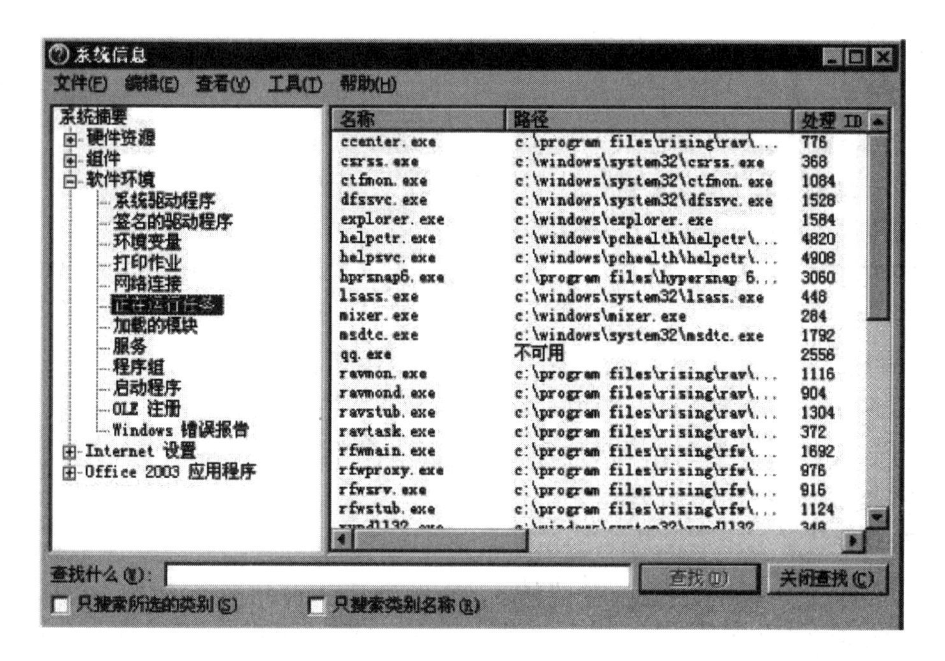

图 4－5 查看是否有可疑的任务

学习任务 4 防病毒软件使用

任务概述

随着计算机的普及和互联网的迅猛发展，各种病毒也层出不穷，不管是让人烦恼不堪的 CIH 和“快乐时光”，还是“振荡波”、“冲击波”、“熊猫烧香”等，都给人们的工作和生活带来了极大的危害。我们可以使用防病毒软件为我们的信息及网络安全提供保障。常用的安全防护软件有 360 安全卫士、金山卫士、金山毒霸、360 杀毒、瑞星杀毒和瑞星个人防火墙等。

任务目标

- 能够熟练掌握 360 安全卫士的安全防护操作和技巧
- 能够熟练掌握金山毒霸查杀病毒的各项操作

学习内容

一、360 安全卫士

360 安全卫士是一款由奇虎 360 公司推出的功能强、效果好的上网安全软件。360 安全卫士拥有木马查杀、清理插件、电脑体检、修复漏洞、电脑救援、保护隐私等多种功能，并独创了“木马防火墙”功能，依靠抢先侦测和云端鉴别，可全面、智能地拦截各类木马，保护用户的账号、隐私等重要信息。

360 安全卫士的主要功能如下：

(1)电脑体检：对电脑进行详细的检查。

(2)查杀木马：使用 360 云引擎、360 启发式引擎、小红伞本地引擎、QVM 四引擎杀毒。

(3)修复漏洞：为系统修复高危漏洞和进行功能性更新。

(4)系统修复：修复常见的上网设置、系统设置。

(5)电脑清理：清理插件、清理垃圾、清理痕迹和清理注册表。

(6)优化加速：加快开机速度。

(7)软件管家：安全下载软件、小工具。

(8)电脑门诊：解决电脑的其他问题。

360 安全卫士 9.3 主界面如图 4－6 所示，其官方网址：http://www.360.cn/weishi/。

图 4－6　360 安全卫士主界面

1. 电脑体检

首次运行 360 卫士，可单击主页面的“立即体检”按钮，对电脑进行一次全面的体检，并根据提示进行安全保护设置。

其后每次运行 360 安全卫士时都要对本机进行体检，对木马、漏洞、注册表风险位置进行全方位检查，体检完毕后出示健康指数，并查看体检报告，如图 4－7 所示，单击一键修复按钮进行修复处理。

图 4 – 7 电脑体检

2. 木马查杀

360 安全卫士内置四个引擎，默认状态下自动开启了云查杀引擎和启发式引擎，另外两个引擎需要用户手动开启。360 安全卫士提供了三种扫描方式，如图 4 – 8 所示：“快速扫描”、“全盘扫描”、“自定义扫描”。

图 4 – 8 木马查杀

3. 系统修复

系统修复是检测并修复系统中需升级的补丁和存在的漏洞、安全风险，以提高计算机系统的安全性。单击“系统修复”按钮，再单击“常规修复”或“漏洞修复”按钮，下载并安装系统补丁，补丁全部安装成功后重启生效。如图 4－9 所示。

图 4－9　系统修复

4. 电脑清理

单击“电脑清理”，然后单击 “清理软件”按钮，可以清理不常使用的软件，如图 4－10 所示。单击“一键清理”可清理电脑中的 cookie、垃圾、上网痕迹和插件；另外，360 安全卫士还提供了单独的“清理垃圾”、“清理插件”和“清理痕迹”等功能，其中“清理插件”清理的是广告程序、间谍软件、IE 插件等，从而防止对正常网络秩序的干扰。

图 4－10　电脑清理

5. 优化加速

电脑在使用过程中如果感觉变慢，就需要进行优化加速了。单击“优化加速”按钮，然后单击“一键优化”选项卡中的“立即优化”按钮，就可以从开机加速、系统加速和网络加速 3 个方面对系统进行优化。如图 4－11 所示。

图 4－11　优化加速

根据需要，也可分别选择“深度加速”、“我的开机时间”、“启动项”等选项卡进行个性化设置，从而使电脑工作在最佳状态。

二、金山毒霸

金山毒霸（ Kingsoft Antivirus）是中国著名的反病毒软件，它融合了启发式搜索、代码分析、虚拟机查毒等成熟可靠的反病毒技术，使其在查杀病毒种类、查杀速度、未知病毒防治等多方面达到了世界先进水平，同时金山毒霸具有病毒防火墙实时监控、压缩文件查毒、查杀电子邮件病毒等多项先进的功能。金山毒霸的主要功能特点如下：

（1）全平台：首创电脑、手机双平台杀毒，不仅可以查杀电脑病毒，还可查杀手机中的病毒、木马，保护手机，防止恶意扣费。

（2）全引擎：引擎全新升级，结合火眼行为分析，大幅提升流行病毒变种的检出率，查杀能力、响应速度遥遥领先于传统杀毒引擎。

（3）铠甲防御：全方位网购保护，全新架构，多维立体保护，智能侦测、拦截新型病毒威胁。

（4）全新手机管理：全新手机应用下载平台，确保安全。

金山毒霸主界面如图 4－12 所示，其官方主页是：http://jinshanduba.org.cn/。

图 4－12　金山毒霸主界面

1. 主界面功能

主界面提供了“铠甲防御”四维 20 层保护开关，可分别设置保护功能。

主界面底部列出了常用的四种功能按钮，分别是“垃圾清理”、“电脑医生”、“免费 WiFi”和“数据恢复”。

2. 电脑杀毒

单击“电脑杀毒”标签页，单击“一键云查杀”按钮，则开始查杀电脑病毒，如图 4 －13 所示。图的右侧为引擎图标，分别是“云查杀引擎 3.0”、“蓝芯Ⅲ引擎”、“KSC 云启发引擎”、“系统修复”、“小 U 本地引擎”和“小红伞本地引擎”等，单击可以开启或关闭相应的引擎。

图 4－13　电脑杀毒

如果有特殊需求,可单击底部的“指定位置查杀”链接,进行自定义查杀病毒;如果电脑病毒非常顽固,可选择“强力查杀”选项,这样可进行深度扫描;也可根据需要分别选择“U 盘查杀”或“防黑查杀”。查杀病毒过程中,已扫描项目、扫描统计和扫描结果等将实时显示在窗口中,扫描结果将自动保存到日志中,可以通过“查看日志”功能来查看以往的查杀病毒记录。

3. 铠甲防御

铠甲防御包括“实时监控”、“防御开关”、“XP 防护盾”和“防御体系”四个功能。

单击“铠甲防御”标签页,在左侧单击“防御开关”,如图 4－14 所示,可以开启或关闭 20 层智能主动防御相关功能。

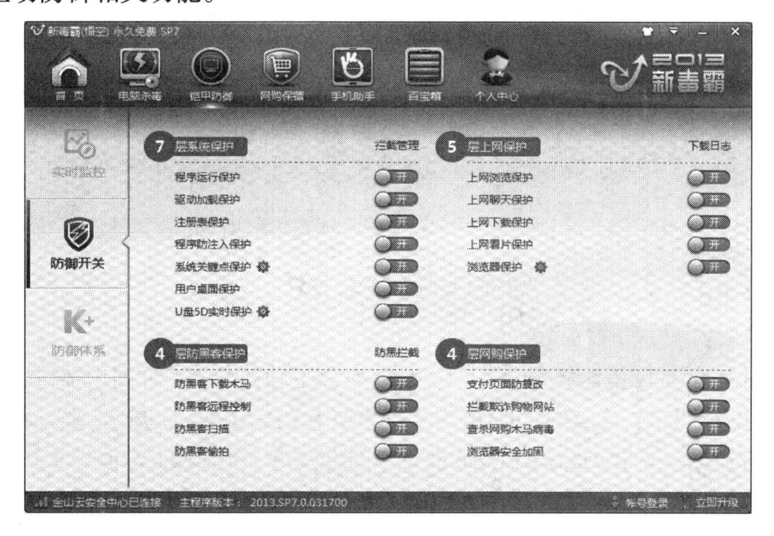

图 4－14 铠甲防御

4. 网络保镖

单击“网购保镖”标签页,单击右上角“防护详情”选项,打开如图 4－15 所示的对话框,开启四层网购保护,用户即可享有网购双重敢赔保障。

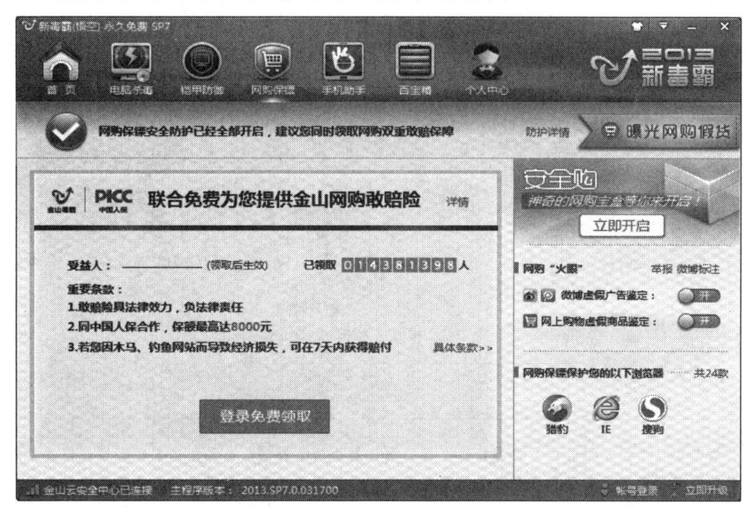

图 4－15 网购保镖

5. 数据恢复

在主界面下面单击“数据恢复”按钮，弹出如图 4－16 所示的“金山数据恢复”对话框，可选择“误删除文件”、“误格式化硬盘”、“U 盘/手机存储卡”、“误清空回收站”、“硬盘分区消失”和“万能恢复”等项目，根据提示，可挽回自己误操作带来的损失。

图 4－16　数据恢复

6. U 盘卫士

针对使用 U 盘易传播病毒等情况，金山毒霸百宝箱提供了“金山 U 盘卫士”。在程序界面单击“百宝箱”标签页，单击“U 盘卫士”按钮，打开“金山 U 盘卫士”，如图 4－17 所示，可设置“U 盘安全打开”模式；单击“更多 U 盘设置”，打开“综合设置”对话框，设置安全打开模式。

图 4－17　金山 U 盘卫士

开启U盘5D实时保护系统、U盘闪电弹出和U盘快捷管理功能，如图4－18所示。同时可根据需要选择“全面查杀”、“容量鉴定”、“读写测试”和“数据恢复”，实现U盘查杀病毒、真假辨别和误删恢复等功能。

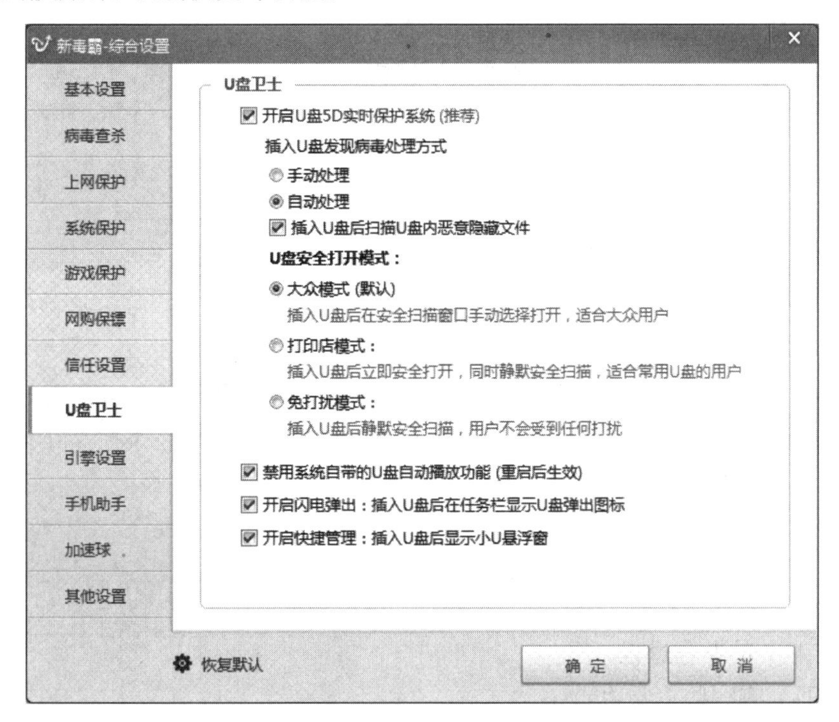

图4－18 “U盘卫士”设置

思考练习

一、选择题

1. 下面是关于计算机病毒的两种论断，经判断(　　)。

(1)计算机病毒也是一种程序，它在某些条件下激活，起干扰破坏作用，并能传染到其他程序中去；(2)计算机病毒只会破坏磁盘上的数据。

A. 只有(1)正确　　B. 只有(2)正确

C. (1)和(2)都正确　　D. (1)和(2)都不正确

2. 通常所说的“计算机病毒”是指(　　)。

A. 细菌感染　　B. 生物病毒感染

C. 被损坏的程序　　D. 特制的具有破坏性的程序

3. 对于已感染了病毒的U盘，最彻底的清除病毒的方法是(　　)。

A. 用酒精将U盘消毒　　B. 放在高压锅里煮

C. 将感染病毒的程序删除　　D. 对U盘进行格式化

4. 计算机病毒造成的危害是(　　)。

A. 使磁盘发霉　　B. 破坏计算机系统

C. 使计算机内存芯片损坏　　D. 使计算机系统突然掉电

5. 计算机病毒的危害性表现在(　　)。

A. 能造成计算机器件永久性失效

B. 影响程序的执行,破坏用户数据与程序

C. 不影响计算机的运行速度

D. 不影响计算机的运算结果,不必采取措施

二、填空题

1. 计算机病毒由________、________、________组成。

2. 计算机病毒的发展主要经历了________、________、________、________、________、________、________、________、________、________。

3. 计算机病毒的特征是________、________、________、________、________、________、________和________。

4. 按照病毒的传染途径可将病毒分为________、________和________。

5. 为确保学校局域网的信息安全,防止来自 Internet 的黑客入侵,采用________可以实现一定的防范作用。

三、问答题

1. 什么是计算机病毒?

2. 简述蠕虫病毒具有的主要特性。如何防范此病毒?

3. 简述 ARP 的欺骗过程。

4. 金山毒霸有哪些主要功能?

单元要点归纳

本单元主要介绍了计算机病毒及其防范，重点介绍了计算机病毒的种类、典型计算机病毒的工作原理、反病毒技术的发展以及常用防病毒软件的应用。我们使用不同的标准去分析病毒、解释病毒，目的是为了更深刻地认识病毒、理解病毒，从而能够更好地防范病毒。为了更好地防范病毒，以防计算机病毒给我们带来侵扰和破坏，我们应该建立一个更好的防范体系和制度，不给计算机病毒任何可乘之机。

第五单元 防火墙与入侵检测技术

单元概述

防火墙是设置在被保护网络和外部网络之间的一道防御系统，以防止发生不可预测的、潜在的破坏性的侵入。它可以通过检测、限制、更改跨越防火墙的数据流，尽可能地对外部屏蔽内部的信息、结构和运行状态，以此来保护内部网络中的信息、资源等不受外部网络中非法用户的侵犯。入侵检测是对入侵行为的发觉，通过从计算机网络或计算机的关键点收集信息并进行分析，从中发现网络或系统中是否有违反安全策略的行为和被攻击的迹象。两者的有机结合为网络安全提供了保障。

单元目标

- 能够掌握常见的防火墙技术：包过滤技术、代理技术、状态检测技术等
- 能够了解防火墙的体系结构：筛选路由器、双重宿主机、屏蔽机、屏蔽子网结构
- 能够了解入侵检测的分类
- 能够了解入侵检测的步骤及应用

学习任务1 防火墙基本概述

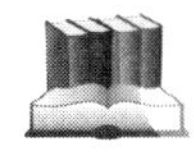

任务概述

“防火墙”是指一种将内部网络与外网相对分开的方法，它实际是一种隔离技术，它允许用户同意的人和数据进入其网络，把未经认可的访问者拒之门外，最大限度地阻止网络中的黑客入侵行为，防止信息被更改、复制和毁坏，从而保护内网的安全。本任务将学习防火墙的基本概念、功能、分类及体系结构。

任务目标

- 能够了解防火墙的概念
- 能够熟练掌握防火墙的功能和分类
- 能够掌握防火墙的发展
- 能够掌握防火墙的体系结构

学习内容

一、防火墙的概念

防火墙的本义原是指古代人们在建造木质结构的房屋时，为防止火灾发生时蔓延到别的房屋而在房屋周围堆砌的石块。而计算机网络中所说的防火墙，是指隔离在本地网络与外界网络之间的一道防御系统，是这一类防范措施的总称。通过防火墙，可以隔离风险区域与安全区域的连接，同时又不会妨碍访问者对风险区域的访问。防火墙可以监控进出网络的通信，仅让安全的、核准了的数据进入，抵制不安全的、未经核准的数据。

从计算机网络安全技术的角度看，防火墙是一个连接两个或更多物理网络并把分组从一个网络转发到另一个网络的路由器，它将网络分成内部网络和外部网络，如图5－1所示。作为维护网络安全的关键设备，防火墙的目的就是在可信任的内部网络和非信任的外部网络之间建立一道屏障，通过实施相应的访问控制策略来控制（允许、拒绝、监视、记录）进出网络的访问行为，以防止未经授权的通信进出被保护的内部网络，如图5－2所示。

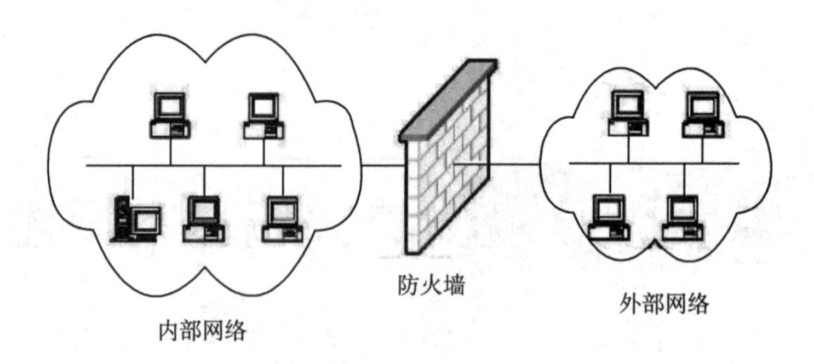

图5-1 在网络中部署防火墙

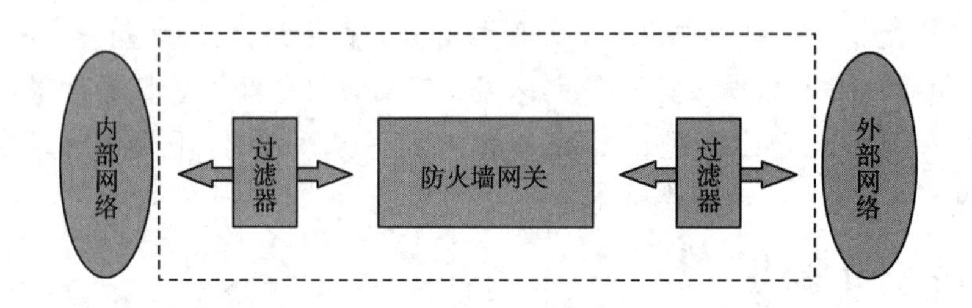

图5-2 防火墙基本功能

防火墙是网络安全策略的有机组成部分，它通过控制和检测网络之间的信息交换和访问行为来实现对网络的安全管理。从总体上看，防火墙应具有以下五大基本功能：

（1）过滤进出网络的数据包。

（2）管理进出网络的访问行为。

（3）封堵某些禁止的访问行为。

（4）记录通过防火墙的信息内容和活动。

（5）对网络攻击进行检测和报警。

为实现以上功能，在防火墙产品的开发中，人们要应用网络拓扑技术、计算机操作系统技术、路由技术、加密技术、访问控制技术、安全审计技术等成熟或先进的手段。

二、防火墙的作用

目前，Internet 上的 Web 网站中，大部分站点都有某种防火墙的保护，任何关键性的服务器都应该放在防火墙之后。部署防火墙技术，可以大大提高网络的安全性，主要表现在以下几个方面。

1. 防火墙是网络安全的屏障

防火墙能极大地提高一个内部网络的安全，并通过过滤不安全的服务而降低风险。由于只有经过精心选择的应用协议才能通过防火墙，所以网络环境变得更安全。例如，防火墙可以禁止众所周知的不安全的 NFS 协议进出受保护网络，这样，外部的攻击者就不可能利用这些脆弱的协议来攻击内部网络。

2. 防火墙可以强化网络安全策略

通过以防火墙为中心的安全方案配置，能将所有安全软件（如口令、加密、身份认证、审计等)配置在防火墙上。与将网络安全问题分散到各个主机上相比,防火墙的集中安全管理更经济。

3. 对网络存取和访问进行监控审计

如果所有的访问都经过防火墙,那么,防火墙就能记录下这些访问并做出日志记录,同时也能提供网络使用情况的统计数据。当发生可疑动作时,防火墙能进行适当的报警,并提供网络是否受到监测和入侵的详细信息。另外,收集一个网络的使用和误用情况也是非常重要的。

4. 防止内部信息的外泄

通过利用防火墙对内部网络的划分,可实现内部网重点网段的隔离,从而限制了局部重点或敏感网络安全问题对全局网络造成的影响。再者,隐私是内部网络管理者非常关心的问题,一个内部网络中不引人注意的细节可能包含了有关安全的线索而引起外部入侵者的兴趣,甚至因此而暴露了内部网络的某些安全漏洞,使用防火墙就可以隐蔽那些内部细节。

三、防火墙的弱点

虽然利用防火墙可以保护内部网络免受外部网络的攻击,但也只是能够提高网络的安全性,不可能保证网络的绝对安全,它不是万能的。事实上,防火墙仍然有一些弱点和不能防范的安全威胁,主要表现在以下几个方面。

1. 防火墙不适合防范计算机病毒

防火墙扫描操作大部分是针对数据包中的源/目标地址以及端口号,而并非数据细节,所以对于隐藏在文件数据中的病毒,防火墙是无能为力的。实际上,许多病毒就是以这种方式来进行传播的。同时,由于病毒的种类繁多,如果要在防火墙完成对所有病毒代码的检查,防火墙的效率就会降到不能忍受的程度。

2. 防火墙限制有用的网络服务

防火墙为了提高被保护网络的安全性,限制或关闭了很多有用但存在安全缺陷的网络服务。这样有可能会抑制一些正常的信息通过,限制了有用的网络服务,给用户带来使用的不便。

3. 防火墙不能防范不经过防火墙的攻击

例如,如果允许从受保护的网络内部向外拨号(SLIP 或 PPP),一些用户就可能形成与外部网络的直接连接而受到攻击。

另外,防火墙对于来自网络内部的攻击无能为力;对用户不完全透明,可能带来传输延迟、瓶颈及单点失效;等等。

四、防火墙技术的分类

防火墙有许多种形式,有以软件形式运行在普通计算机之上的,也有以固件形式设计在路由器之中的。总的来说,业界的分类有三种:包过滤防火墙、应用级网关防火墙和状态监测防火墙。

1. 包过滤防火墙

在 Internet 网络上,所有往来的信息都被分割成许多一定长度的信息包,其中包含发送者的 IP 地址和接收者的 IP 地址信息。当这些信息包在网络上传输时，路由器会读取接收者的 IP 地址并选择一条合适的物理线路发送出去，信息包可能经由不同的路线抵达目的地，当所有的包抵达目的地后会重新组装还原。包过滤式的防火墙会检查所有通过的信息包中的 IP 地址，并按照系统管理员所给定的过滤规则进行过滤。如果对防火墙设定某一 IP 地址的站点为不适宜访问的话，从这个地址来的所有信息都会被防火墙屏蔽掉。包过滤防火墙的优点是它对于用户来说是透明的，处理速度快且易于维护，通常作为第一道防线。包过滤路由器通常没有用户的使用记录，这样就不能得到入侵者的攻击记录。而攻破一个单纯的包过滤式防火墙对黑客来说还是有办法的，IP 地址欺骗是黑客常用的一种攻击手段。

2. 应用级网关防火墙

应用级网关也就是通常提到的代理服务器。它适用于特定的 Internet 服务，如超文本传输（HTTP）、文件传输（FTP）等。代理服务器通常运行在两个网络之间，它对于客户来说像是一台真的服务器，而对于外界的服务器来说，它又是一台客户机。当代理服务器接收到用户对某站点的访问请求后会检查该请求是否符合规定，如果规则允许用户访问该站点的话，代理服务器会像一个客户一样去那个站点取回所需信息再转发给客户。代理服务器通常都拥有一个高速缓存，这个缓存存储有用户经常访问的站点内容，在下一个用户要访问同一站点时，服务器就不用重复获取相同的内容，直接将缓存内容发出即可，既节约了时间又节约了网络资源。

3. 状态监测防火墙

这种防火墙具有非常好的安全特性，它使用了一个在网关上执行网络安全策略的软件模块，称之为监测引擎。监测引擎在不影响网络正常运行的前提下，采用抽取有关数据的方法对网络通信的各层实施监测，抽取状态信息，并动态地保存起来作为以后执行安全策略的参考。监测引擎支持多种协议和应用程序，并可以很容易地实现应用和服务的扩充。

与前两种防火墙不同，当用户访问请求到达网关的操作系统前，状态监视器要抽取有关数据进行分析，结合网络配置和安全规定做出接纳、拒绝、身份认证、报警或给该通信加密等处理动作。

五、防火墙的体系结构

1. 筛选路由器结构

筛选路由器被认为是网络安全最好的第一道防线。因为筛选路由器就是实施过滤的路由器，所有需要的硬件已到位。它可以根据 IP 地址和 TCP 及 UDP 端口拒绝所有进出的流。筛选路由器应遵守安全策略，配置路由器可接受的数据流量，筛选路由器拒绝 IP 地址或网络地址的范围，以及过滤不想要的 TCP/IP 应用程序。

筛选路由器防火墙拓扑结构非常简单，这种拓扑结构仅使用一个筛选路由器作为解决方案。它有几个缺点，最主要的一个就是创建相应的过滤需要对 TCP/IP 有很丰富的知识，一旦有任何错误的配置将会导致不期望的流量通过或拒绝一些可接受的流量。另一个缺点是只有一个单独的设备来保护网络，如果一个黑客攻破防火墙，他将能访问网络中的任何资源。另外，筛选路由器不隐藏内部网络的配置，任何访问筛选路由器的人都能轻松地看到网络布局和结构。筛选路由器也没有较好的监视或日志功能，如果一个筛选路由器接收到没被其过滤的流量，对这些流量它不能提供什么有用的信息。筛选路由器通常没有报警的功能，如果一个安全侵犯发生，对于这种潜在的威胁，筛选路由器不能通知安全管理员。

2. 双宿主主机结构

双宿主主机结构防火墙系统主要由一台双宿主堡垒主机构成。双宿主主机具有两个网络接口，它位于内部网络与外部网络的连接处，运行应用代理程序，充当内、外网络之间的转发器，如图 5－3 所示。双宿主主机关闭了正常的 IP 路由功能，使来自一个网络接口的 IP 包不能直接到达另一个网络接口，内部网络与外部网络的通信完全由运行于双宿主主机的防火墙应用程序完成。双宿主主机对外屏蔽了内部网络结构，使内部网络在外部看来是“不可视”的。

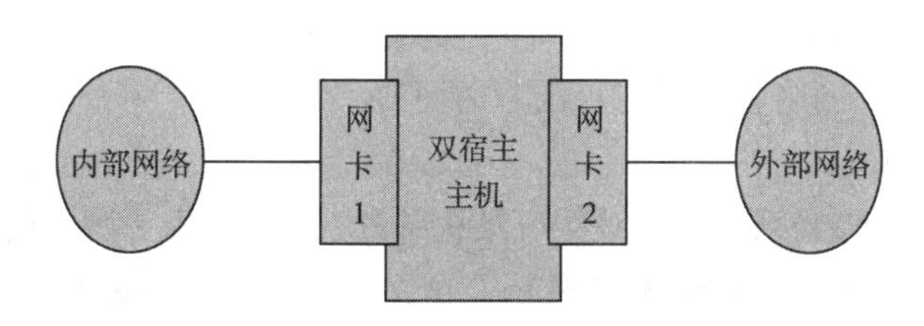

图 5－3　双宿主主机结构防火墙系统

双宿主主机可以使用包过滤技术与应用代理技术，并且在网络结构上简单明了、易于实现且成本低，能为内部网络与外部网络的通信提供较为完善的控制机制，如监视、认证、日志文件等。双宿主主机在配置原则上遵循“未被明确准许的服务将被禁止”，尽可能为内部用户提供已知的必需的服务，如 WWW、E－mail、FTP 等。

由于双宿主主机是内部网络与外部网络相互通信的桥梁，因此内、外部网络之间的通信量需求比较大时，双宿主主机本身将成为通信的瓶颈，这也是所有代理型防火墙的弱点。双宿主主机结构把整个网络的安全性能全部寄托于它的安全单元，而单个网络安全单元在实际中往往是受攻击的首选对象。因此，作为防火墙的主机，除了禁止 IP 转发外，还应该从主机中禁用所有影响到安全的程序、工具和服务，以免成为攻击的目标。

3. 屏蔽主机结构

屏蔽主机结构防火墙系统由包过滤路由器和堡垒主机构成，包过滤路由器位于内部网络与外部网络之间，而堡垒主机位于内部网络与包过滤路由器之间，如图 5－4 所示。

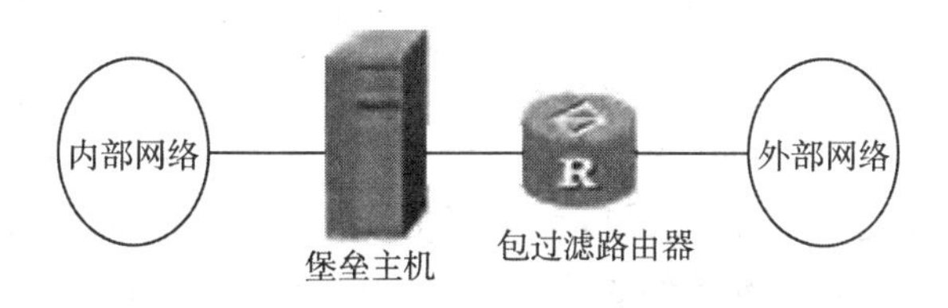

图 5－4　屏蔽主机结构防火墙系统

在这种结构中，包过滤路由器为系统提供主要的安全功能，堡垒主机则主要提供面向应用的服务。包过滤路由器使用包过滤技术,它准许堡垒主机与外部网络通信,使堡垒主机成为外部网络所能到达的唯一节点,并同时根据设立的过滤策略进行控制。对内部网络中的其他主机直接对外的通信,包过滤路由器将予以拒绝。所有这些主机的对外通信,必须经过堡垒主机来完成。

为了保证这种结构的通信路径不被更改,包过滤路由器应当采用静态路由设置,并且路由器不允许接受 ICMP、ARP 等协议,也不接受 ICMP Redirect 请求和 ICMP Unreachable 信息。与双宿主主机系统类似,堡垒主机运行应用代理服务程序,为内部的主机提供代理服务,堡垒主机还可以向内、外部网络用户提供面向应用的大多数服务。

屏蔽主机防火墙实现了网络层和应用层的安全,因而比单独的包过滤或应用网关代理更安全。在这一方式下,过滤路由器是否配置正确是这种防火墙安全与否的关键,如果路由表遭到破坏,堡垒主机就可能被越过,使内部网完全暴露。同时,堡垒主机向外部网络用户提供面向应用的服务,也容易形成安全隐患,因为堡垒主机一旦因为应用服务的关系而被攻破,那么内部网络将暴露在攻击者的面前。

4. 屏蔽子网结构

屏蔽子网结构防火墙系统在屏蔽主机结构基础上,增加了一个周边防御网段,用以进一步隔离内部与外部网络,如图 5 - 5 所示。这是防火墙部署中最常见的一种方式,也是最安全的一种方式。

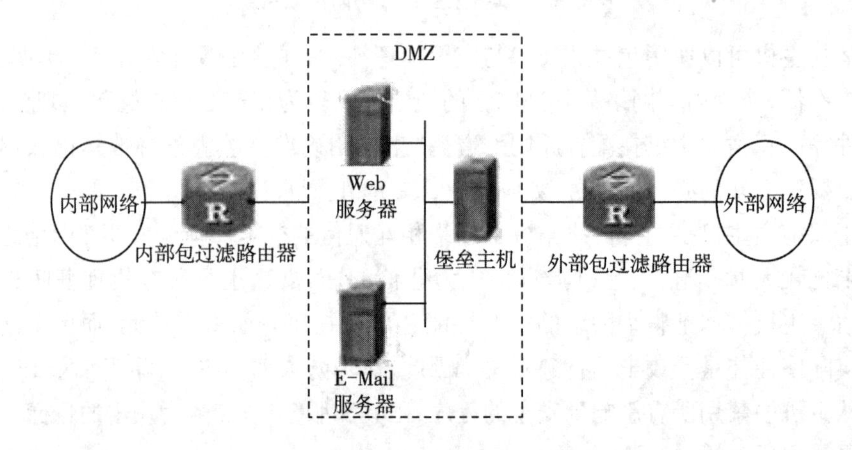

图 5 - 5 屏蔽子网结构防火墙系统

在这种结构中,它在内部网络和外部网络之间建立一个子网,称为边界网络,也称为非军事区 DMZ。DMZ 分别由内、外两个包过滤路由器与之连接。DMZ 所受到的安全威胁不会影响到内部网络。

这种方式的防火墙在工作时,外部包过滤路由器利用配置的访问控制列表管理外部对 DMZ 的访问,而内部包过滤路由器作为第三道防线,利用各种规则阻止所有不是从堡垒主机输入的流量,并且向外发送的流量只能经过堡垒主机。而堡垒主机则运行应用代理服务软件为内部网络提供各种对外的服务。

所有提供公共访问的设备,如 Web 服务器、E - Mail 服务器等,都可以被放在 DMZ

中。内部网络和外部网络都能够访问到DMZ中的各种服务器,但是当外部网络攻破堡垒主机或那些对外服务的服务器时,由于DMZ与内部包过滤路由器的隔离作用,内部网络受到的安全威胁被尽可能地减少了。

使用这种方案的主要好处就是攻击者想要访问内部网络必须攻破3个单独的设备——外部包过滤路由器、DMZ中的堡垒主机、内部包过滤路由器,而不被发现。很明显,这对攻击者而言,有很多的困难。并且,因为路由信息包含网络信息,内部用户不通过堡垒主机则不能访问外部网络,任何直接从内部网络发出的数据都不能转发到外部网络上,因为不存在这样的路由表,这种配置避免了内部用户绕过安全机制。

六、防火墙分类

1. 软件防火墙、硬件防火墙和芯片级防火墙

如果从防火墙的软、硬件形式来分的话,防火墙可以分为软件防火墙和硬件防火墙以及芯片级防火墙。

(1)软件防火墙:软件防火墙采用纯软件的方式运行于计算机上,它需要先在计算机上安装并做好配置才可以使用。使用这类防火墙,需要管理员对操作系统平台比较熟悉。

这类防火墙产品包括Microsoft公司的企业级产品ISA Server和Route OS,它们都能够部署在网络边界,起着与硬件防火墙一样的效果。而天网防火墙、金山网镖等则只能用于桌面系统,保护单个主机。

(2)硬件防火墙:目前的硬件防火墙主要有基于网络处理器的防火墙和基于x86架构的防火墙。这类防火墙严格来说,是硬件与软件的结合体。

(3)芯片级防火墙:芯片级防火墙使用专门的硬件处理网络数据流,它为防火墙应用专门设计了数据包处理流水线,同时对存储器等资源的利用进行了优化,是性能最佳的防火墙技术方案。芯片级防火墙比其他种类的防火墙工作更稳定、速度更快、处理能力更强,但价格相对比较昂贵。这类防火墙最出名的产品有Net Screen防火墙、思科PIX防火墙等。

2. 边界防火墙、个人防火墙和分布式防火墙

按照防火墙的应用部署位置来区分,防火墙可以分为边界防火墙、个人防火墙和混合防火墙3大类。

(1)边界防火墙:边界防火墙是最传统的防火墙,它位于内部网络和外部网络的连接处,使得内部网络和外部网络之间的所有数据流都经过它,以此对内部网络和外部网络实施隔离,执行安全控制策略,保护内部网络。这类防火墙一般要求具有较高的性能,所以大部分都是硬件类型的,价格较贵。

(2)个人防火墙:个人防火墙主要部署于个人计算机中,用于对网络中的个人计算机进行防护,是对传统边界式防火墙在安全体系方面的一个完善。这类防火墙通常为软件防火墙。

(3)分布式防火墙:分布式防火墙技术很好地解决边界防火墙的不足,给网络带来非常全面的安全防护。分布式防火墙是一种主机驻留式的安全系统,它是以主机为保护对象,它的设计理念是主机以外的任何用户访问都是不可信任的,都需要进行过滤。当然在实际应

用中,并不是要求对网络中每台主机都安装这样的系统,因为这样会严重影响网络的通信性能。它通常用于保护企业网络中的关键服务器、数据及工作站免受非法入侵的破坏。

分布式防火墙负责对网络边界、各子网和网络内部各主机的安全防护,所以分布式防火墙是一个完整的系统,而不是单一的产品,由若干个软、硬件组件组成,分布于内、外部网络边界和内部各主机之间,既对内、外部网络之间的通信进行过滤,又对网络内部各主机间的通信进行过滤。它属于最新的防火墙技术之一,性能最好,价格也最贵。

学习任务2 防火墙应用实例

任务概述

防火墙是一种综合性的技术,涉及计算机网络技术、密码技术、安全技术、安全协议等多个方面。它的发展迅速,产品众多,并不断有新的安全技术及软件技术应用在防火墙的开发上,如包过滤、代理服务器、VPN、加密技术、身份认证等。本任务将阐述防火墙的安全规则及两种防火墙的具体应用。

任务目标

- 能够掌握防火墙的安全规则
- 能够掌握天网防火墙和瑞星防火墙的具体应用

学习内容

一、安全规则

安全规则,即安全策略,是防火墙进行保护工作的核心,所有的防护工作都由这些可以被管理员自行配置的安全策略来进行。默认情况下,防火墙被设计为:防火墙整体的默认策略是没有明确被允许的行为都是被禁止的。但是针对包过滤规则,默认策略是没有明确被禁止的包过滤行为都是被允许的,这主要是从用户配置方便角度来考虑的。

在进行防火墙部署之前,必须要了解防火墙是怎样利用安全策略来进行工作的。防火墙根据管理员定义的策略规则来完成数据包控制,这些策略包括“允许通过”、“禁止通过”、“代理方式通过”、“端口映射方式通过”、“IP 映射通过”、“包过滤”和“NAT 方式通过”等。同时,根据管理员定义的基于角色控制的用户策略,并与安全规则策略配合,防火墙能够完成强制访问控制,包括限制用户在什么时间、什么 IP 地址可以登录防火墙系统,以及该用户通过认证后能够使用的服务等。安全策略规则与防火墙状态表紧密结合,共同完成了对数据包的动态过滤。

所有的防火墙都应该提供基于资源定义的安全策略配置。这些资源包括地址和地址组、NAT 地址池、服务器地址、服务(源端口、目的端口、协议)和服务组、时间和时间组、用户和用户组(包括用户策略,如登录时间与地点、源 IP/目的 IP、目的端口、协议等)、URL 过滤策略等。

在进行过滤时,防火墙按顺序匹配规则列表:防火墙规则根据作用顺序分为代理、端口映射、IP 映射、包过滤、NAT 规则 5 类。其中代理规则是最优先生效的规则,最后为 NAT。

数据包匹配了代理规则,则根据代理规则对数据包进行相应处理,而不再匹配其他类型的规则;如果没有匹配代理,则去匹配端口映射和 IP 映射规则。无论数据包是否匹配端口映射和 IP 映射的规则,都会去匹配包过滤规则。根据包过滤规则的设置,若允许(包括包过滤规则允许、包过滤认证通过和包过滤 IPSEC 通过,或没有匹配任何包过滤规则),则去匹配 NAT 规则;若不允许,则直接抛弃。如果匹配到 NAT 规则,则进行 NAT,否则数据包直接通过防火墙。假如设置了一条端口映射、IP 映射规则或 NAT 规则,而且没有选择“包过滤缺省策略通过”,就必须再设置一条相应的包过滤规则才能生效。每类中的规则根据规则的顺序生效,当匹配了某类型规则中的一条规则时,将根据该条规则对包进行处理,而不会匹配该类规则中其他规则,如图 5-6 所示。

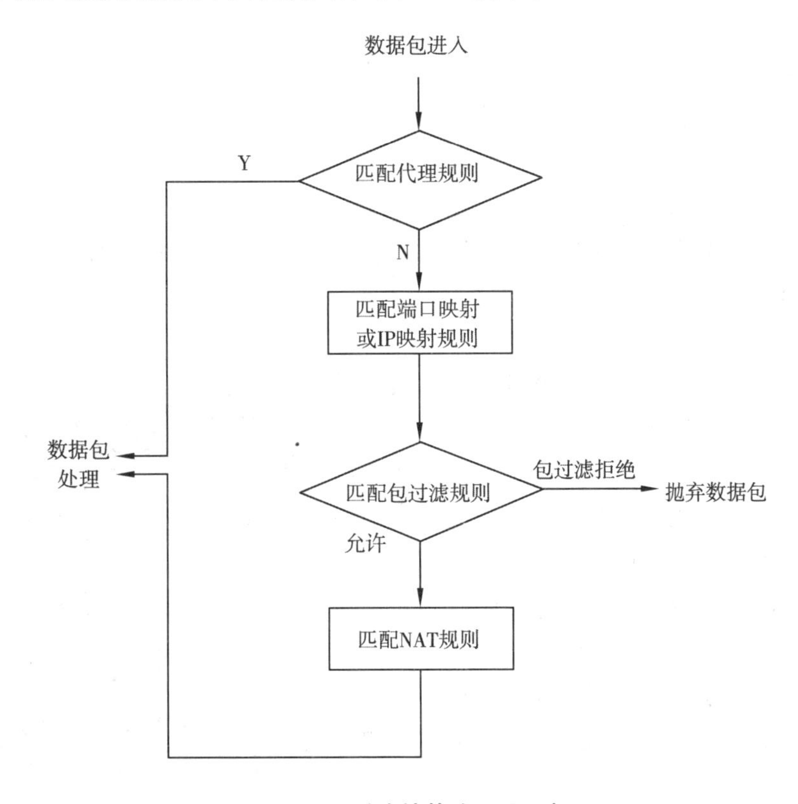

图 5-6 防火墙策略匹配示意

所有这些策略都是通过访问控制列表 ACL(Access Control List)来进行定义的。访问控制列表是一系列有顺序的规则,这些规则根据数据包的源地址、目的地址和端口号等来描述。ACL 通过这些规则对数据包进行分类,这些规则应用到防火墙接口上,防火墙根据这些规则判断哪些数据包可以接收,哪些数据包需要拒绝。

按照用途划分,访问控制列表可以分为 4 类:①基本的访问控制列表(Basic ACL);②高级的访问控制列表(Advanced ACL);③基于接口的访问控制列表(Interface-based ACL);④基于 MAC 的访问控制列表(Mac-Based ACL)。

总的来说,防火墙的安全规则包括以下几类。

(1)代理规则:使用代理服务,可以监控源地址/目的地址间的信息,并进行相应的访问控制和内容过滤。同时,代理服务由于处理的内容多,所以传输效率也不如相应的包过滤规则高,并需要有代理服务器的支持。

代理类型包括:HTTP 代理,FTP 代理,Telnet 代理,SMTP 代理,POP3 代理,DNS 代理,ICMP 代理,MSN 代理以及自定义代理等。

(2)端口映射规则:把客户端对"公开地址"、"对外服务"的访问,转换成对"内部地址"、"内部服务"的访问。同时,源地址可以转换成防火墙的某个接口地址。

(3)IP 映射规则:把客户端对"公开地址"的访问转换成对"内部地址"的访问。同时,源地址可以转换成防火墙的某个接口地址。IP 映射规则和端口映射规则属于目的地址转换。它们的区别是:端口映射只对指定端口的连接做地址转换,而 IP 映射对特定 IP 地址的所有端口都做转换。

(4)包过滤规则:包过滤规则决定了特定的网络包能否通过防火墙,同时它也提供相关的选项以保护网络免受攻击。它支持的协议包括基本协议(如 HTTP、Telnet、SMTP 等)、ICMP、动态协议(如 FTP、SQLNET 等)。

(5)NAT 规则:NAT 实现把内部网络地址转换为外部网络 IP 地址,将内部网络和外部网络隔离开,内部用户可通过一个或多个外部 IP 地址与外部网络通信。

二、应用实例

1. 天网防火墙个人版简介

天网防火墙个人版(简称天网防火墙)是由天网安全实验室研发制作给个人计算机使用的网络安全工具。可以抵挡网络入侵和攻击,防止信息泄露,保障用户机器的网络安全。天网防火墙把网络分为本地网和互联网,可以针对来自不同网络的信息,设置不同的安全方案,它适合于任何方式连接上网的个人用户。

(1)第一步:局域网地址设置,防火墙将会以这个地址来区分局域网和 Internet 的 IP 来源。如图 5－7所示。

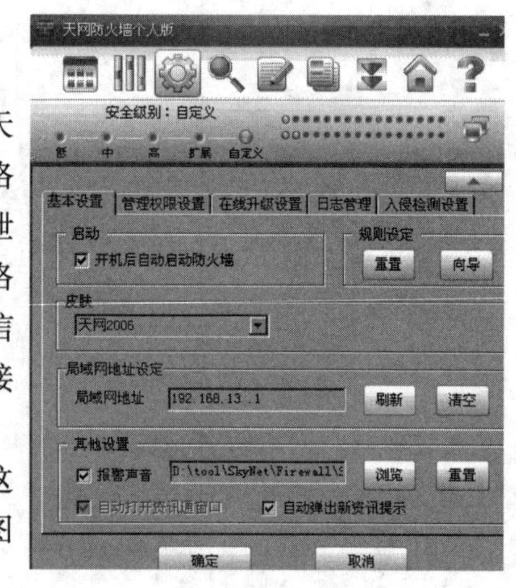

图 5－7　局域网地址设置

(2)第二步:管理权限设置,可有效地防止未授权用户随意改动设置、退出防火墙等。如图5－8 所示。

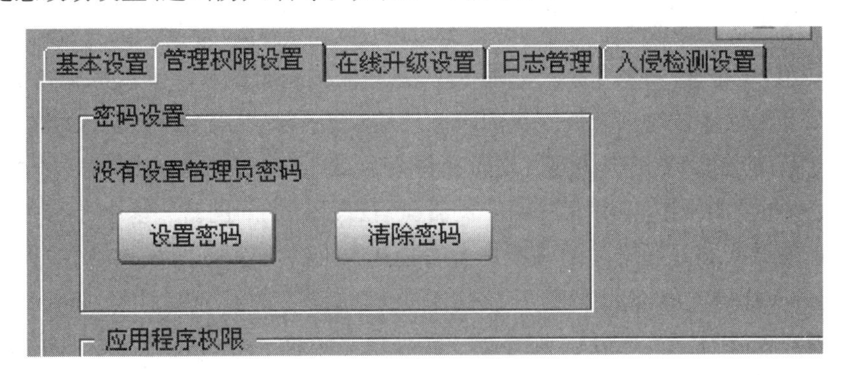

图 5－8 管理权限设置

(3)第三步:入侵检测设置,开启此功能,当防火墙检测到可疑的数据包时会弹出入侵检测提示窗口,并将远端主机 IP 显示于列表中。如图 5－9 所示。

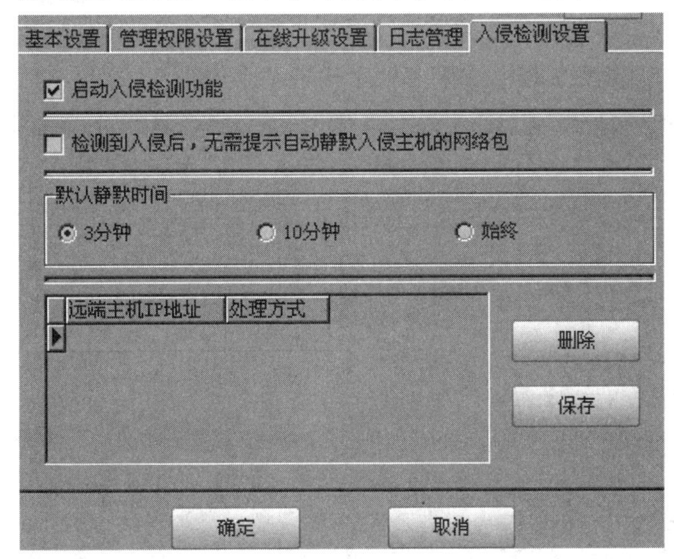

图 5－9 入侵检测

(4)第四步:安全级别设置,其中共有五个选项。如图 5－10 所示。

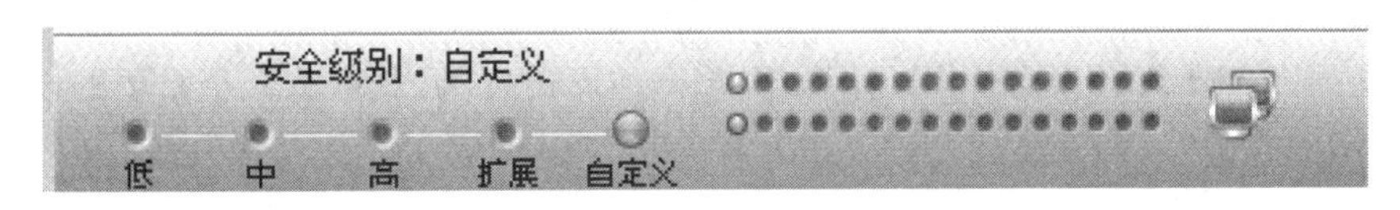

图 5－10 安全级别设置

①低:所有应用程序初次访问网络时都将询问,已经被认可的程序则按照设置的相应规则运作。计算机将完全信任局域网,允许局域网内部的机器访问自己提供的各种服务(文件、打印机共享服务),但禁止互联网上的机器访问这些服务。适用于在局域网中提供服务的用户。

②中:所有应用程序初次访问网络时都将询问,已经被认可的程序则按照设置的相应规则运作。禁止访问系统级别的服务(如HTTP、FTP等)。局域网内部的机器只允许访问文件、打印机共享服务。使用动态规则管理,允许授权运行的程序开放的端口服务,比如网络游戏或者视频语音电话软件提供的服务。适用于普通个人上网用户。

③高:所有应用程序初次访问网络时都将询问,已经被认可的程序则按照设置的相应规则运作。禁止局域网内部和互联网的机器访问自己提供的网络共享服务(文件、打印机共享服务),局域网和互联网上的机器将无法看到本机器。除了已经被认可的程序打开的端口,系统会屏蔽掉向外部开放的所有端口。这是最严密的安全级别。

④扩展:基于“中”安全级别再配合一系列专门针对木马和间谍程序的扩展规则,可以防止木马和间谍程序打开TCP或UDP端口监听甚至开放未许可的服务。研发者将根据最新的安全动态对规则库进行升级。适用于需要频繁试用各种新的网络软件和服务,又需要对木马程序进行足够限制的用户。

⑤自定义:如果用户了解各种网络协议,可以自己设置规则。注意,设置规则不正确会导致无法访问网络。适用于对网络有一定了解并需要自行设置规则的用户。

(5)第五步:自定义IP规则,如图5-11所示。

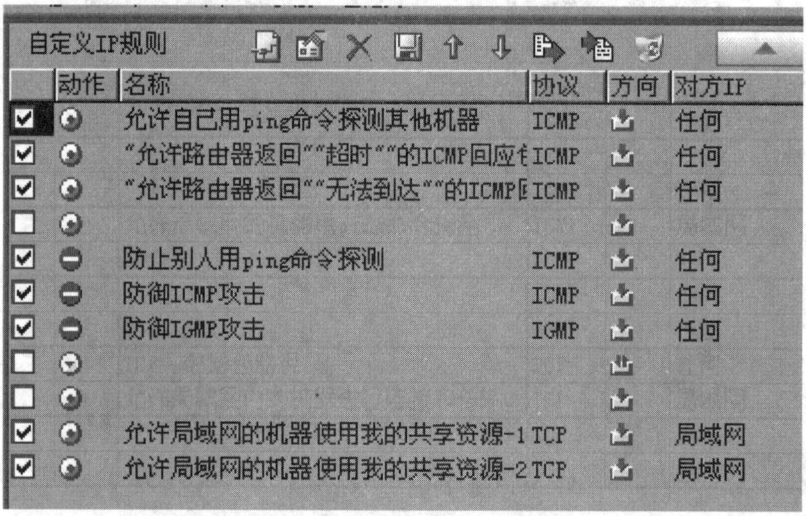

自定义IP规则

	动作	名称	协议	方向	对方IP
☑		允许自己用ping命令探测其他机器	ICMP		任何
☑		“允许路由器返回”“超时”“的ICMP回应	ICMP		任何
☑		“允许路由器返回”“无法到达”“的ICMP	ICMP		任何
☐					
☑		防止别人用ping命令探测	ICMP		任何
☑		防御ICMP攻击	ICMP		任何
☑		防御IGMP攻击	IGMP		任何
☐					
☐					
☑		允许局域网的机器使用我的共享资源-1	TCP		局域网
☑		允许局域网的机器使用我的共享资源-2	TCP		局域网

图5-11 自定义IP规则

IP规则是针对整个系统的网络层数据包监控而设置的,其中有几个重要的设置。

①防御ICMP攻击:选择时,别人无法用ping的方法来确定用户的存在,但不影响用户去ping别人。ICMP协议现在也被用来作为蓝屏攻击的一种方法,而且该协议对于普通用户来说,是很少使用到的。

②防御IGMP攻击:IGMP是用于组播的一种协议,对于MS Windows的用户是没有什么用途的,但现在也被用来作为蓝屏攻击的一种方法。

③TCP数据包监视:通过这条规则,用户可以监视机器与外部之间的所有TCP连接请求。注意,这只是一个监视规则,开启后会产生大量的日志。

④禁止互联网上的机器使用我的共享资源:开启该规则后,别人就不能访问用户的共享资源,包括获取用户的机器名称。

⑤禁止所有人连接低端端口:防止所有的机器和自己的低端端口连接。由于低端端口是 TCP/IP 协议的各种标准端口,几乎所有的 Internet 服务都是在这些端口上工作的,所以这是一条非常严厉的规则,有可能会影响使用某些软件。

⑥允许已经授权的程序打开端口:某些程序,如 ICQ、视频电话等软件,都会开放一些端口,这样,才可以连接到用户的机器上。本规则可以保证这些软件可以正常工作。

2. 瑞星个人防火墙配置

从网上下载瑞星个人防火墙,并安装,安装完成界面如图 5 - 12 所示。在个人设置里,可以进行网络监控的设置,如图 5 - 13 所示。

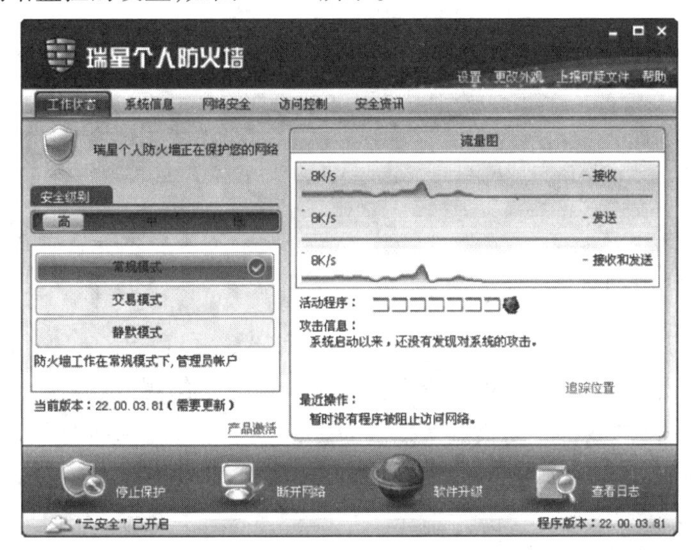

图 5 - 12 安装完成

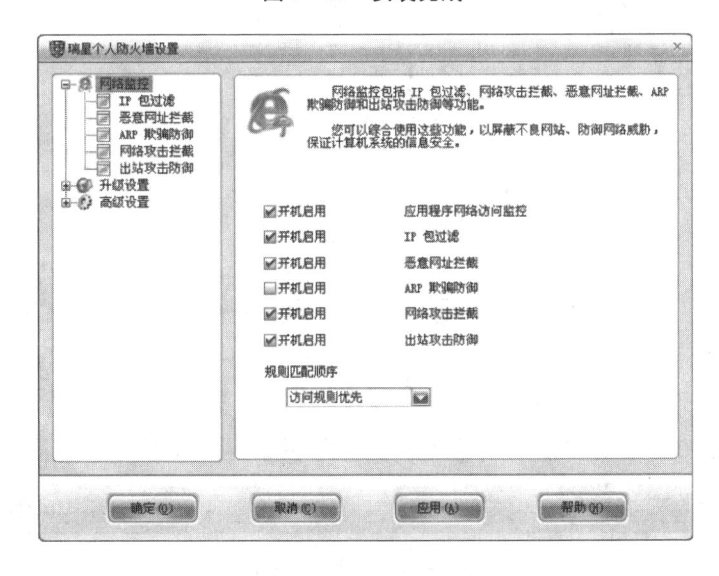

图 5 - 13 网络监控设置

(1)IP 包过滤设置:点击 IP 包过滤,在右侧会有相关的设置选项,如 IP 规则、端口开关等。在 IP 规则里面,可以看到很多协议的状态,以及使用的网络协议、端口等信息,并可以对其进行编辑删除等操作,如图 5－14 所示。

图 5－14 IP 包过滤设置

(2)网络攻击拦截:在右侧可以查看到很多网络攻击的规则、漏洞,包括很多浏览器攻击、溢出、木马等,这些都是防火墙所拦截的恶意信息,如图 5－15 所示。

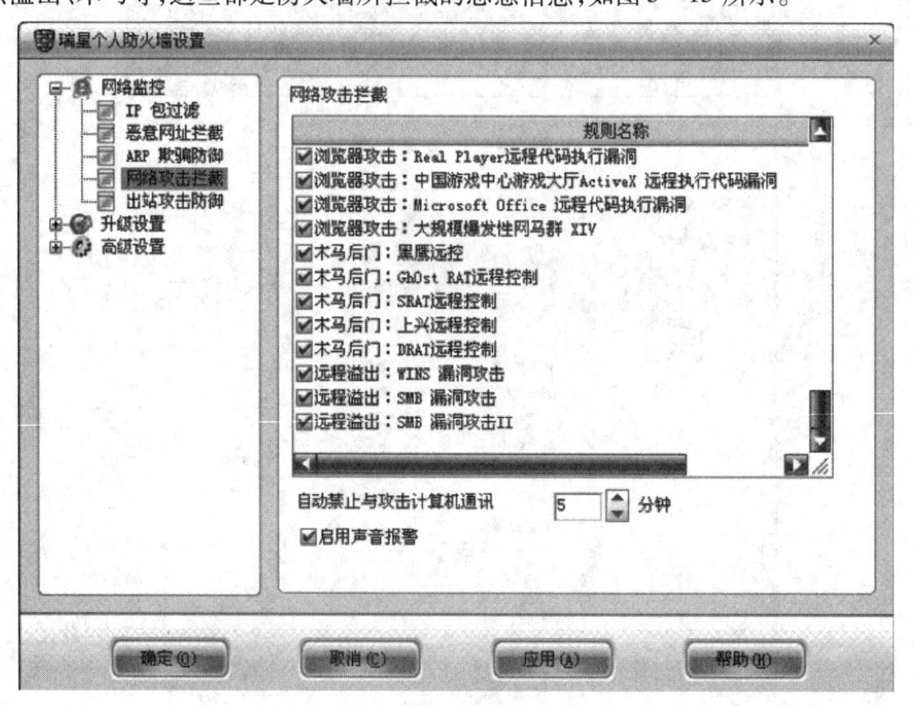

图 5－15 网络攻击拦截

(3)在主菜单网络安全里,可以开启一些相应的安全设施,如 IP 包过滤、ARP 欺骗、恶意网站拦截等,如图 5-16 所示。

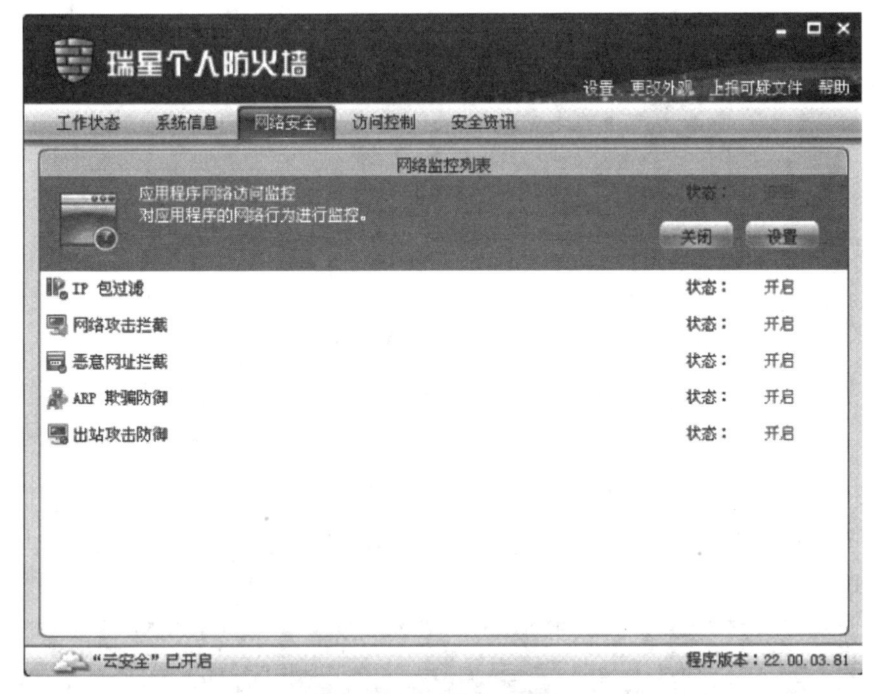

图 5-16 网络安全设置

(4)主菜单访问控制:从这里面可以看到本机所安装的一些软件,并可以对其进行相应的编辑、修改等,如图 5-17 所示。

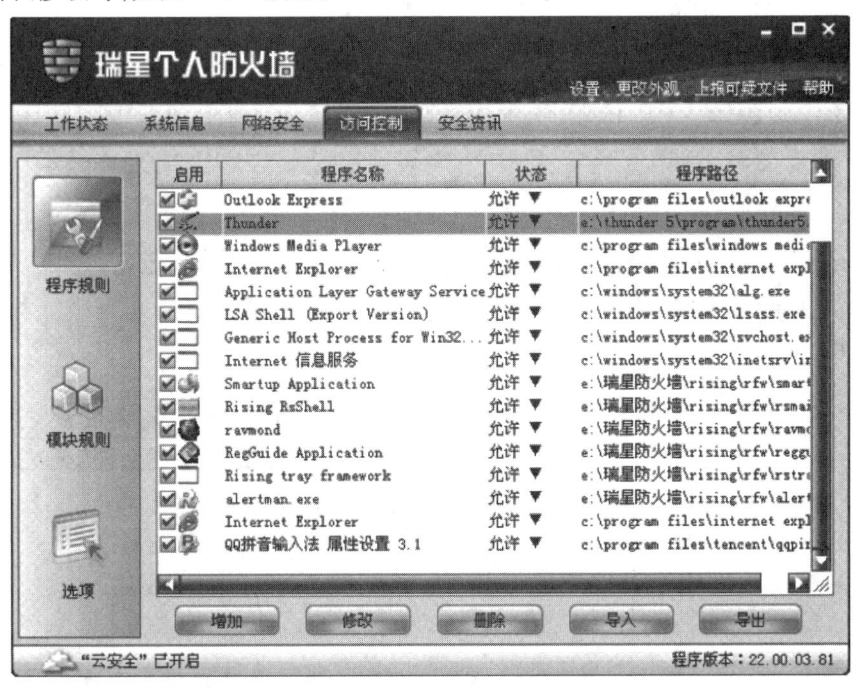

图 5-17 访问控制设置

如对迅雷的修改，在常规模式里，可以选择放行和禁止；软件类型也可以更改，可以根据自己的需要来更改，如图 5-18 所示。

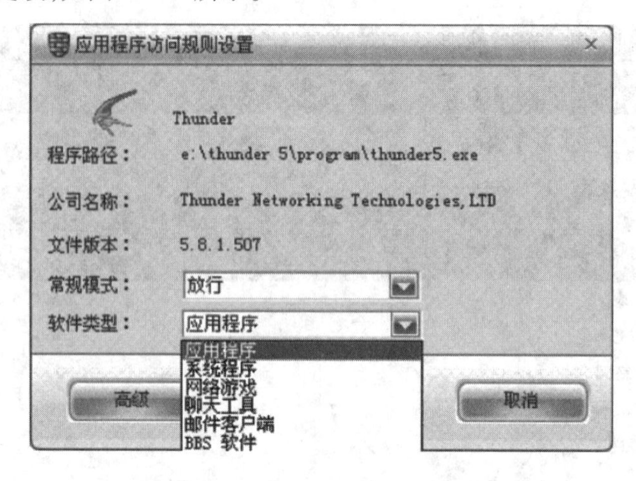

图 5-18　应用程序访问规则设置

(5)查看防火墙日志：用 X-SCAN 扫描工具，对本机进行扫描，然后查看防火墙的拦截日志，如图 5-19 所示。

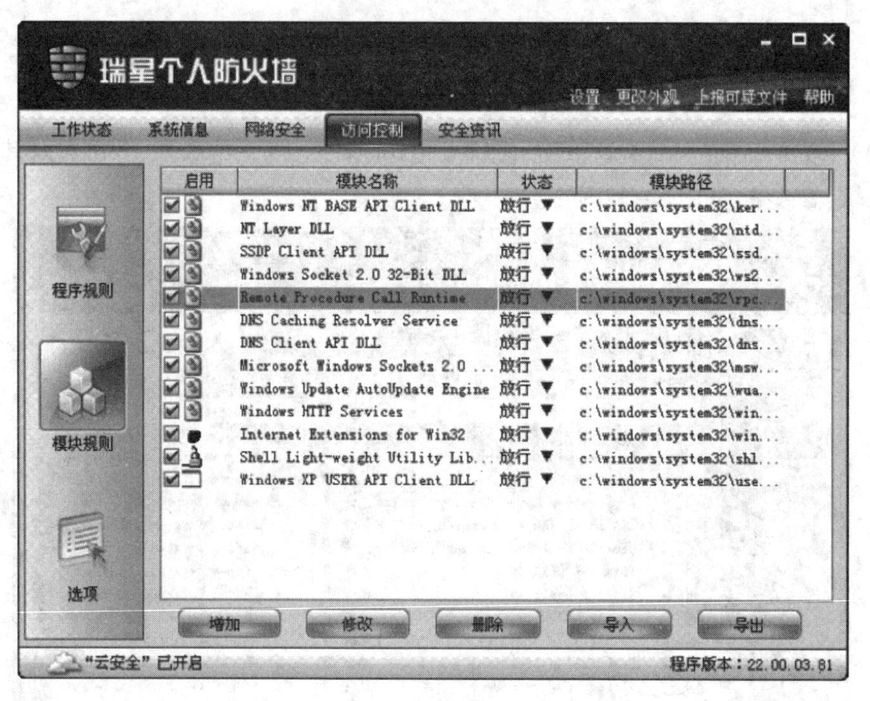

图 5-19　查看拦截日志

学习任务3 入侵检测简介

任务概述

传统的网络安全机制、策略和工具如防火墙、VPN(虚拟专用网)、访问控制等只能被动地防御入侵行为,它们对入侵行为的反应非常迟钝,不能对未知的攻击行为进行预防,不能根据网络行为的变化来及时地调整系统的安全策略,为此人们提出了入侵检测技术。入侵检测是根据网络攻击行为而设计的,它不仅能够发现已知入侵行为,而且有能力发现未知的入侵行为,并可以通过学习和分析入侵手段,及时调整系统策略以加强系统的安全性。目前入侵检测技术已经成为人们关注的热点,并希望入侵检测系统可以真正保障系统安全。

任务目标

- 能够了解入侵检测的概念及功能
- 能够理解入侵检测系统的功能和组成
- 能够了解入侵的主要途径

学习内容

一、入侵检测的概念

入侵检测系统(Intrusion Detection Systems,IDS)是依照一定的安全策略,对网络、系统的运行情况进行监视,尽可能发现各种攻击企图、攻击行为或攻击结果,以保证网络系统资源的机密性、完整性和可用性。入侵检测就是对计算机和网络资源上的恶意使用行为进行识别和响应的过程,不仅检测来自本身网络外部的入侵行为,而且也监督内部用户的未授权活动。这就像人们的房间里安装了摄像机,可以监视进入房间的是什么人及发生的各种活动。

入侵检测系统是一种积极主动的安全防护工具。它从计算机网络系统中的若干关键点收集信息,并分析这些信息,检查网络中是否有违反安全策略的行为和遭到袭击的迹象。入侵检测被认为是防火墙之后的第二道安全闸门,在不影响网络性能的情况下能对网络进行监测和保护。

入侵检测的优点主要体现在两个方面:一是它可以通过“学习”对未知攻击进行防御,二是它可以对内部攻击进行防御。

二、入侵检测系统的功能和组成

1. 入侵检测系统的功能

入侵检测是防火墙的合理补充，可以有效地应对网络攻击，扩展了系统管理员的安全管理能力，提高了信息安全基础结构的完整性。入侵检测系统能够捕获并记录网络上的所有数据，同时能够分析网络数据并提炼出可疑的、异常的网络数据，能够穿透一些巧妙的伪装，抓住实际的内容对入侵行为自动地进行反击，例如阻断连接。通常入侵检测系统的功能如下：

(1)发现：检测入侵者的攻击、探测行为，监视用户和系统的运行状况，发现越权操作。

(2)响应：提供入侵响应机制，包括报警、关闭连接等。

(3)报告：报告计算机系统或网络中存在的安全威胁。

(4)审计：审计系统配置和漏洞，提供有关攻击的信息，帮助管理员诊断网络中存在的安全弱点，利于其进行改进。

(5)评估：评估关键系统和数据的完整性。

(6)学习：提高网络安全管理的质量。

(7)记录：通过检测并且记录网络中的安全违规行为，惩罚网络犯罪，防止网络入侵事件的发生。

2. 入侵检测系统的组成

入侵检测系统分为4个组件：事件发生器、事件分析器、响应单元、事件数据库。事件发生器的目的是从整个计算机环境中获得事件，并向系统的其他部分提供此事件。事件分析器分析得到的数据，并产生分析结果。响应单元则是对分析结果做出反应的功能单元，它可以只简单地报警，也可以做出切断连接、改变文件属性等强烈反应。事件数据库是存放各种中间和最终数据的地方，它可以是简单的文本文件，也可以是复杂的数据库。

三、入侵的途径

入侵者进入系统通常采用下面几种主要途径：

1. 物理入侵

这包括两个方面的内容，一是未经授权的对网络硬件的连接；二未经授权的对物理资源的访问。入侵者可直接接触主机等物理设备，从而对物理设备进行攻击。

2. 系统入侵

这类入侵表现为入侵者已经在系统中拥有较低的权限，利用漏洞非法提升其权限，直至获得系统管理员权限。

3. 网络入侵

网络入侵指入侵者通过网络远程进入系统。入侵者本不是系统的用户，没有任 何用户权限，入侵者利用系统或程序的漏洞进入系统并获得用户权限，进而提升到管理员权限，并在系统中设置后门。

网络入侵是入侵者常采用的入侵方式。其实，只要用户的网络连接入 Internet，就面临着网络入侵的威胁。网络入侵通常分为3个不同的阶段：

第一个阶段是确定入侵目标。动机是发泄不满、取得关键文件或数据、提升用户权限、破坏系统资源的可用性、控制系统实现对其他系统的攻击等。

第二个阶段是侦测目标系统并获取信息。此阶段入侵者通过各种手段获得所需信息,常用的有系统扫描和探测、收集公共数据信息等。

第三个阶段是实施攻击。入侵者利用第二个阶段发现的系统漏洞,采用攻击工具,进入系统以取得网络的访问权。然后,入侵者会去提升其访问权限,以获得管理员权限,这样就可以控制系统的资源,安装后门程序,或是利用它攻击其他目标等。

学习任务4 入侵检测的分类和方法

任务概述

入侵检测系统有多种分类方法,本任务将就常见的几种分类方法进行介绍。同样,入侵检测方法也有不同的分类依据,常用的方法有3种:静态配置分析、异常性检测方法和基于行为的检测方法。

任务目标

- 能够了解入侵检测系统的分类和特性
- 能够了解入侵检测的方法
- 能够理解入侵检测的步骤

学习内容

一、入侵检测系统的分类和特性

1. 入侵检测系统的分类

目前对现有的入侵检测系统有多种分类方法,下面是常见的几种分类方法:

(1)按照数据来源可以将入侵检测系统分为基于主机的入侵检测系统、基于网络的入侵检测系统和混合型入侵检测系统。基于主机的系统获取数据的来源是系统运行所在的主机,保护的目标也是系统运行所在的主机。基于网络的系统获取的数据是网络传输的数据包,保护的目标是网络的运行。混合型入侵检测系统综合了两种入侵检测技术的优点,实现对网络和主机的全面检测。

(2)根据分析数据时采用的检测方法,可将入侵检测系统分为两类:基于误用的入侵检测系统和基于异常情况的入侵检测系统。基于误用的入侵检测系统是通过预先精确定义的入侵签名对观察到的用户和资源使用情况进行检测;基于异常情况的入侵检测系统是从审计记录中抽取一些相关量进行统计,为每个用户建立一个用户扼要描述文件,当用户行为与以前的差异超过设定的值时,就认为有可能有入侵行为发生。

(3)按系统各模块的运行方式可以将入侵检测系统分为集中式入侵检测系统和分布式入侵检测系统。集中式入侵检测系统的各个模块集中在一台主机上运行,分布式入侵检测系统的各个模块分布在不同的计算机和设备上。

(4)根据时效性可以将入侵检测分为脱机分析入侵检测和在线分析入侵检测。脱机分析入侵检测是在行为发生后,对产生的数据进行分析;联机分析入侵检测是在数据产生的同时或者发生改变时进行分析。

2. 入侵检测系统的特性

一个实用的入侵检测系统应该具有以下特性:

(1)自治性:能够持续运行而不需要人为的干预。

(2)容错性:系统崩溃后能够自动恢复。

(3)抗攻击:入侵检测系统本身应该是健壮的,它能够发现自身是否被攻击者修改。

(4)可配置:能够根据系统安全策略的调整而改变自身的配置。

(5)可扩展性:被监控的主机数目大量增加时,仍能快速准确地运行。

(6)可靠性:如果系统中的某些组件因故终止,其他组件仍正常运行,并尽可能减少故障带来的损失。

二、入侵检测方法

常用的入侵检测方法有 3 种:静态配置分析、异常性检测方法和基于行为的检测方法。

1. 静态配置分析

静态配置分析通过检查系统的配置(如系统文件的内容)来检查系统是否已经或者可能会遭到破坏。静态是指检查系统的静态特征(如系统配置信息)。采用静态分析方法是因为入侵者对系统攻击时可能会留下痕迹,可通过检查系统的状态检测出来。

另外,系统在遭受攻击后,入侵者也可能在系统中安装一些安全性后门以便于以后对系统的进一步攻击。对系统的配置信息进行静态分析,可及早发现系统中潜在的安全性问题,并采取相应的措施来补救。但这种方法需要对系统的缺陷尽可能地了解,否则,入侵者只需要简单地利用系统中那些检查者未知的缺陷就可以避开检测。

2. 异常性检测方法

异常性检测技术是一种在不需要操作系统及其安全性缺陷的专门知识的情况下,就可以检测入侵者的方法,同时它也是检测冒充合法用户的入侵者的有效方法。但是,在许多环境中,为用户建立正常行为模式的特征轮廓及对用户活动的异常性进行报警的门限值的确定都是比较困难的事。因为并不是所有入侵者的行为都能够产生明显的异常性,所以在入侵检测系统中,仅使用异常性检测技术不可能检测出所有的入侵行为。而且有经验的入侵者还可以通过缓慢地改变他的行为来改变入侵检测系统中的用户正常行为模式,使其入侵行为逐步变为合法,这样就可以避开使用异常性检测技术的入侵检测系统的检测。

3. 基于行为的检测方法

基于行为的检测方法通过检测用户行为中的那些与某些已知的入侵行为模式类似的行为，以及那些利用系统中的缺陷或者间接地违背系统安全规则的行为，来检测系统中的入侵活动。

基于入侵行为的入侵检测技术的优势在于，如果检测器的入侵特征模式库中包含一个已知入侵行为的特征模式，就可以保证系统在受到这种入侵行为攻击时能够把它检测出来。目前主要是从已知的入侵行为及已知的系统缺陷来提取入侵行为的特征模式加入到检测器入侵行为特征模式库中，避免系统以后再遭受同样的入侵攻击。但是，对于一种入侵行为的变种却不一定能够检测出来。这种入侵检测技术的主要局限在于它只是根据已知的入侵序列和系统缺陷的模式来检测系统中的可疑行为，而不能实现对新的入侵攻击行为及未知的、潜在的系统缺陷的检测。

基于行为的检测主要可以分成 3 类：基于专家系统、状态迁移分析和模式匹配的入侵检测系统。

（1）专家系统。早期的入侵检测系统多数采用专家系统来检测系统中的入侵行为。NIDES、W&S、NADIR 等系统的异常性检测器中都有一个专家系统模块；在这些系统中，入侵行为编码成专家系统的规则。每个规则具有“IF 条件—THEN 动作”的形式，其中条件为审计记录中某个域上的限制条件；动作表示规则被触发时入侵检测系统所采取的处理动作，可以是一些新事实的断言或者是提高某个用户行为的可疑度。这些规则可以识别单个审计事件，也可以识别表示一个入侵行为的一系列事件。专家系统可以自动地解释系统的审计记录并判断是否满足描述入侵行为的规则。

但是，使用专家系统规则表示一系列的活动不具有直观性，除非由专业的知识库程序员来做专家系统的升级，否则规则的更新很困难，而且使用专家系统分析系统的审计数据也很低效。另外，使用专家系统规则很难检测出对系统的协同攻击。

（2）状态迁移分析技术。一个入侵行为就是由攻击者执行的一系列的操作，这些操作可以使系统从某些初始状态迁移到一个可以威胁系统安全的状态。这里的状态指系统某一时刻的特征（由一系列系统属性来描述）。初始状态对应于入侵开始时的系统状态，危及系统安全的状态对应于已成功入侵时刻的系统状态，在这两个状态之间则可能有一个或多个中间状态的迁移。在识别出初始状态、威胁系统安全的状态后，主要应分析在这两个状态之间进行状态迁移的关键活动，这些迁移信息可以用状态迁移图描述或者用于生成专家系统的规则，从而用于检测系统的入侵活动。

（3）模式匹配的方法。模式识别入侵检测方法可以处理 4 种类型的入侵行为：

①通过审计某个事件的存在性即可确定的入侵行为。

②根据审计某一事件序列的顺序出现即可识别的入侵行为。

③根据审计某一具有偏序关系的事件序列的出现即可识别的入侵行为。

④审计的事件序列发生在某一确定的时间间隔或者持续的时间在一定的范围，根据这些条件就可以确定的入侵行为。

三、入侵检测的步骤

入侵检测系统的作用是实时地监控计算机系统的活动,发现可疑的攻击行为,以避免攻击的发生或减少攻击造成的危害。由此也划分了入侵检测的3个步骤:信息收集、数据分析和响应。

1. 信息收集

入侵检测的第一步就是信息收集,收集的内容包括整个计算机网络中系统、网络、数据及用户活动的状态和行为。

入侵检测在很大程度上依赖于收集信息的可靠性、正确性和完备性。因此,要确保采集、报告这些信息的软件工具的可靠性,这些软件本身应具有相当强的坚固性,能够防止被篡改而收集到错误的债息。否则,黑客对系统的修改可能使入侵检测系统功能失常但看起来却跟正常的系统一样。

2. 数据分析

数据分析是入侵检测系统的核心,它的效率高低直接决定了整个入侵检测系统的性能的高低。根据数据分析的不同方式可将入侵检测系统分为异常入侵检测与滥用入侵检测两类。

(1)异常入侵检测:异常入侵检测也称为基于统计行为的入侵检测。它首先建立一个检测系统认为是正常行为的参考库,并把用户的当前行为的统计报告与参考库进行比较,寻找偏离正常值的异常行为。

如果报告表明当前行为背离正常值超过了一定限度,那么检测系统就会将这样的活动视为入侵。它根据使用者的行为或资源使用状况的正常程度来判断是否发生入侵,而不依赖于具体行为是否出现来检测。例如一般在白天使用计算机的用户,如果突然在午夜注册登录,则被认为是异常行为,有可能是某入侵者在使用。

(2)滥用入侵检测:滥用入侵检测又称为基于规则和知识的入侵检测。它运用已知攻击方法及根据已定义好的入侵模式把当前模式与这些入侵模式相匹配来判断是否出现了入侵。因为很大一部分入侵是利用了系统的脆弱性,通过分析入侵过程的特征、条件、排列及事件间的关系,具体描述入侵行为的迹象。这些迹象不仅对分析已经发生的入侵行为有帮助,而且对即将发生的入侵也有警戒作用,因为只要部分满足这些入侵迹象就意味着可能有入侵发生。

(3)异常入侵检测与滥用入侵检测的优缺点:异常分析方式的优点是它可以检测到未知的入侵,缺点则是漏报、误报率高。异常分析一般具有自适应功能,入侵者可以逐渐改变自己的行为模式来逃避检测,而合法用户正常行为的突然改变也会造成误报。

在实际系统中,统计算法的计算量庞大,效率很低,统计点的选取和参考库的建立也比较困难。与之相对应,滥用分析的优点是准确率和效率都非常高,缺点是只能检测出模式库中已有的类型的攻击,随着新攻击类型的出现,模式库需要不断更新。

攻击技术是不断发展的,在其攻击模式添加到模式库以前,新类型的攻击就可能会对系统造成很大的危害。所以,入侵检测系统只有同时使用这两种入侵检测技术,才能避免不足。这两种方法通常与人工智能相结合,以使入侵检测系统有自学习的能力。

3. 响应

数据分析发现入侵迹象后,入侵检测系统的下一步工作就是响应,而响应并不局限于对可疑的攻击者。目前的入侵检测系统一般采取下列响应:

(1)将分析结果记录在日志文件中,并产生相应的报告。

(2)触发警报,如在系统管理员的桌面上产生一个报警标志位,向系统管理员发送传呼或电子邮件,等等。

(3)修改入侵检测系统或目标系统,如终止进程、切断攻击者的网络连接或更改防火墙配置等。

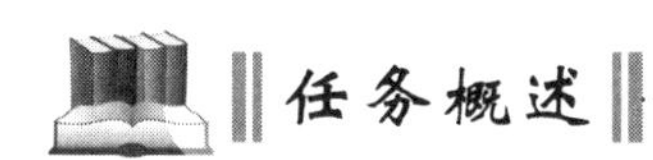

学习任务5 入侵检测应用实例

任务概述

BlackICE 是 ISS 公司的入侵检测产品,它最具特色的地方是内置了应用层的入侵检测功能,并且可以与自身的防火墙进行联动,自动阻断各种已知的网络入侵。本任务的目标就是熟悉该软件的安装、设置及各项入侵检测功能。

任务目标

- 能够了解 BlackICE 软件的特点
- 能够熟练掌握 BlackICE 软件的安装及设置
- 能够掌握 BlackICE 软件的具体应用

学习内容

BlackICE Server Protection 软件(以下简称 B1ackICE)是由 ISS 安全公司出品的一款著名的入侵检测系统。BlackICE 集成有非常强大的检测和分析引擎,可以识别多种入侵技巧,给予用户全面的网络检测及系统呵护。而且该软件还具有灵敏度及准确率高、稳定性出色、系统资源占用率极低的特点。

BlackICE 安装后以后台服务的方式运行,前端有一个控制台可以进行各种报警和修改程序的配置,界面很简洁。BlackICE 软件最具特色的地方是内置了应用层的入侵检测功能,并且能够与自身的防火墙进行联动,可以自动阻断各种已知的网络攻击行为。

一、BlackICE 的安装

BlackICE Server 是一款共享软件,下载后双击安装文件,如图 5 - 20 所示;单击 Next,如图 5 - 21 所示。

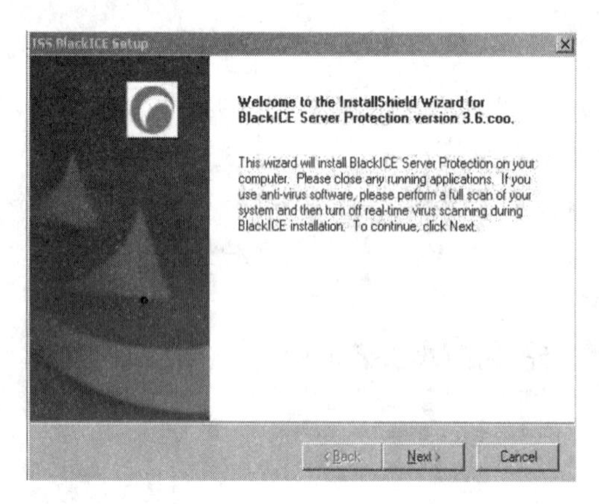

图 5 – 20　开始安装

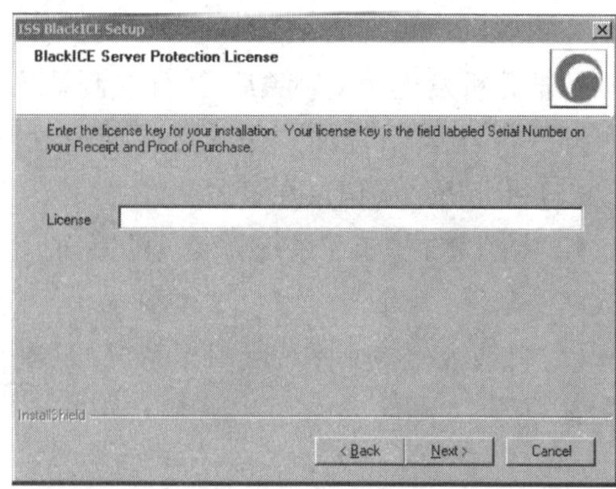

图 5 – 21　输入注册码

输入注册码，单击 Next，按默认路径安装在 C 盘。如图 5 – 22 所示。

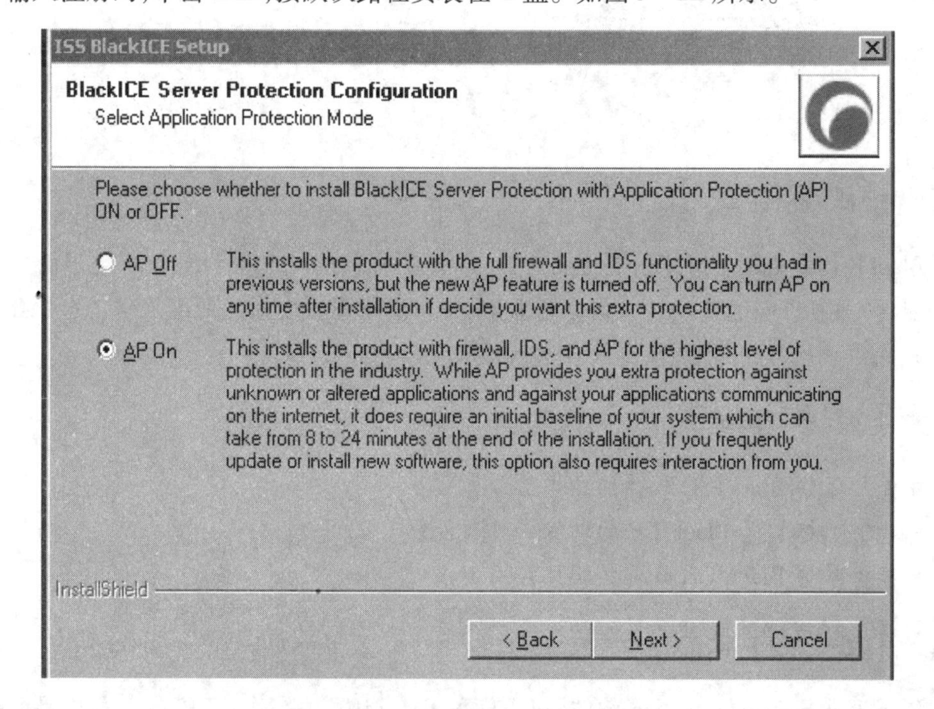

图 5 – 22　AP Off 和 AP On 选项

会弹出一个对话框，有 AP Off 和 AP On 两个选项。其中 AP On 的意思是应用程序控制，也就是安装后扫描系统中的所有文件，如果发现木马或是一些病毒程序即时将其杀死。因为会找出将要连接 Internet 的程序，并对所有应用程序的运行进行控制，所以可以防止木马程序访问网络。为安全起见，我们选择“AP On”。AP Off 的意思是不检测，直接跳过去。选 AP On 后单击 Next，会对硬盘里的文件进行扫描，之后再单击 Next。如图 5 – 23 所示。

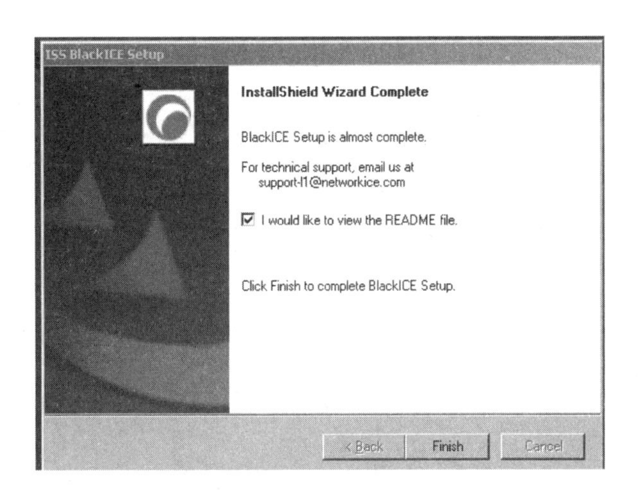

图 5－23　完成安装

单击 Finish 安成。然后安装汉化包。接下来重新运行 BlackICE 就可以了。

二、BlackICE 的设置

右击任务栏中的小图标，选择"编辑 BlackICE 的设置"，单击"防火墙"，如图 5－24 所示。

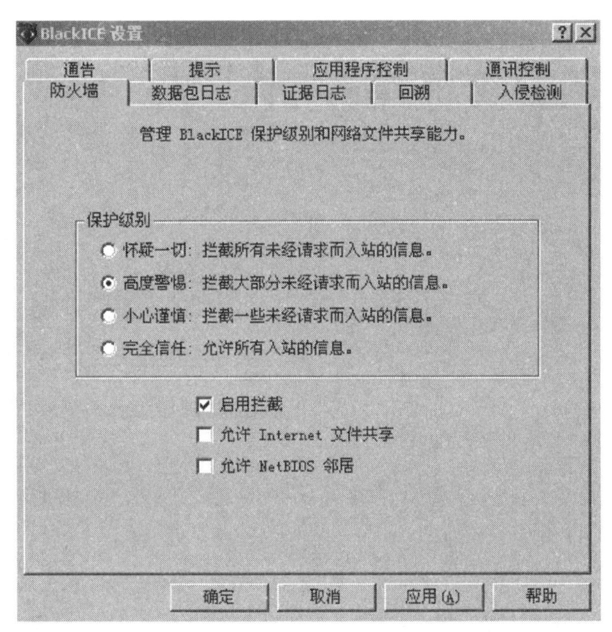

图 5－24　防火墙设置

默认防护级别为"完全信任"，允许所有入站信息，一般不选这个，建议选取"高度警惕"或是"怀疑一切"，特别对于一些安全意识不强的人建议选最高的"怀疑一切"，它将拦截所有不经请求的入站信息。

我们再来看一下第二个选项卡数据包日志，如图 5－25 所示。

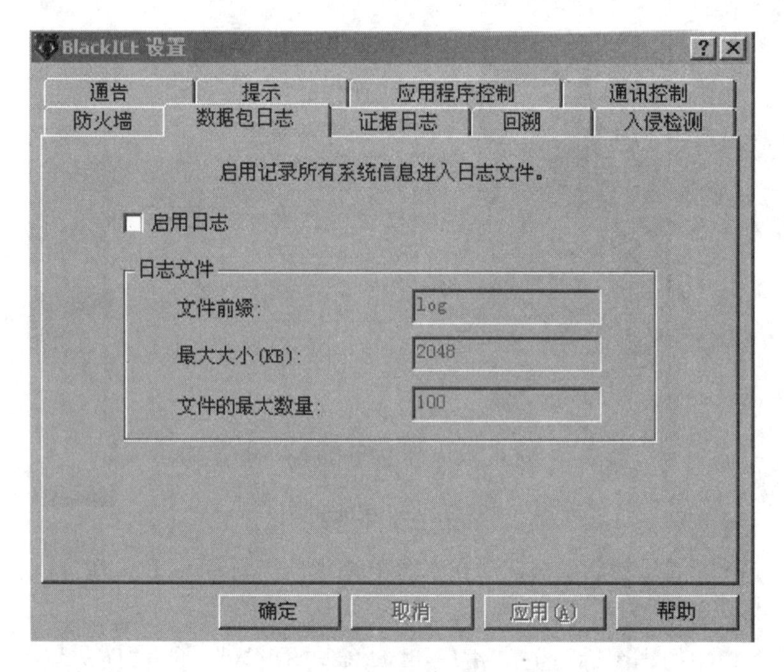

图 5-25　数据包日志设置

选择默认值。接下来看证据日志选项卡,如图 5-26 所示。

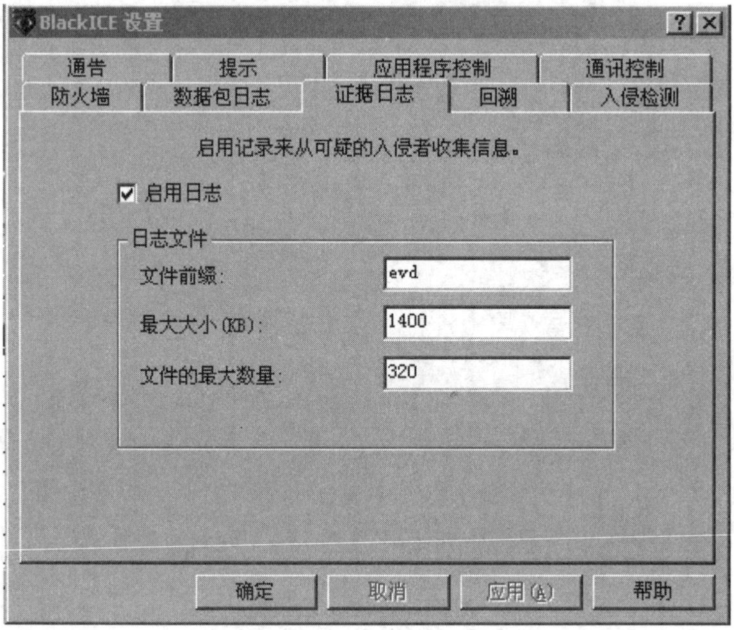

图 5-26　证据日志设置

证据日志的主要作用是用来记录入侵者的信息,建议打钩,可以用来做入侵者的证据。日志文件选默认就可以了。接下来我们看一下回溯,如图 5-27 所示。

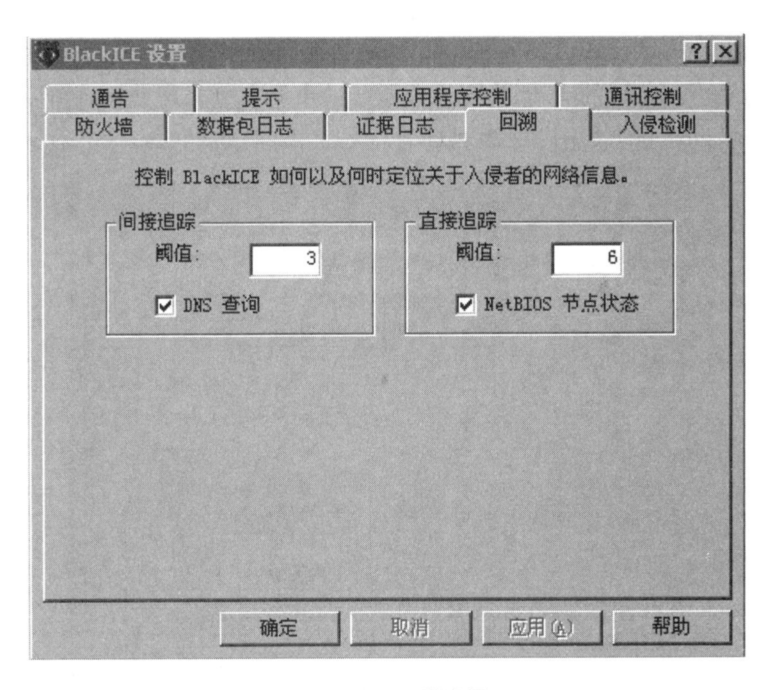

图 5-27 回溯设置

在这里选择是否跟踪并分析攻击者的网络信息，其中第一项是启用 DNS 追踪，而第二项是启用 NetBIOS 节点追踪，建议全部选中，用来追踪入侵者的信息。

入侵检测选项卡是用来设置允许哪个 IP 进来，直接添加就可以，如图 5-28 所示。

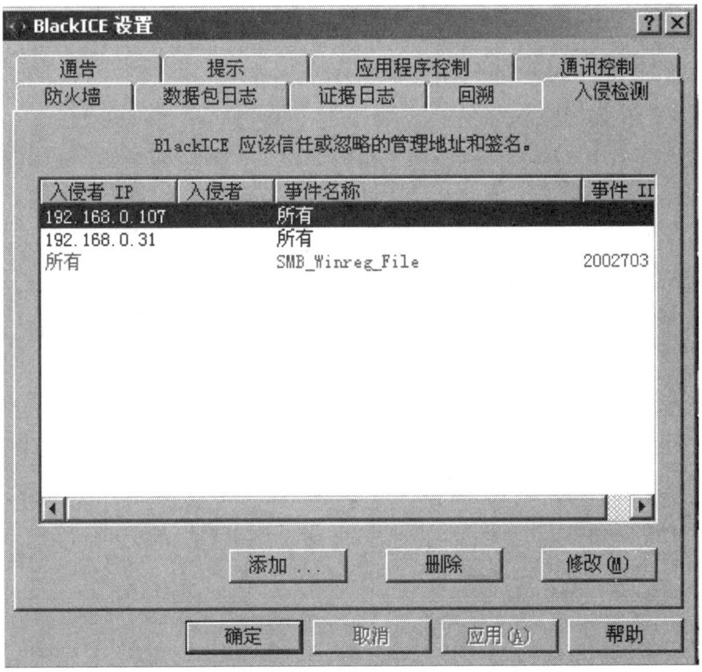

图 5-28 入侵检测设置

可以在通告选项卡设置出现异常事件时是否进行提示及是否进行声音报警，通常应该选中。左边是可以显示的图，右边是可以听到的声音。下面是更新通知启用检查，打钩则每隔三天会自动更新。如图 5－29 所示。

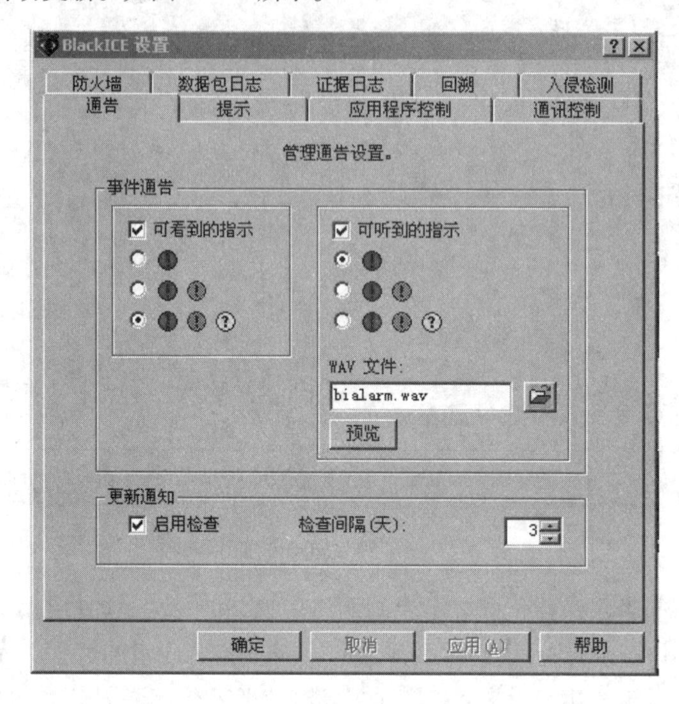

图 5－29　通告设置

提示选项卡默认就可以，如图 5－30 所示。

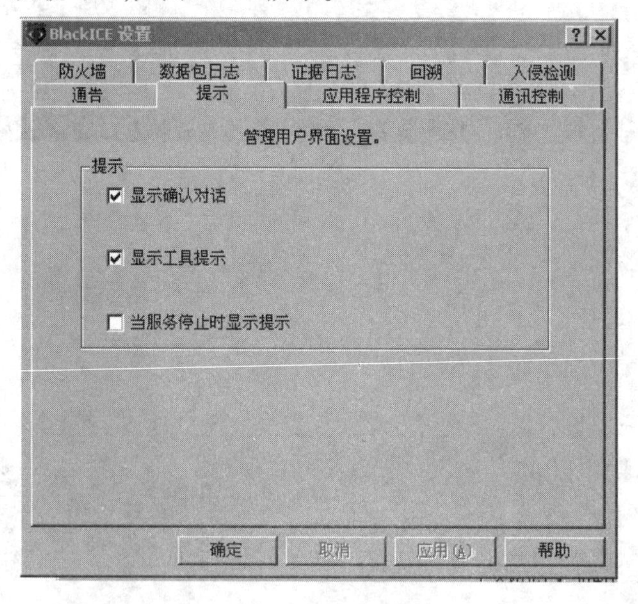

图 5－30　提示设置

再来看一下应用程序控制选项卡，这个是指运行程序时的提示。“当一个未知的应用程序加载时”和“当一个修改的应用程序加载时”,应该怎么办? 为了安全起见,可以在此标签下选择询问我怎么做。如图 5 - 31 所示。

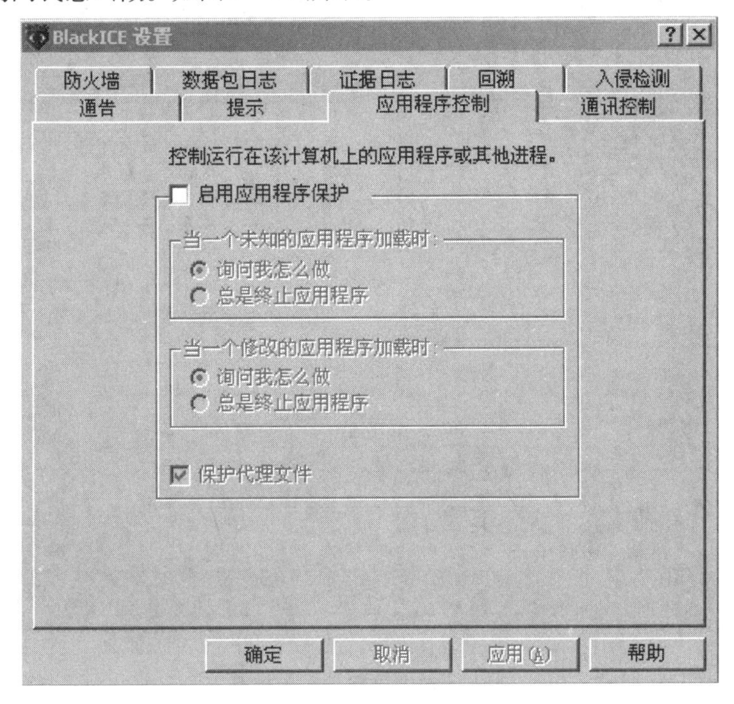

图 5 - 31 应用程序控制设置

通讯控制设置同上,根据需要设置,如图 5 - 32 所示;高级防火墙设置如图 5 - 33 所示。

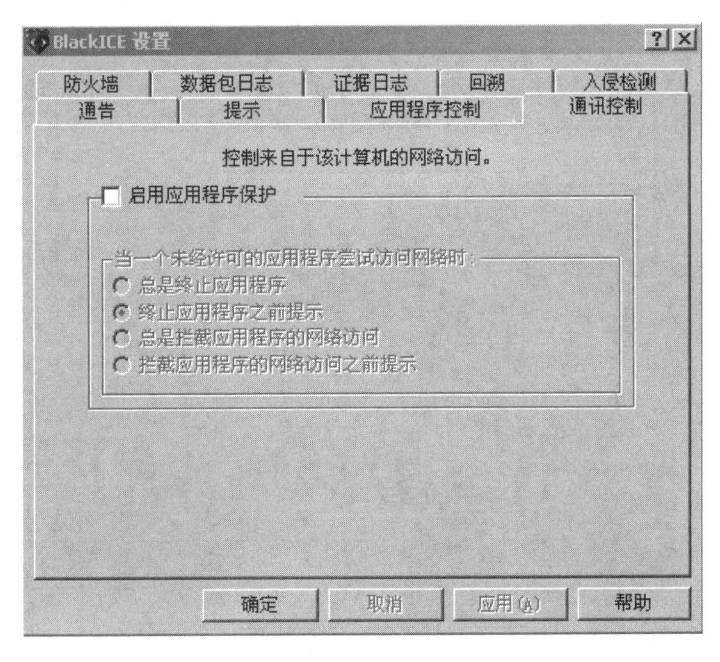

图 5 - 32 通讯控制设置

图 5－33　高级防火墙设置

可以看到黑色代表禁止，绿色代表通行。这里可以添加 IP，也可以添加端口，如图 5－34所示。

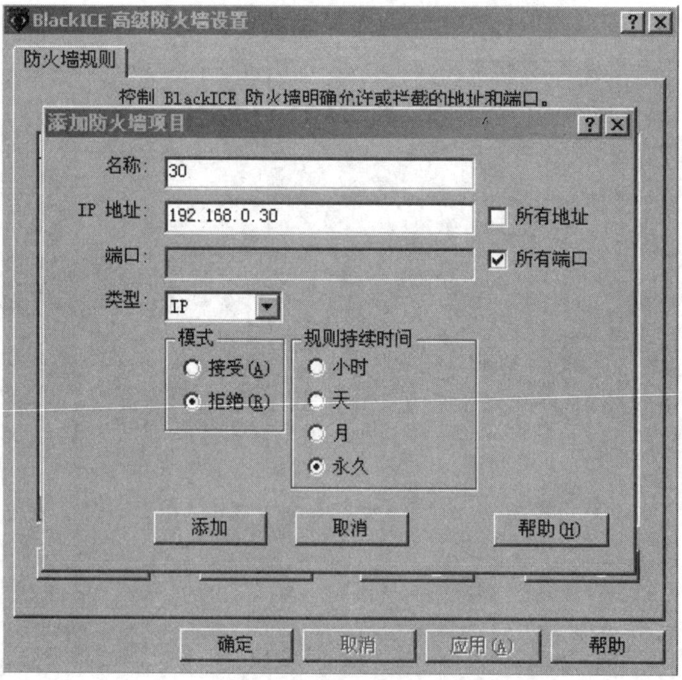

图 5－34　添加防火墙项目

这里添加的是 IP，直接点添加，这个 192.168.0.30 就永久被禁止通行了。再来看一下端口是怎么屏蔽的，如图 5－35 所示。

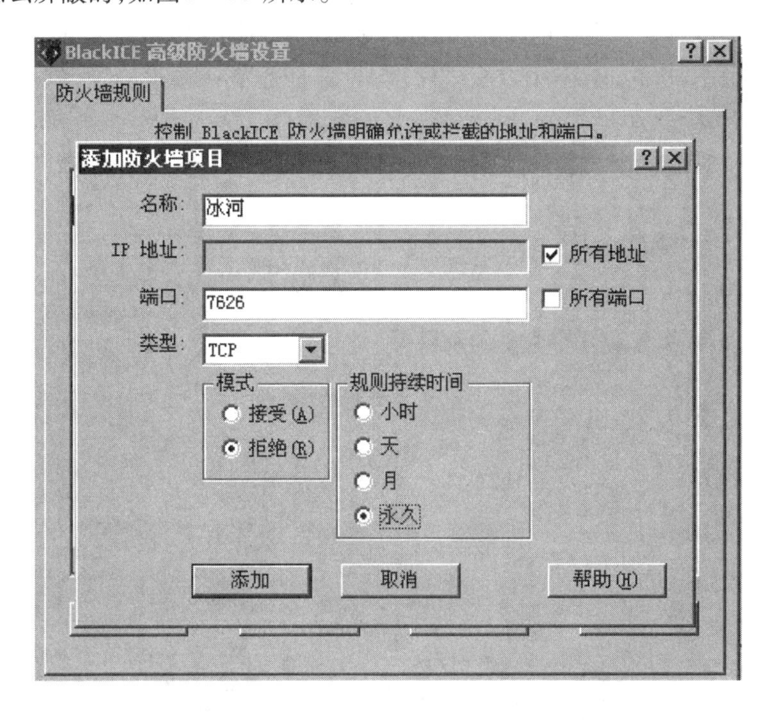

图 5－35 屏蔽端口

如果有 UDP 的话，那么在类型那里选。高级应用程序保护设置如图 5－36 所示。

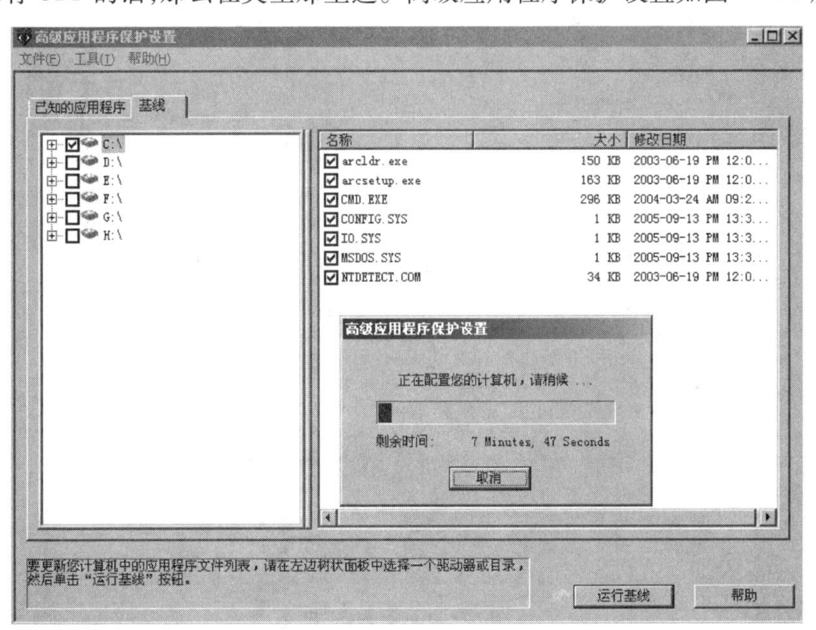

图 5－36 高级应用程序保护设置

三、BlackICE 的使用

设置好 BlackICE 后,就可以操作使用了。BlackICE 软件提供了详细的检测日志,"入侵者"中列出了 BlackICE 发现的全部可疑 IP 地址,逐一点击可以查看每个 IP 的详细信息,包括 IP 地址、节点名、组、NetBIOS 名称、MAC 地址和 DNS 解析地址等,如图 5-37 所示。查看事件如图 5-38 所示。

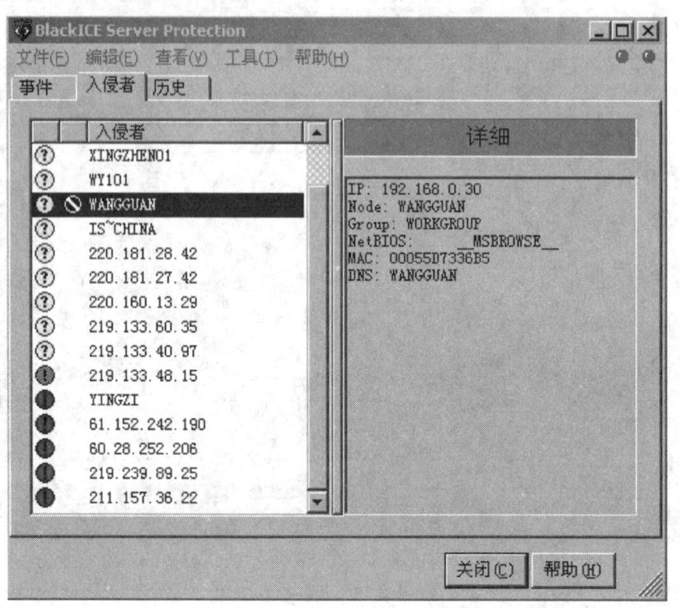

图 5-37 查看入侵者

图 5-38 查看事件

思考练习

一、填空题

1. 防火墙的主要功能有______________、______________和______________。
2. 根据应用的不同，代理主要有 3 种基本类型________________、________________和________________。
3. ________________技术是在网络层上依据系统内设置的过滤逻辑，即访问控制表来对数据包进行选择，借助报文中的优先级、TOS、UDP 或 TCP 端口等信息，通过在接口输入或输出方向上使用访问控制规则来实现对数据包的过滤。
4. ________________是防火墙进行保护工作的核心，所有的防护工作都根据这些可以被管理员自行配置的安全策略来进行。
5. 按系统各模块的运行方式可以将入侵检测系统分为____________和____________。

二、选择题

1. 防火墙技术分为(　　)。
   A. 包过滤防火墙　　B. 应用代理防火墙
   C. 状态检测防火墙　　D. 病毒防火墙
2. 仅设立防火墙，而没有(　　)，防火墙形同虚设。
   A. 管理员　　B. 安全操作系统
   C. 安全策略　　D. 防病毒系统
3. 下面说法错误的是(　　)。
   A. 规则越简单越好
   B. 防火墙和规则集是安全策略的技术实现
   C. 建立一个可靠的规则集对于实现一个成功、安全的防火墙来说是非常关键的
   D. 防火墙不能防止已感染病毒的软件或文件
4. (　　)作用在网络层，针对通过的数据包，检测发送地址、目的地址、端口号、协议类型等标志，确定是否允许数据包通过。
   A. 包过滤防火墙　　B. 应用代理防火墙
   C. 状态检测防火墙　　D. 分组代理防火墙
5. 以下入侵检测系统不是按照数据来源划分的是(　　)。
   A. 基于主机的入侵检测系统　　B. 基于网络的入侵检测系统
   C. 混合型入侵检测系统　　D. 基于误用的入侵检测系统

三、简答题

1. 简述防火墙的功能。
2. 简述什么是包过滤防火墙及其主要优缺点。
3. 简述什么是应用代理防火墙及其主要优缺点。
4. 什么是入侵检测系统?

单元要点归纳

防火墙和入侵检测系统是网络安全最基本的安全设备,防火墙如同门卫,对进出的数据流进行检测,满足进出条件的才可以通过;入侵检测系统如同大楼内的监视系统,随时可以发现可疑的事件,以便及时处理。防火墙技术有三类,第一类是包过滤技术,第二类是应用代理技术,第三类是状态检测技术。入侵检测分为基于主机的入侵检测系统、基于网络的入侵检测系统和分布式入侵检测系统,要了解每种入侵检测的基本方法和入侵检测过程并掌握常见防火墙和入侵检测工具的使用。

第六单元　网络攻击技术及防范

单元概述

随着互联网覆盖面的不断扩大,网络安全的重要性不断增加。面对层出不穷的新型网络入侵技术和频率越来越高的网络入侵行为,对高级 IDS(intrusion detection system)的需求日益迫切。本单元首先介绍了密码破解技术及网络嗅探技术,然后讲解了网络端口扫描技术及缓冲区溢出,最后介绍了拒绝服务攻击技术。通过本单元的学习,可以初步了解常见的网络攻击及防范技术。

单元目标

- 能够掌握密码破解技术的原理
- 能够了解网络嗅探技术的原理及安全防范
- 能够掌握端口扫描及其分类
- 能够掌握缓冲区溢出的概念及原理

学习任务1 密码破解技术

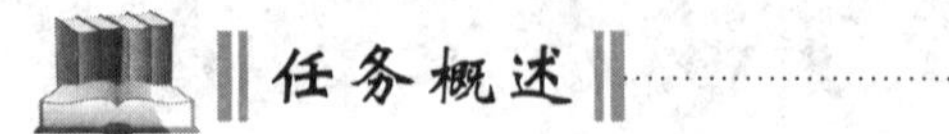

任务概述

密码破解是用以描述在使用或不使用工具的情况下渗透网络、系统或资源以解锁用密码保护的资源的一个术语。密码破解者，即攻击者，有时也称为黑客(hacker)。虽然黑客的定义现在仍然争论不休，但一般来说，黑客可以是任何对基于计算机的技术有浓厚兴趣的人，“攻击者”一般是指恶意黑客。通过学习本任务的内容，可以了解密码破解技术及其原理。

任务目标

- 能够了解密码破解的几种技术手段
- 能够了解密码破解的应用程序

学习内容

一、密码破解技术和工具

1. 密码破解技术

现代黑客主要利用复杂高级的计算机技术进行密码破解。这些技术主要包含下面的几种。

(1)字典攻击：字典攻击是闯入计算机系统的最便捷方法。因为大多数密码是简单的，所以运行字典攻击通常足以实现目的。字典软件是一个可以自动编写密码的软件，是结合使用其他暴力破解软件的一种工具。

(2)混合攻击：混合攻击建立在字典攻击的基础上。现在，许多用户选择的密码不再只是由字母组成的，他们还使用数字，但是他们在组织这些字符和数字时，采用了很简单的方法，诸如 teacher123。这类密码虽然比较复杂，但通过口令过滤器和一些方法，破解它也不是很困难，混合攻击可以快速地对这类密码进行破解。

(3)暴力破解：暴力破解也叫穷举法，这种方法很像数学上的“完全归纳法”，在密码破译方面得到了广泛的应用。简单来说就是将密码进行逐个推算，直到找出真正的密码为止。比如一个四位并且全部由数字组成的密码共有 10 000 种组合，也就是说最多尝试 9 999 次就能找到真正的密码。这种方法可以运用计算机来进行逐个推算。从理论上说，这种破解方式总可以获取到密码，但实际上，任何一种符合安全要求的密码都能使这种方法不可行，如破解成本太高而得不偿失，或者时间太长而使得破解获得的密码超过有效期。

(4)社交工程:这是在现实生活中被频繁使用的一种密码获取手段。所谓社交工程,就是哄骗一个毫无戒备的计算机管理员向攻击者说出账户标志和密码的欺骗方法。这种方法对于那些缺少戒备心理的计算机管理员几乎是一种灾难,它让攻击者不用花费太多的精力和时间就能够获取到密码。

2. 密码破解工具

利用上面介绍的技术进行密码破解,需要在计算机上使用一些应用程序(工具),它们主要有下面几种。

(1)L0phtCrack(LC4):这是最常用的工具之一,L0phtCrack 允许攻击者获取加密的 Windows NT/2000 密码并将它们转换成纯文本。Windows NT/2000 的密码都是经过加密后保存在 hash 列表中的,如果没有诸如 L0phtCrack 之类的工具就无法读取。

(2)网络嗅探器:这是另一个常用的工具,也称为协议分析器。它能够捕获它所连接的网段上的每块数据。当以混杂方式运行这种工具时,它就可以“嗅探出”该网段上发生的每件事,如用户登录输入和数据传输等。这样,攻击者就能够捕获密码数据和其他敏感数据,这些被捕获的密码数据和敏感数据可能是没有被加密的,即使被加密,攻击者也能利用其他的辅助工具进行解密,从而得到明文密码。

学习任务2 网络嗅探技术

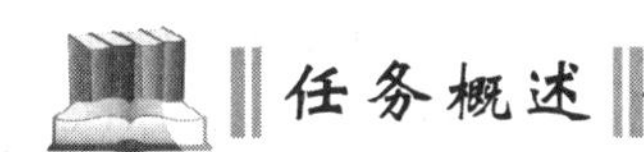

任务概述

嗅探器(sniffer)是能够捕获网络报文的设备,可以理解为一个安装在计算机上的窃听设备,它可以用来窃听计算机在网络上所产生的众多的信息。

任务目标

- 能够了解网络嗅探技术的原理
- 能够掌握嗅探造成的危害
- 能够了解嗅探器的安全防范方法

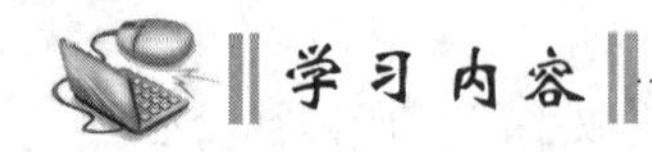

学习内容

一、网络嗅探技术

嗅探技术是网络安全攻防技术中很重要的一种。对黑客来说,通过嗅探技术能以非常隐蔽的方式攫取网络中的大量敏感信息,与主动扫描相比,嗅探行为更难被察觉,也更容易操作。对安全管理人员来说,借助嗅探技术,可以对网络活动进行实时监控,进而发现各种网络攻击行为。

嗅探器是能够捕获网络报文的设备,可以理解为一个安装在计算机上的窃听设备,它可以用来被动窃听计算机在网络上所产生的输入/输出信息而不会轻易地被别人发觉。

二、嗅探原理

嗅探器的英文写法是 sniffer,可以理解为一个安装在计算机上的窃听设备,它可以用来窃听计算机在网络上所产生的众多的信息。简单一点解释:一部电话的窃听装置,可以用来窃听双方通话的内容,而计算机网络嗅探器则可以窃听计算机程序在网络上发送和接收到的数据。

可是,计算机直接所传送的数据,事实上是大量的二进制数据。因此,一个网络窃听程序必须也使用特定的网络协议来分解嗅探到的数据,嗅探器必须能够识别出哪个协议对应于这个数据片断,只有这样才能够进行正确的解码。

计算机的嗅探器比起电话窃听器,有其独特的优势:很多的计算机网络采用的是“共享媒体”,也就是说,不必中断通讯并且配置特别的线路再安装嗅探器,而几乎可以在任何连接着的网络上直接窃听到同一掩码范围内的计算机网络数据。我们称这种窃听方式为“基于混杂模式(promiscuous mode)的嗅探”。目前,这种“共享”的技术慢慢转向“交换”技术,这种技术会长期使用下去,它可以实现有目的选择地收发数据。

三、嗅探造成的危害

Sniffer 一般工作在 OSI 的数据链路层。通常情况下,计算机使用者并不直接和该层打交道,而数据链路层传输的数据帧包含有通信者的 IP 地址和 MAC 地址,嗅探者利用这些信息,配以各种嗅探工具能够很轻易地获取到各种用户的敏感信息。所以,Sniffer 的危害是相当大的,它造成的危害主要有以下几个方面。

(1)捕获用户账号和密码。Sniffer 可以记录到网络中传输的各种用户账号(如系统登录账号、各种网络游戏账号、网上银行账号等)和密码等敏感信息,哪怕这些敏感信息进行了加密传输,嗅探者也有可能使用各种破解工具获得敏感信息的明文。

(2)能够捕获专用的或者机密的信息。比如电子邮件,嗅探者通过拦截整个电子邮件数据包,从而获得邮件的完整内容。

(3)获取更高级别的访问权限。一旦嗅探者得到用户账号和密码,必然可以通过系统登录的认证而获取更高级别的系统访问权限,这样就能够获取到更多的敏感信息。

(4)嗅探低级的协议信息。通过对底层的信息协议的嗅探,获取到主机的 MAC 地址、IP 地址、IP 路由信息和 TCP 连接的顺序号等。利用获取的这些信息,能够对整个网络或者主机形成更多的危害,例如 IP 地址欺骗就要求准确插入 TCP 连接的顺序号。

在实际应用中,简单地将一个 Sniffer 放置在一个主机中将不会起到多大作用,嗅探者最多获取到这个主机上的敏感信息。但是,如果嗅探者将 Sniffer 放置在一个能够获取到许多网络数据的主机上时,例如运行网络设备管理软件的主机(这类主机往往运行有 SNMP 协议,并且是连接在交换机的镜像端口中,能够获得整个网络的通信数据)或者充当代理服务器角色的主机(这类主机往往运行有路由功能等),那么 Sniffer 将可以对大量的数据进行监控,造成十分大的危害。

四、嗅探器的安全防范

1. 嗅探器的检测

理论上,嗅探器是不可能被检测出来的,因为嗅探器是一种被动的接收程序,属于被动触发,它只会收集数据包,而不发送出任何数据。尽管如此,嗅探器有时候还是能够被检测出来。例如,嗅探器要正常工作,必须将网卡设置为“混杂模式”,这个特性就为嗅探器的检测提供了手段。

2. 嗅探器的防范

嗅探器非常难以被发现,因为它们是被动的程序。一个老练的攻击者可以轻易通过破坏日志文件来掩盖信息,并不会给别人留下进行核查的尾巴。完全主动的解决方案很难找到,但是可以采用一些被动的防御措施。

(1)安全的拓扑结构:嗅探器只能在当前网络段上进行数据捕获,这就意味着,将网络分段工作进行得越细,嗅探器能够收集的信息就越少。有 3 种网络设备是嗅探器不可能跨过的:交换机、路由器、网桥。现在交换机的价格已经很便宜,在网络中使用交换机来替代集线器连接网络,能有效地避免数据泛播,也就是避免了让一个主机接收任何与之无关的数据。在网络中进行 VLAN 划分,可以使网络能够隔离不必要的数据传送。

(2)会话加密:传统的网络服务程序 SMTP、HTTP、FTP、POP3 和 Telnet 等在本质上都是不安全的,因为它们在网络上用明文传送口令和数据,嗅探器可以非常容易地截获这些口令和数据。通过对网络中的会话进行加密,让嗅探器无法获取会话所发送的内容,是防止嗅探的一种很好的方法。

(3)用静态的 ARP 或者 IP - MAC 对应表代替动态的 ARP 或者 IP - MAC 对应表:该措施主要是针对渗透嗅探的防范。在渗透嗅探过程中,攻击者常常采用诸如 ARP 欺骗等手段在交换网络中顺利完成嗅探。因此,可以在重要的主机上设置静态的 ARP 对应表,在交换机上设置静态的 IP - MAC 对应表等,这样就可以防止攻击者利用欺骗手段进行嗅探了。

(4)及时打补丁:计算机使用者应该养成这样的一个好习惯:定期查询各种安全网站,在这些网站中寻找最新的操作系统、应用软件的漏洞公告,及时下载安全补丁,并采取建议的相应对策。

(5)监控本地局域网的数据帧:查找异常网络行为是较好的检测策略。因此网络管理员可以运行自己的 Sniffer,监控网络中指定主机的 DNS 流量,或使用各种网络工具软件测量当前网络的数据包延迟时间。

除此之外,网络管理员要重视数据交汇集中区域,如网关、交换机、路由器等附近的安全防范。入侵者要让嗅探器发挥较大功效,通常会把嗅探器放置在这些区域,以便能够捕获更多的数据。因此,对于这些区域应该加强防范,防止这些区域存在嗅探器。

学习任务3 网络端口扫描技术

任务概述

网络安全扫描技术是一种有效的主动防御技术,目前已经成为网络安全研究中的热点之一,这种研究具有重要的现实意义。

任务目标

- 能够掌握 TCP 协议
- 能够了解端口扫描及其分类
- 能够了解常用端口扫描工具

学习内容

一、网络端口扫描技术

在 Internet 中,端口扫描是入侵者发起攻击时采取的第一个步骤。通过扫描,攻击者能够寻找出主机系统和网络中有哪些端口是开放的,根据开放的端口,入侵者可以知道目标主机大致提供了哪些服务,进而猜测可能存在的漏洞。扫描技术基于 TCP/IP 协议,对各种网络服务,无论是主机或者防火墙、路由器的服务都适用。目前,扫描的技术已经非常成熟,已经有大量的商业、非商业的扫描器在各组织里使用。

TCP 协议和 UDP 协议是 TCP/IP 协议传输层中两个用于控制数据传输的协议。TCP 和 UDP 用端口号来唯一地标识一种网络应用。TCP 和 UDP 端口号用 16 位二进制数表示,理论上,每一个协议可以拥有 65535 个端口。因此,端口扫描无论是对网络管理员还是对网络攻击者来说,都是一个必不可少的利器。TCP/IP 协议上的端口有 TCP 端口和 UDP 端口两类。由于 TCP 协议是面向连接的协议,针对 TCP 的扫描方法比较多,扫描方法从最初的一般探测发展到后来的躲避 IDS 和防火墙的高级扫描技术。在 TCP/UDP 协议中,IP 地址和端口被称作套接字(Socket),它代表一个 TCP 连接的一个连接端,其标志形式是(IP 地址,主机端口号)。为了获得 TCP 服务,必须在发送方的一个连接端上和接收方的一个连接端上建立连接。每条 TCP 的传输连接用(套接字 1,套接字 2)来表示,是点到点的全双工通道。TCP/UDP 连接唯一地使用每个信息中的套接字的内容来进行确认,见表 6-1。

表 6-1　　TCP 协议套接字内容

名称	描述
源 IP 地址	发送包的 IP 地址
目的 IP 地址	接收包的 IP 地址
源端口	发送方上的连接端口
目的端口	接收方上的连接端口

1. TCP 报头

TCP 协议在进行数据传输时，其传输的数据包称为段(Segment)，段包含有报头和数据两部分，其中在报头中包含了 TCP 的控制信息，数据部分包含传输的实际内容。

在 TCP 报头中，除了包含有源主机和目的主机的 IP 地址和端口号外，还包含了 6 个标志位。

2. TCP 连接

TCP 是一个面向连接的可靠传输协议。所谓面向连接，指的是通信双方在利用 TCP 传送数据前必须先建立 TCP 连接。TCP 给每个发送的数据包分配一个标志数据包顺序的序号，接收端接收到数据后，对数据包进行确认并发送应答，这样 TCP 协议就保证了数据的可靠传输。由于在一个 TCP 会话中能够进行全双工通信，因此在建立连接时，必须要为每一个数据流分配 ISN(初始序号)。

TCP 利用三次握手机制来建立连接，实现步骤如下。

建立连接：初始化序列字段和确认字段，通讯双方就端口使用达成一致。

第一次握手：请求端(客户)发送一个 SYN 段指明客户打算连接的服务器的端口，以及初始序号 ISN。

第二次握手：服务器发送包含自己初始序号(ISN)的 SYN 段对客户做出应答，并对客户的 SYN 报文进行确认。此时服务器 ACK = 客户 ISN + 1。

第三次握手：客户对服务器的 SYN 报文段进行确认。此时客户 ACK = 服务器 ISN + 1。在双方进行通讯时，发送第一个 SYN 的一端执行主动打开，而接收这个 SYN 并发回下一个 SYN 的另一端执行被动打开。

二、端口扫描及其分类

1. 端口扫描

扫描器是一种通过扫描主机端口，进而检测远程或本地主机安全性弱点的程序。通过使用扫描器，攻击者可以不留痕迹地发现主机系统中开放的各种 TCP/UDP 端口、它们提供的服务及它们的软件版本等，这些信息都为攻击者的侵入提供了手段。

扫描器的工作原理其实十分简单，它只是简单地利用系统提供的连接功能，与每一个感兴趣的目标主机进行各种端口连接(实际中，往往是针对某个 IP 网段进行)，只要目标主机的端口处于监听状态，那么就会对这个连接做出应答。通过这种方法，攻击者就可以搜集到许多关于目标主机的各种有用的信息(如：是否能用匿名登录，是否有可写的 FTP 目录，是否能用 Telnet 等)。

2. 端口扫描分类

常用的端口扫描技术主要有下面几种。

(1)TCP Connect()扫描:也称为全TCP连接扫描,是长期以来TCP端口扫描的基础。这种技术主要使用三次握手机制来与目标主机的指定端口建立正规的连接。TCP Connect()扫描使用操作系统提供的connect()系统调用函数来进行扫描。对于每一个监听端口,connect()调用都会获得一个成功的返回值,表示端口可访问。由于在通常情况下,这种操作不需要什么特权,所以几乎所有的用户都可以通过connect()调用来实现这个技术。这种扫描方法很容易被检测出来,因为在系统的日志文件中会有大量密集的连接和错误记录。通过使用一些工具(如TCP Wrapper),可以对连接请求进行控制,以此来阻止来自不明主机的全连接扫描。

(2)TCP SYN扫描:这种技术通常被认为是"半开放"扫描,这是因为扫描程序不必打开一个完全的TCP连接。扫描主机向目标主机的选择端口发送SYN数据段,如果应答是RST,那么说明端口是关闭的;如果应答中包含SYN和ACK,说明目标端口处于监听状态。如果收到一个SYN+ACK,则扫描程序必须再发送一个RST来关闭这个连接过程。SYN扫描的优点在于即使日志中对扫描有所记录,尝试进行连接的记录也要比全扫描少得多。缺点是在大部分操作系统下,扫描主机需要构造适用于这种扫描的SYN包,通常情况下,构造SYN数据包需要超级用户或者授权用户访问专门的系统调用。

(3)TCP FIN扫描:在实际应用中,一些防火墙和包过滤软件能够对发送到指定端口的SYN数据包进行监视,SYN扫描可能无法通过这些设备,另外,有的程序还能检测到这些扫描。而使用FIN扫描,FIN数据包可能会没有任何麻烦地通过各种包过滤器。这种扫描方法的思想是关闭的端口会用适当的RST来回复FIN数据包,而打开的端口必须忽略有问题的包。由于这种技术不包含标准的TCP三次握手协议的任何部分,所以无法被记录下来,它比SYN扫描隐蔽得多,所以它也被称为秘密扫描。

(4)TCP Ident扫描:也叫认证扫描。Ident指的是鉴定协议(Identification Protocol),该协议建立在TCP申请的连接上,服务器在TCP 113端口监测TCP连接,一旦连接建立,服务器将发送用户标志符等信息来作为回答,然后服务器就可以断开连接或者读取并回答更多的询问。

(5)代理扫描:文件传输协议(FTP)有一个非常有意思的选项,它支持代理FTP连接。这个选项最初的目的是允许一个客户端同时跟两个FIP服务器建立连接,然后在服务器之间直接传输数据,也就是说使用者可以要求FTP服务器为自己发送Internet上任何地方的文件。攻击者正是利用这个缺陷,让这个协议能够用来投递虚拟的不可达邮件和新闻、进入各种站点的服务器、填满硬盘、跳过防火墙,以及进行其他的骚扰活动,而且这些活动很难被追踪。

(6)ping扫描:使用ping扫描的目的很简单,就是只想知道网络上哪些主机正在运行。

(7)UDP扫描:UDP协议是一个不可靠的无链接的协议,它不像TCP协议那样是面对面连接的。因此,当人们向目标主机的UDP端口发送数据,并不能收到一个开放端口的确认信息,或是关闭端口的错误信息,这和TCP的端口扫描完全不一样。但是,在大多数情况下，当向一个未开放的 UDP 端口发送数据时，其主机会返回一个 ICMP 不可到达的错误回应，因此大多数 UDP 端口扫描的方法就是向各个被扫描的 UDP 端口发送零字节的 UDP 数据包，如果收到一个 ICMP 不可到达的回应，那么则认为这个端口是关闭的，对于没有回应的端口则认为是开放的。但是如果目标主机安装有防火墙或其他可以过滤数据包的软硬件，那么发出 UDP 数据包后，将可能得不到任何回应，将会见到所有的被扫描端口都是开放的。

三、常用端口扫描工具

1. Nmap

(1)Nmap 简介：Nmap 是一款开放源代码的网络探测和安全审核的工具。它的设计目标是快速地扫描大型网络。Nmap 以新颖的方式使用原始 IP 报文来发现网络上有哪些主机，这些主机提供什么服务(应用程序名和版本)，这些服务运行在什么操作系统(包括版本信息)上，它们使用什么类型的报文过滤器/防火墙，以及其他功能。虽然 Nmap 通常用于安全审核，但是许多系统管理员和网络管理员也用它来做一些日常的工作，比如查看整个网络的信息，管理服务升级计划，以及监视主机和服务的运行。

(2)使用 Nmap：Nmap 是一个命令行运行的程序，虽然它也提供一个图形界面运行程序，但是大多数的使用者还是乐意在命令行下运行它。

打开 Windows 命令提示符窗口，不带任何命令行参数运行 Nmap，Nmap 将显示出所有命令语法，如图 6－1 所示。

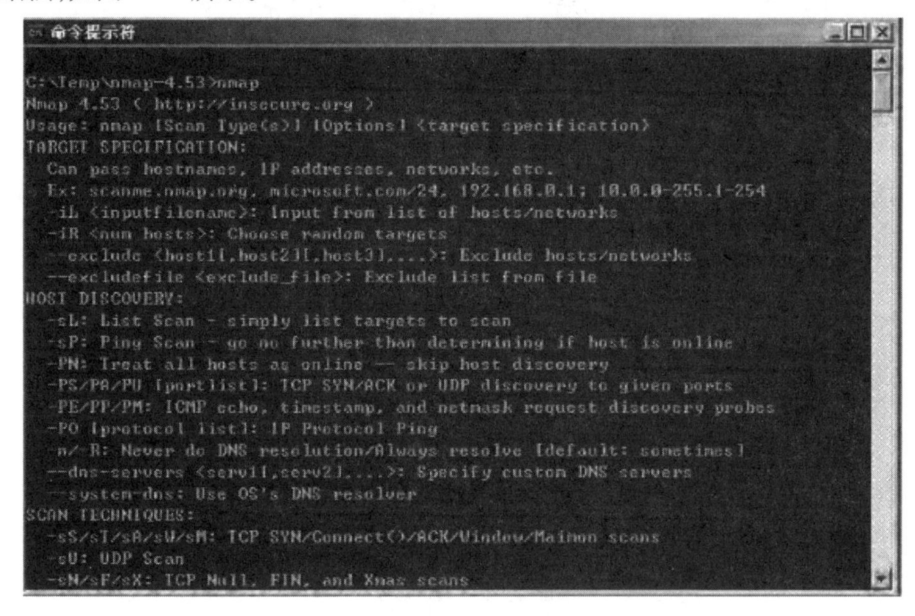

图 6－1　不带任何命令行参数运行 Nmap

(3)注意事项：使用 Nmap 进行网络扫描，需要注意下面几点。

①避免误解。不要随意选择测试 Nmap 的扫描目标。许多单位把端口扫描视为恶意行为，所以测试 Nmap 最好在内部网络进行。如有必要，应该告诉同事你正在试验端口扫描，因为扫描可能引发 IDS 警报以及其他网络问题。

②关闭不必要的服务。根据 Nmap 提供的报告(同时考虑网络的安全要求),关闭不必要的服务,或者调整路由器的访问控制规则(ACL),禁用网络开放给外界的某些端口。

③建立安全基准。在 Nmap 的帮助下加固网络、搞清楚哪些系统和服务可能受到攻击之后,下一步是从这些已知的系统和服务出发建立一个安全基准,以后如果要启用新的服务或者服务器,就可以方便地根据这个安全基准执行。

2. X - SCAN

X - SCAN 是一款简单实用的端口扫描工具软件,该软件采用多线程方式对指定 IP 地址段(或单机)进行安全漏洞检测,支持插件功能。扫描内容包括远程服务类型、操作系统类型及版本、各种弱口令漏洞、后门、应用服务漏洞、网络设备漏洞和拒绝服务漏洞等。

(1)设置扫描范围:使用 X - SCAN 进行扫描前,需要对扫描的 IP 地址范围进行设置。如不设置,X - SCAN 将对本机(local host)进行扫描。在 X - SCAN 主窗口中选择菜单“设置”的“扫描参数”命令,打开设置窗口,选择“检测范围”,在“指定 IP 范围”文本框中输入欲扫描的 IP 地址范围完成参数设置,如图 6 - 2 所示。单击“示例”按钮可以查看 IP 地址范围的输入格式。

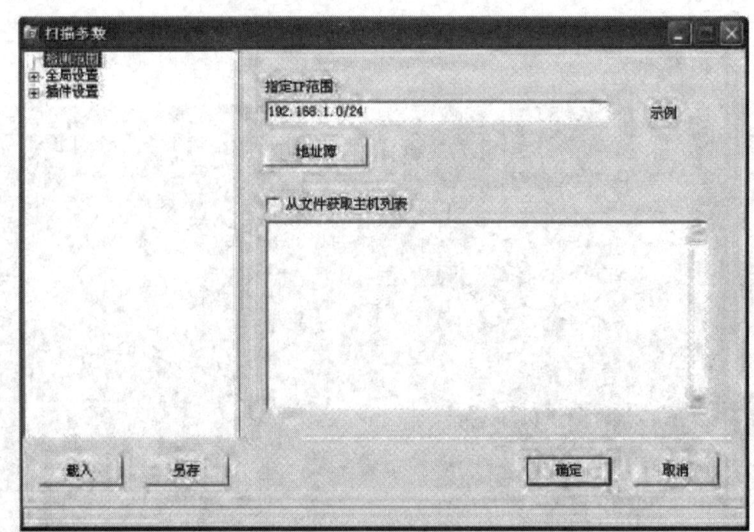

图 6 - 2　检测范围设置

(2)设置扫描模块:在“扫描参数”窗口中选择“全局设置”的“扫描模块”,可以选择本次扫描所进行的操作,包括对开放服务的扫描,对各种弱密码如 Windows NT/2000/XP 登录密码、FIP 密码、SQL 密码等的破解,如图 6 - 3 所示。

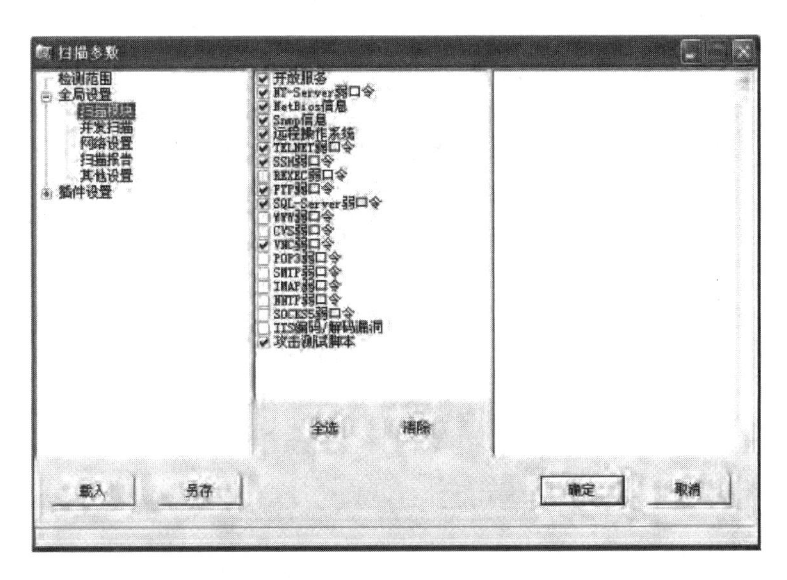

图 6－3　扫描模块设置

(3)开始扫描:根据需要,完成“并发扫描”、“扫描报告”、“其他设置”及“插件设置”各项的设置后,单击“确定”按钮保存所做的设置操作,选择菜单“文件”的“开始扫描”命令即可开始进行扫描。这里是对“192.168.1.0”这个标准 C 类地址网段进行扫描,在扫描过程中,X－SCAN 将会把实时的扫描结果显示在主窗口中,如图 6－4 所示。

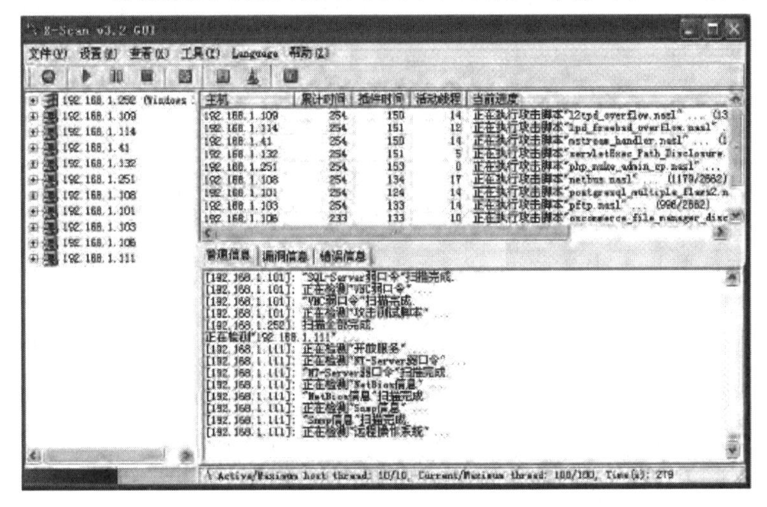

图 6－4　X－SCAN 的扫描过程

在整个扫描过程中,可以随时选择菜单“文件”的“终止扫描”或“暂停扫描”命令来停止扫描以查看报告。当 X－SCAN 完成对指定 IP 地址范围的扫描后,会将扫描结果以 HTML 文档方式在浏览器中显示出来,如图 6－5 所示。

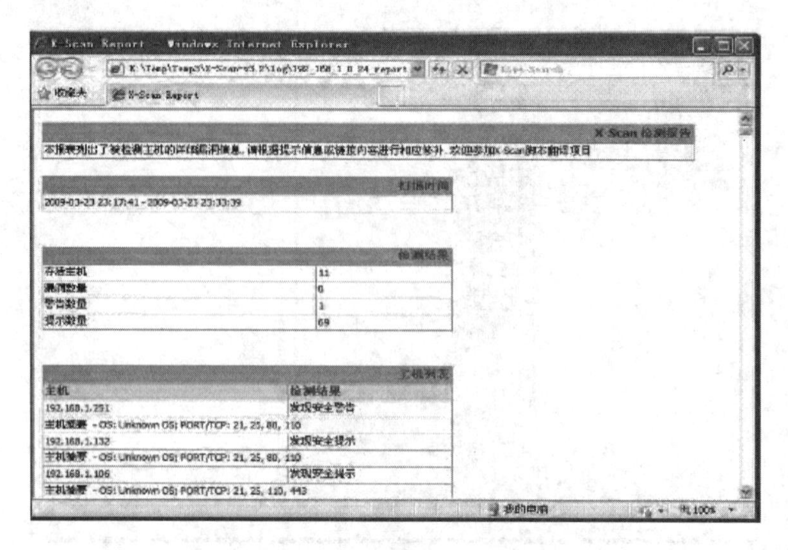

图6-5　X-SCAN的扫描报告

学习任务4　缓冲区溢出

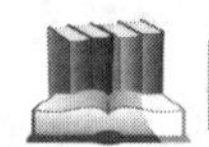

任务概述

缓冲区溢出是一种非常普遍、非常危险的漏洞,在各种操作系统、应用软件中广泛存在。利用缓冲区溢出攻击,攻击者可以导致程序运行失败、系统崩溃、重新启动等后果,更为严重的是,可以利用它来执行非授权指令,甚至取得系统控制权,进而进行各种非法操作。

任务目标

- 能够了解缓冲区溢出的概念及原理
- 能够了解缓冲区溢出的危害
- 能够掌握保护缓冲区免受缓冲区溢出的攻击和影响的4种方法

学习内容

一、缓冲区溢出

缓冲区溢出攻击现在已经成为一种常见的安全攻击手段,因为缓冲区溢出漏洞太普遍且易于实现,不论是Unix/Linux还是Windows都存在这样的漏洞。而在遭受缓冲区溢出攻击后,Linux和Windows的结果是不同的,Linux缓冲区溢出的必然结果就是获得管理员的权限,而Windows则不一定,可能是系统崩溃,也可能是获得管理员的权限。

缓冲区,简单说来是一块连续的计算机内存区域,可以保存相同数据类型的多个实例。缓冲区溢出是指当程序向缓冲区内填充数据的长度位数超过了缓冲区本身的长度时,溢出的数据覆盖在合法数据上或被放置到其他的内存区域的现象。一个应用程序,为了不用太多的内存,通常在代码中都使用了许多的动态变量以使程序在运行时才为它们分配使用内存,这样就很容易造成程序在动态分配缓冲区放入太多的数据而使得缓冲区溢出。单单的缓冲区溢出,并不会产生安全问题,但是如果一个缓冲区溢出的应用程序将能运行的指令放在了有 root 权限的内存中,一旦运行这些指令,就能以 root 权限控制计算机了。正常情况下,程序应该检查所使用的数据长度以防止出现输入的字符长度超过缓冲区长度的情况出现,但是绝大多数程序在编写时都会假设数据长度总是与所分配的储存空间相匹配,这就为缓冲区溢出埋下了安全隐患。

缓冲区溢出攻击指的是一种系统攻击的手段,通过往程序的缓冲区写超出其长度的内容,造成缓冲区的溢出,从而破坏程序的堆栈,使程序转而执行其他指令,以达到攻击的目的。

二、缓冲区溢出攻击的危害

在当前的网络与分布式系统攻击中,被广泛利用的系统攻击手段有 50% 以上都是缓冲区溢出,因为缓冲区溢出攻击可能会令攻击者能够植入并且执行攻击代码。被植入的攻击代码以一定的权限运行有缓冲区溢出漏洞的程序,从而得到被攻击主机的控制权。

在缓冲区溢出中,最为危险的是堆栈溢出,因为入侵者可以利用堆栈溢出,在函数返回时改变返回程序的地址,让其跳转到任意地址,带来的危害一种是程序崩溃导致拒绝服务,另外一种就是跳转并且执行一段恶意代码,比如得到 shell,然后为所欲为。操作系统所使用的缓冲区被称为“堆栈”,其代码中所使用的动态变量在程序运行时都保存于堆栈之中,可见,缓冲区溢出攻击对操作系统的危害是很大的。缓冲区溢出攻击通常是利用堆栈段的溢出。

三、缓冲区溢出攻击的过程和防范

1. 缓冲区溢出攻击的过程

缓冲区溢出攻击的目的在于扰乱具有某些特权的程序的功能,这样可以使得攻击者取得程序的控制权,如果该程序具有足够的权限,那么整个主机就被控制了。一般而言,攻击者攻击 root 程序,然后执行类似 exec(sh)的执行代码来获得 root 权限的 shell。为了达到这个目的,攻击者必须达到如下的两个目标:

(1)代码植入:在程序的地址空间里安排适当的代码。攻击者向被攻击的程序输入一个可以在这个被攻击的硬件平台上运行的指令序列字符串,程序接收这个字符串后就会把这个字符串放到缓冲区里。缓冲区可以是堆栈(stack,存放动态变量)、堆(heap,动态分配的内存区)和静态资料区等内存区域,这样,攻击代码就可以被执行,从而达到攻击者的目的。

如果攻击者试图使用已经常驻的代码而不是从外部植入代码,他们通常必须把代码作为参数调用。举例来说,在 libc(几乎所有的 C 程序都要它来连接)中的部分代码段会执行 exec(something),其中 something 就是参数。攻击者使用缓冲区溢出改变程序的参数,然后利用另一个缓冲区溢出使程序指针指向 libc 中的特定的代码段。

代码植入和缓冲区溢出不一定要在一次动作内完成。攻击者可以在一个缓冲区内放置代码,这是不能溢出的缓冲区,然后,攻击者通过溢出另外一个缓冲区来转移程序的指针。这种方法一般用来解决可供溢出的缓冲区不够大(不能放下全部的代码)的问题。

(2)地址跳转:通过适当的初始化寄存器和内存,让程序跳转到入侵者安排的地址空间执行。改变程序的执行流程,使之跳转到攻击代码,最基本的就是溢出一个没有边界检查或者其他弱点的缓冲区,这样就扰乱了程序的正常的执行顺序。通过溢出一个缓冲区,攻击者可以用暴力的方法改写相邻的程序空间而直接跳过系统的检查。攻击者所寻求的缓冲区溢出的程序空间类型原则上可以是任意的空间。实际上,许多的缓冲区溢出是用暴力的方法来寻求改变程序指针的,区别是程序空间的突破和内存空间的定位不同。

2. 缓冲区溢出攻击的防范

缓冲区溢出攻击占了远程网络攻击的绝大多数,这种攻击可以使得一个匿名的 Internet 用户有机会获得一台主机的部分或全部的控制权。如果能有效地消除缓冲区溢出的漏洞,则很大一部分的安全威胁可以得到缓解。

目前有 4 种基本的方法保护缓冲区免受缓冲区溢出的攻击和影响:编写正确的代码,非执行的缓冲区,数组边界检查,程序指针完整性检查。

(1)编写正确的代码:编写正确的代码是一件非常有意义但耗时的工作,特别是像编写 C 语言那种具有容易出错倾向的程序,虽然这种风格是由于追求性能而忽视正确性的传统所引起的。尽管人们花了很长的时间知道了如何编写安全的程序,但具有安全漏洞的程序依旧出现,因此人们开发了一些工具和技术来帮助经验不足的程序员编写安全正确的程序。最简单的方法就是用 GREP(Unix/Linux 系统)来搜索源代码中容易产生的漏洞时库的调用,比如对 strcpy 和 sprintf 的调用,或者使用一些高级的查错工具通过人为随机地产生一些缓冲区溢出来寻找代码的安全漏洞,也可以使用一些静态分析工具来侦测缓冲区溢出的存在。虽然这些工具可以帮助程序员开发更安全的程序,但是它们也只能用来减少缓冲区溢出的可能,并不能完全地消除它的存在,除非程序员能保证他的程序万无一失。

(2)非执行的缓冲区:通过使被攻击程序的数据段地址空间不可执行,从而使得攻击者不可能执行植入被攻击程序输入缓冲区的代码,这种技术被称为非执行的缓冲区技术。事实上,很多老的 Unix 系统都是这样设计的,但是近来的 Unix 和 Windows 系统为实现更好的性能和功能,往往在数据段中动态地放入可执行的代码,所以为了保持程序的兼容性不可能使得所有程序的数据段不可执行。但是人们可以设定堆栈数据段不可执行,这样就可以最大限度地保证程序的兼容性。Linux 和 Solaris 都发布了有关这方面的内核补丁。因为几乎没有任何合法的程序会在堆栈中存放代码,这种做法几乎不产生任何兼容性问题,除了在 Linux 中的两个特例——信号传递和 GCC 的在线重用,这时可执行的代码必须被放入堆栈中。

(3)数组边界检查:数组边界检查可以避免缓冲区溢出的产生和攻击,因为只要数组不能被溢出,溢出攻击也就无从谈起。为了实现数组边界检查,所有的对数组的读写操作都应当被检查,以确保对数组的操作在正确的范围内。最直接的方法是检查所有的数组操作。

(4)程序指针完整性检查:程序指针完整性检查和边界检查略有不同。与防止程序指针被改变不同,程序指针完整性检查在程序指针被引用之前需检测它是否被改变。这样,即便一个攻击者成功地改变了程序的指针,但由于系统事先检测到了指针的改变,所以这个指针将不会被使用。与数组边界检查相比,这种方法不能解决所有的缓冲区溢出问题,采用其他的缓冲区溢出方法就可以避免这种检测,但是这种方法在性能上有很大的优势而且兼容性也很好。

学习任务5 拒绝服务攻击技术

任务概述

拒绝服务攻击(Denial of Service,DoS)是一种最悠久也是最常见的攻击形式。严格来说,拒绝服务攻击并不是某一种具体的攻击方式,而是攻击所表现出来的结果——最终使得目标系统因遭受某种程度的破坏而不能继续提供正常的服务,甚至导致物理上的瘫痪或崩溃。通过本任务的学习可以了解并防范该技术。

任务目标

- 能够了解典型的拒绝服务攻击方式及防御方法
- 能够掌握分布式拒绝服务攻击的原理及防范

学习内容

一、拒绝服务概述

拒绝服务攻击想方设法让目标主机停止提供服务或资源访问,这些资源包括 CPU 时间、磁盘空间、内存、服务进程甚至网络带宽,从而阻止正常用户的访问。攻击者进行拒绝服务攻击,实际上就是让服务器实现两种效果:一是迫使服务器的缓冲区满,不接收新的请求;二是使用 IP 欺骗,迫使服务器把合法用户的连接复位,影响合法用户的连接。通常,拒绝服务攻击可分为下面两种类型。

1. 拒绝服务攻击的类型

(1)使一个系统或网络瘫痪。如果攻击者发送一些非法的数据包,使得系统死机或重新启动,那么攻击者就进行了一次拒绝服务攻击,因为包括攻击者自己在内,所有人都不能够使用资源了。从攻击者的角度来看,这种攻击很刺激,因为只需发送少量的数据包就使得一个系统无法访问,而让系统重新恢复,往往需要管理员重新启动系统。

(2)向系统或网络发送大量信息,使系统或网络不能响应。例如,如果一个系统无法在一分钟之内处理100个数据包,攻击者却每分钟向它发送1 000个数据包,这时,当合法用户要连接系统时,将得不到访问权,因为系统资源已经不足。进行这种攻击时,攻击者必须连续地向系统发送数据包。当攻击者不向系统发送数据包时,攻击停止,系统也就恢复正常了。这种攻击方式,攻击者要耗费很多精力,因为他必须不断地发送数据。虽然这种攻击也会使系统瘫痪,然而在大多数情况下,恢复系统只需要少量人为干预。

2. 导致拒绝服务攻击的危险因素

拒绝服务攻击既可以在本地机上进行,也可以通过网络进行。下面的2种情况最容易导致拒绝服务攻击:

(1)程序员对程序的错误编制导致系统不停地建立进程,最终耗尽资源,只能重新启动计算机。不同的系统平台都会采取某些方法,以防止一些特殊的用户占用过多的系统资源。

(2)另外一种情况是由磁盘存储空间引起的。假如一个用户有权存储大量的文件的话,他就有可能只为系统留下很小的空间用来存储日志文件等系统信息。这是一种不良的操作习惯,会给系统带来隐患。

3. 防御拒绝服务攻击的一般方法

防御拒绝服务攻击,现在还没有较好的办法,但是可以采取加强网络和主机系统的安全管理,使用诸如防火墙、IDS等安全设备,及时安装系统、应用软件补丁等措施来抵御拒绝服务的攻击。这里介绍一些简单的措施来防止拒绝服务式的攻击。

(1)最为常用的一种措施是时刻关注安全信息以期待最好的防御方法出现。管理员应当订阅安全信息报告,实时地关注安全技术的发展。

(2)应用包过滤的技术,主要是过滤对外开放的端口。这个手段主要是防止假冒地址的攻击,使得外部主机无法假冒内部主机的地址来对内部网络和主机发动攻击。

二、典型的拒绝服务攻击方式

拒绝服务攻击的方式有很多,如:向域名服务器发送大量垃圾请求数据包,使其无法完成来自其他主机的解析请求;制造大量的垃圾包,占据网络的带宽,减慢网络的传输速率,从而造成不能正常服务等。但最基本的拒绝服务攻击就是利用合理的服务请求来占用过多的服务资源,致使服务超载,无法响应其他的请求。这些服务资源包括网络带宽、文件系统空间容量、开放的进程或者向内的连接。这种攻击会导致资源的匮乏,无论计算机的处理速度多么快,内存容量多么大,互联网的速度多么快,都无法避免这种攻击带来的后果,拒绝服务攻击会使所有的资源变得非常渺小。

从安全的角度来看,本地的拒绝服务攻击可以比较容易地追踪并消除;基于网络环境下的拒绝服务攻击则比较复杂。下面是几种较为常见的基于网络的拒绝服务攻击。

1. Ping of Death

这是一种古老但十分有效的攻击方式。Ping是一个测试网络主机是否存在的工具,它通过向目标主机发送ICMP echo报文来进行主机是否存在测试。在早期,路由器对包的大小有限制,如果路由器接收到长度超过限制的包,将导致路由器停止服务;同时,操作系统在实现 TCP/IP 协议栈时也规定了 ICMP 包的最大长度为 64 kB(65536 字节),如果系统长时间地持续接收到长度超过 64 kB 的数据包,就会出现错误而致使 TCP/IP 栈崩溃,从而导致主机停止服务,如 Windows95 操作系统。

2. Smurf

同样是使用 ICMP echo 的攻击,不过这种方式却利用了广播机制,让网络中形成大量的广播响应包来形成攻击。在以太网中,正常情况下所有的主机都应该会接收到广播信息并对这个信息做出响应。当一个 ICMP echo 请求包被攻击者以一个伪冒的 IP 源地址发向网络的广播地址时,广播地址将会把这个请求包广播出去,于是网络的主机就会接收到这个请求包并立刻做出响应,发送回应包。这样会产生大量信息流量,从而占用所有设备的资源及网络带宽,而回应的地址就是受攻击的目标——那个 IP 源地址所代表的主机。例如用 500 kb/s 流量的 ICMP echo(ping)包广播到 100 台设备,产生 100 个 ping 回应,便产生 50 Mb/s 流量。这些流量流向被攻击的主机,便会使这台主机瘫痪。攻击过程如图 6 -6所示。

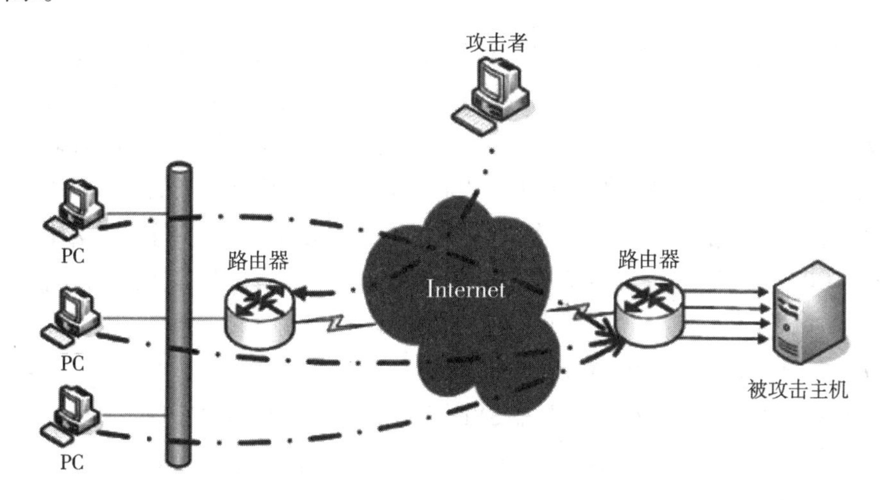

图 6 -6 Smurf ICMP 攻击示意图

Smurf 的攻击加深了 ICMP 的泛滥程度,导致由一个数据包产生成千的 ICMP 数据包并发送到一个根本不需要它们的主机中去,而传输多重数据包的服务器更是被用作了 Smurf 的放大器。

Smurf 攻击一般都是在 Unix 系统上进行的,在 Windows 系统上 Smurf 攻击将不会有效果,因为微软的 ping 程序不对多个回应进行解包,Windows 系统收到第一个包以后就会丢弃后面的,同样 Windows 系统默认也不回应广播地址的包。

3. SYN Flood

SYN Flood 是当前最流行的拒绝服务攻击的方式之一,这是一种利用 TCP 协议缺陷,发送大量伪造的 TCP 连接请求,从而使得被攻击主机资源耗尽(CPU 满负荷或内存不足)的攻击方式,如图 6 -7 所示。

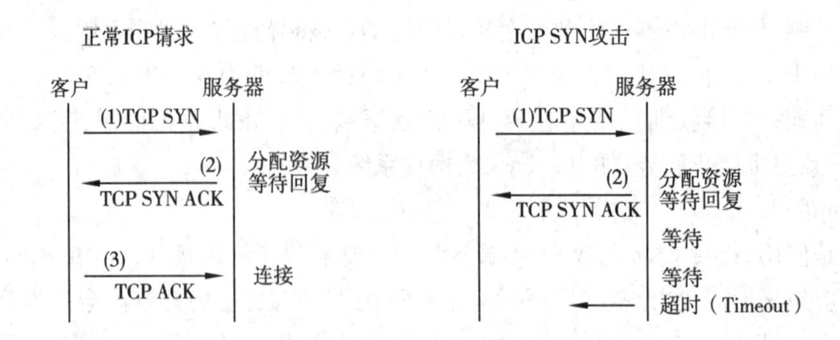

图6－7　SYN Flood 攻击示意图

使用TCP协议进行通信时，由于连接三次握手的需要，在每个TCP连接建立时，客户端需要向服务器端发送一个带SYN标记的数据包；如果在服务器端发送了应答包（SYN＋ACK）后，客户端因为出现故障（如掉线、死机等）而致使ACK应答包无法发出，三次握手就无法完成，于是服务器端将会重新发送SYN＋ACK包并等待一段时间，直到超时而丢弃这个连接。

但如果有一个恶意的攻击者模拟这种情况，发送大量的SYN包但不做回复，这时服务器端将为了维护一个非常大的半连接列表而消耗非常多的资源。数以万计的半连接需要耗费大量CPU时间和内存，而不断对这个列表中的IP进行SYN＋ACK的重试所引起的遍历操作更是需要大量的CPU时间和内存。如果服务器端主机的TCP/IP栈不够强大，则堆栈溢出，系统崩溃；即使服务器端主机系统足够强大，服务器端也将忙于处理攻击者伪造的TCP连接请求而无暇理睬客户的正常请求，此时从正常客户的角度看来，服务器失去了响应，停止了服务。这就是TCP SYN Flood攻击的过程。

要防御这种攻击，有两种简单的解决方法：

（1）缩短SYN Timeout时间。由于SYN Flood攻击的效果取决于服务器端上保持的SYN半连接数，所以通过缩短从接收到SYN报文到确定这个报文无效并丢弃该连接的时间，可以成倍地降低服务器端的负荷。当然，过低的SYN Timeout设置可能会影响客户的正常访问。

（2）设置SYN Cookie。就是给每一个请求连接的IP地址分配一个Cookie，如果短时间内连续收到某个IP的重复SYN报文，就认定是受到了攻击，以后从这个地址来的包会被丢弃。

这两种方法只能对付比较原始的SYN Flood攻击，缩短SYN Timeout时间仅在对方攻击频度不高的情况下有效，SYN Cookie更依赖于对方使用真实的IP地址。如果攻击者以数万b/s的速度发送SYN报文，同时利用SOCK_RAW随机改写IP报文中的源地址，以上的方法将毫无用武之地。

当主机系统莫名其妙变慢，怀疑受到SYN Flood攻击时，一个简单的判别方法就是使用Netstat命令来查看连接情况。如果Netstat-n-a tcp命令显示大量的连接处于SYN－RECEIVED状态，那么可以有理由相信正在遭受SYN Flood攻击。

三、分布式拒绝服务攻击的原理及防范

传统上,攻击者所面临的主要问题是网络带宽,较小的网络规模和较慢的网络速度使攻击者无法发出过多的请求。虽然类似 Ping of Death 这样的攻击类型只需要很少量的包就可以摧毁一个没有打过补丁的 UNIX 系统,但是多数的拒绝服务攻击还是需要相当大的带宽,而高带宽并不是随处都可以得到,特别是对于个人攻击者而言。为了克服这个缺点,攻击者开发了分布式攻击,于是攻击者就可以利用工具集合许多的网络带宽来对同一个目标发送大量的请求。

1. 概述

1999 年 7 月份,微软公司的 Windows 操作系统的一个 bug 被人发现和利用,并且进行了多次攻击,这种新的攻击方式被称为“分布式拒绝服务攻击”,即“DDoS 攻击(Distributed Denial of Service Attacks)”。这是一种特殊形式的拒绝服务攻击。它利用了多台已经被攻击者所控制的主机对某一台主机发起攻击,在这样的带宽对比之下,被攻击的主机很容易失去反应能力。现在这种方式被认为是最有效的攻击形式,并且很难于防备。

DDoS 攻击是在传统的 DoS 攻击基础之上产生的一类攻击方式。单一的 DoS 攻击一般是采用一对一方式的,当攻击目标 CPU 速度低、内存小或者网络带宽小等各项性能指标不高时它的效果是明显的。随着计算机与网络技术的发展,计算机的处理能力迅速增长,内存大大增加,同时也出现了千兆级别的网络,这使得 DoS 攻击的困难程度加大了,因为目标对恶意攻击包的“消化能力”加强了。

这时候分布式的拒绝服务攻击手段(DDoS)就应运而生了。如果说计算机与网络的处理能力加大了 10 倍,用一台攻击机来攻击不再能起作用的话,那么攻击者使用 10 台攻击机同时攻击呢?用 100 台呢?DDoS 就是利用更多的傀儡机来发起进攻,以比从前更大的规模来进攻受害者。

高速广泛连接的网络给大家带来了方便,也为 DDoS 攻击创造了极为有利的条件。在低速网络时代,黑客占领攻击用的傀儡机时,总是会优先考虑离目标网络距离近的机器,因为经过路由器的跳数少,效果好。而现在电信骨干节点之间的连接都是以 G 为级别的,大城市之间更可以达到 2.5 G 的连接,这使得攻击可以从更远的地方或者其他城市发起,攻击者的傀儡机位置可以分布在更大的范围,选择起来更灵活了。

2. 被 DDoS 攻击时的现象

(1)被攻击主机上有大量等待的 TCP 连接。

(2)网络中充斥着大量的无用的数据包,源地址全部为假冒的。

(3)网络中存在高流量的无用数据包而造成网络拥塞,无法正常和外界通信。

(4)受害主机持续收到高速的特定服务请求,主机速度缓慢甚至停止响应。

3. 攻击原理

一个比较完善的 DDoS 攻击体系分成 4 大部分,如图 6 – 8 所示。

(1)攻击者:发起 DDoS 攻击。

(2)控制傀儡机:控制实际发起攻击的主机,只发布命令而不参与实际的攻击。

(3)攻击傀儡机:实际发起攻击的主机。

(4)被攻击目标(受害者):遭受攻击傀儡机的攻击。

在这种体系中,攻击者对控制傀儡机和攻击傀儡机拥有完全控制权或部分的控制权,至少攻击者能将相应的 DDoS 攻击工具上传到这些被控制的主机上,并利用各种手段隐藏自己不被主机的实际拥有者发现。在未进行攻击时,这些傀儡机并没有什么异常,其上的攻击工具也不会运行,但是当攻击者连接到傀儡机并控制它们时,攻击者就能够运行 DDoS 攻击工具,使攻击傀儡机向目标主机发起攻击。

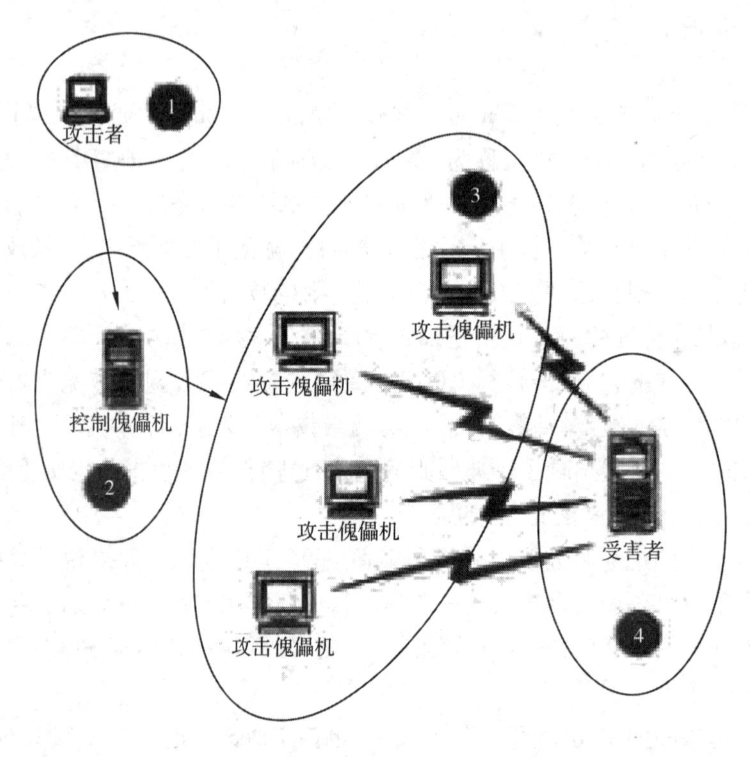

图 6-8　DDoS 攻击体系

从图 6-8 中可以看出,在实施 DDoS 攻击时,攻击者往往是利用一台"跳板"主机——控制傀儡机来控制攻击傀儡机,他不会使用自己的主机来直接控制攻击傀儡机,这样做是为了更好地隐藏自己。

在被控制的主机上隐藏自己的行踪,最简单的办法就是在系统的日志中清除自己曾经登录过的信息,但是在攻击傀儡机上清理日志实在是一项庞大的工程,即使在很好的日志清理工具的帮助下,仍然是一件令人头痛的事情,因为发起攻击的傀儡机太多了,一不小心就可能留下痕迹。但控制傀儡机的数目相对很少,一般一台就可以控制几十台攻击机,清理一台计算机的系统日志对攻击者而言就很轻松了。这样,通过控制傀儡机找到攻击者的可能性就大大降低。

4. DDoS 的防范

到目前为止,针对 DDoS 攻击的防御还是比较困难的。DDoS 攻击与 DoS 攻击一样,主要利用了 TCP/IP 协议的漏洞,除非不用 TCP/IP,才有可能完全抵御住 DDoS 攻击,但似乎这不可能,因为 Internet 的基础是 TCP/IP。

为了更好地做好 DDoS 攻击的防御,应该从以下几个方面着手。

(1)主机上的设置:

- 关闭不必要的服务。
- 限制同时打开的 SYN 半连接数目。
- 缩短 SYN 半连接的 Timeout 时间。
- 及时更新系统补丁。

(2)网络设备的设置:

①对于防火墙,应该:

- 禁止对主机的非开放服务的访问。
- 限制同时打开的 SYN 最大连接数。
- 限制特定 IP 地址的访问。
- 启用防火墙的防 DDoS 的属性,但某些防火墙会因此降低性能。
- 严格限制对外开放的服务器的向外访问。

②对于路由器,应该:

- 设置访问控制列表(ACL)过滤。
- 设置 SYN 数据包流量速率。
- 升级版本过低的路由器操作系统。
- 为路由器建立日志服务器。

思考练习

一、选择题

1. 网络监听(嗅探)这种攻击形式破坏了下列哪一项内容?(　　)

   A. 网络信息的抗抵赖性　　B. 网络信息的保密性

   C. 网络服务的可用性　　D. 网络信息的完整性

2. 在缓冲区溢出攻击技术中,以下哪一种方法不能用来使程序跳转到攻击者所安排的地址空间上执行攻击代码?(　　)

   A. 激活记录　　B. 函数指针

   C. 长跳转缓冲区　　D. 短跳转缓冲区

3. 现今,网络攻击与病毒、蠕虫程序越来越有结合的趋势,病毒、蠕虫的复制传播特点使得攻击程序如虎添翼,这体现了网络攻击的下列哪种发展趋势?(　　)

   A. 网络攻击人群的大众化　　B. 网络攻击的野蛮化

   C. 网络攻击的智能化　　D. 网络攻击的协同化

4. 下列哪种攻击方法不属于攻击痕迹清除?(　　)

   A. 篡改日志文件中的审计信息　　B. 修改完整性检测标签

   C. 替换系统的共享库文件　　D. 改变系统时间造成日志文件数据紊乱

5. 常见的网络通信协议后门不包括下列哪一种?(　　)

   A. IGMP　　B. ICMP　　C. IP　　D. TCP

二、填空题

1. 在交换网络中，主要有________和________两种嗅探。
2. ________是一种通过扫描主机端口，进而检测远程或本地主机安全性弱点的程序。
3. ________扫描主要使用三次握手机制来与目标主机的指定端口建立正规的连接。
4. ________是当前最流行的拒绝服务攻击的方式之一，这是一种利用TCP协议缺陷，发送大量伪造的TCP连接请求，从而使得被攻击主机资源耗尽(CPU满负荷或内存不足)的攻击方式。
5. 所谓强密码，指的是采用大小写字母、数字和特殊字符，长度在________位以上的密码。

三、简答题

1. 一般来说，被DDoS攻击时主要表现为哪些现象?
2. 嗅探造成的危害有哪些?
3. 目前有哪4种基本的方法保护缓冲区免受缓冲区溢出的攻击和影响?

单元要点归纳

本单元主要介绍了常见的网络攻击手段，如密码破解、端口扫描、DoS 攻击等相关内容。

对于这些内容，要着重掌握它们的防范方法。对于密码破解，可以设置强密码来防范；对于端口扫描，则关闭不使用的系统默认开放端口；而对于 DoS 攻击，则需要管理员对所使用的各种系统及网络具有职业敏感性，采取各种攻击防范手段。

第七单元　网络安全策略

单元概述

由于技术水平和社会各种因素的影响，计算机网络面临着诸多的安全威胁，这些威胁给网络带来了极大的损害。目前服务器常用的操作系统有四类：FreeBSD、UNIX、Linux 和 Windows NT/2000/2003/Server。这些操作系统的安全性都在 C2 级别以上，但是都存在不少漏洞，如果对这些漏洞不了解，不采取一定的安全措施，就会将操作系统完全暴露给入侵者。本单元主要介绍操作系统安全策略、数据库安全策略、Web 安全策略和 VPN 技术。

单元目标

- 能够了解常见的网络操作系统
- 能够理解操作系统安全的基本概念、实现机制
- 能够掌握数据库安全策略
- 能够掌握 Web 安全策略
- 能够掌握 VPN 技术

学习任务1 操作系统安全

任务概述

随着计算机技术和通信技术的飞速发展，网络已经日益成为工业、农业和国防等方面的重要信息交换手段和人们信息资源的海洋，渗透到社会生活的各个领域，给人们的生活带来了极大的方便。由于Internet是一个开放的、无控制机构的网络，因此，经常会受到计算机病毒、黑客的入侵，使数据和文件丢失、操作系统瘫痪。认识网络操作系统的脆弱性和潜在的威胁，采取强有力的安全策略势在必行。

任务目标

- 能够了解常用操作系统的特点
- 能够掌握操作系统安全的基本概念
- 能够掌握操作系统安全配置方案

学习内容

一、常用操作系统简介

目前服务器常用的操作系统有四类：FreeBSD、UNIX、Linux和Windows NT/2000/2003/Server。这些操作系统都具有较高的安全级别，但是都存在不少漏洞，如果对这些漏洞不了解，不采取安全措施，就会将操作系统完全暴露给入侵者。

1. UNIX操作系统

UNIX诞生于20世纪60年代末期，贝尔实验室研究人员计划要建立一套多用户、多任务、多层次操作系统。其特色主要包括以下几个方面。

(1) UNIX系统是一个多用户、多任务的分时操作系统。

(2) UNIX支持程序设计的各种语言。

(3) UNIX易读，易修改，易移植。

(4) UNIX系统的实现十分紧凑、简洁。

(5) UNIX提供了功能强大的可编程的Shell语言（外壳语言）作为用户界面，具有简洁、高效的特点。

(6) UNIX系统采用树状目录结构，具有良好的安全性、保密性和可维护性。

(7) UNIX系统采用进程对换（Swapping）的内存管理机制和请求调页的存储方式，实现了虚拟内存管理，大大提高了内存的使用效率。

(8)UNIX 系统提供多种通信机制。

2. Linux 操作系统

Linux 操作系统诞生于 1991 年 10 月 5 日,是一套免费使用和自由传播的类 Unix 操作系统,是一个多用户、多任务、支持多线程和多 CPU 的操作系统。它能运行主要的 UNIX 工具软件、应用程序和网络协议。它支持 32 位和 64 位硬件。Linux 继承了 Unix 以网络为核心的设计思想,是一个性能稳定的多用户网络操作系统。其主要特色有以下几个方面。

(1)完全免费:Linux 是一款免费的开放源代码的操作系统,用户可以通过网络或其他途径免费获得,并可以任意修改其源代码。程序员可以根据自己的兴趣和灵感对其进行改变,这让 Linux 吸收了无数程序员的智慧,不断壮大。

(2)完全兼容 POSIX 1.0 标准。

(3)多用户、多任务操作系统。

(4)友好的交互界面。

(5)支持多种平台。

3. Windows 操作系统

Windows 操作系统是微软公司真正意义上的网络操作系统,也是主要面向服务器的操作系统,它的发展经历众多版本,如 NT3.0、NT4.0、NT5.0(Windows 2000)、NT6.0(Windows 2003)、Win7,并逐步占据了广大中小网络操作系统的市场。

Windows 众多版本的服务器操作系统使用了与 Windows 桌面版本完全一致的用户界面风格,其服务器版本功能更加强大,具有以下 3 方面的优点。

(1)支持多种协议。

(2)内置 Internet 功能。

(3)支持 NTFS 文件系统。

二、网络操作系统安全概述

操作系统的安全是整个网络系统安全的基础,没有操作系统安全,就不可能真正解决数据库安全、网络安全和其他应用软件的安全问题。网络操作系统安全的具体含义会随着使用者的不同而不同。

从本质上来讲,网络操作系统安全包括组成计算机系统的硬件、软件以及在网络上传输的信息的安全,不致因偶然的或者恶意的攻击遭到破坏。网络操作系统安全既包括技术方面,也包括管理方面,两方面相互补充,缺一不可。网络操作系统安全主要包括三个方面的内容:

(1)安全性。它主要是指内部与外部安全。内部安全是在系统的软件、硬件及周围的设施中实现的。外部安全主要是人事安全,是对某人参与计算机网络系统工作和接触敏感信息是否值得信赖的一种审查过程。

(2)保密性。加密是对传输过程中的数据进行保护的重要方法,又是对存储在各种媒体上的数据加以保护的一种有效手段。

(3)完整性。完整性技术是保护计算机网络系统内软件(程序)与数据不被非法删改的一种技术手段，它可分为数据完整性和软件完整性。

三、操作系统安全的基本概念

操作系统安全涉及很多概念，如主体和客体、安全策略和安全模型、访问监控器、可信计算基。

1. 主体和客体

操作系统中每一个实体组件都必须是主体或客体。主体是一个主动的实体，包括用户、用户组、进程等。系统中最基本的主体是用户，每个进入系统的用户必须是唯一标识的，并经过鉴别确定为真实的。客体是被动的实体，在操作系统中，客体可以是按照一定格式存储在一定记录介质上的数据，也可以是操作系统中的进程。

2. 安全策略与安全模型

安全策略是指使计算机系统安全的实施规则。

安全模型是指使计算机系统安全的一些抽象的描述和安全框架。

3. 可信计算基

可信计算基（Trusted Computing Base，TCB）是指构成安全操作系统的一系列软件、硬件和信息安全管理人员的集合，只有这几方面的结合才能真正保证系统的安全。

四、操作系统安全配置方案

1. 计算机安装操作系统时先断开外网

计算机网络是计算机病毒最主要的传播途径，安装操作系统时应先断开外网，如果接上网线，病毒和黑客就有可能利用网络接口检测电脑漏洞，进而攻击计算机操作系统。所以，计算机在安装操作系统时应先拔下网线。

2. 安装杀毒软件

安装操作系统后，要及时地安装杀毒软件，当下比较常用的杀毒软件有360系列和金山系列等。没有安全软件的防护，系统十分虚弱，病毒和黑客会乘虚而入，因此安装操作系统后，一定要装上杀毒软件并开启杀毒软件的实时监控后再联网。

3. 设置操作系统用户密码

注意要为Administrator组的所有用户设置密码，不要遗漏，而且设置的密码要复杂些，不易被病毒和黑客破译。如果不设置密码或设置的密码过于简单，病毒和黑客就很容易控制计算机。

4. 禁用来宾用户

来宾用户是系统自带的账号，默认具有来宾权限，有的病毒和黑客会利用来宾用户控制计算机。

5. 为操作系统安装补丁

系统补丁是用来修正操作系统漏洞的，安装后一般会替换掉现有的有漏洞的文件，以修正系统的运行问题或防止某些人借此漏洞制造病毒或黑客软件，传播、损害计算机系统或窃取资料等。

6. 禁用远程协助和远程桌面

远程协助和远程桌面是一种远程控制的方法，它可以使操作者控制远方的计算机，增加了病毒和黑客攻击的可能性。

7. 注意防范U盘病毒

随着计算机网络在社会生活各个领域的广泛运用，U盘的使用人群也不断增加，并且逐渐成为人们不可缺少的存储工具。病毒制造者利用U盘传播病毒的速度快、范围广的特点，大量制造病毒。

学习任务2 数据库系统安全

任务概述

随着计算机及网络应用的全面普及，数据库和数据库技术在各行各业起着越来越重要的作用。数据库安全包含两层含义：第一层是指系统运行安全，防止对计算机的物理设备产生危害；第二层是指系统信息安全，防止对系统数据库进行修改、删除和盗取资料。本任务主要介绍从数据的独立性、数据安全性、数据完整性、并发控制、故障恢复等几个方面对数据库安全进行预防。

任务目标

- 能够理解数据库系统的概念、安全性要求、故障类型、基本安全架构和安全特性
- 能够了解数据库安全控制模型、数据库的死锁、活锁和可串行化
- 能够掌握数据库的备份与恢复方法
- 能够熟悉攻击数据库的常用方法
- 能够掌握SQL Server数据库的安全机制

学习内容

一、数据库系统简介

1. 数据库

数据库（Database，DB），是指长期保存在计算机的存储设备上，并按照某种模型组织起来的各种数据的集合。数据库由数据库管理系统进行科学的组织和管理，以确保数据库的安全性和完整性。数据库技术的研究和发展已成为现代信息化社会具有强大生命力的一个重要领域。

目前，数据库系统中常见的数据模型有层次模型、网状模型和关系模型。其中，层次模型和网状模型是非关系模型，数据库技术的研究与应用绝大多数以关系数据库为基础，无论是Oracle公司的Oracle、IBM公司的DB2，还是微软的SQL Server等，都是关系型数据库。由于互联网应用的兴起,XML 格式的数据大量出现,支持 XML 模型的新型数据库成为需求,但是关系数据库技术仍然是主流,无论是多媒体内容管理、XML 数据支持还是复杂对象支持等,都是在关系数据库系统内核技术基础上的扩展。

2. 数据库系统的组成

数据库系统分成两部分:一部分是数据库,按一定的方式存取数据;另一部分是数据库管理系统,为用户及应用程序提供数据访问,并具有对数据库进行管理、维护等多种功能。

3. 数据库管理系统

数据库管理系统(Database Management System)是一种操纵和管理数据库的大型软件,用于建立、使用和维护数据库,简称 DBMS。它对数据库进行统一的管理和控制,以保证数据库的安全性和完整性。用户通过 DBMS 访问数据库中的数据,数据库管理员也通过数据库管理系统进行数据库的维护工作。DBMS 可使多个应用程序和用户用不同的方法、在不同时刻去建立、修改和询问数据库。数据库管理系统的主要功能有:

(1)具有编译功能,正确执行规定的操作。

(2)正确执行数据库命令。

(3)保证数据的安全性、完整性,抵御一定程度的物理破坏,维护和提交数据库内容。

(4)识别用户、分配授权和进行访问控制。

(5)顺利执行数据库访问,保证网络通信功能。

4. DBA 的具体职责

数据库管理员(Database Administrator,简称 DBA)是一个负责管理和维护数据库服务器的人。数据库管理员负责全面管理和控制数据库系统,其主要职责有:

(1)决定数据库的信息内容和结构。

(2)决定数据库的存储结构和存取策略。

(3)定义数据库的安全性要求和完整性约束条件。

(4)确保数据库的安全性和完整性,不同用户对数据库的存取权限、数据的保密级别和完整性约束条件也应由 DBA 负责决定。

(5)监督和控制数据库的使用和运行,监视数据库系统的运行,及时处理运行过程中出现的问题。

(6)数据库系统的改进和重组。

二、数据库系统安全概述

数据库是当今信息存储的一个重要形式,数据库系统已经被广泛地应用于政府、军事、金融等众多领域。数据库安全包含两层含义:第一层是指系统运行安全, 第二层是指系统信息安全。

1. 数据库系统的安全性要求

(1)数据库的完整性,具体指物理完整性和逻辑完整性,可以保持数据的完整结构。

(2)元素的完整性,每个元素中的数据是准确的。

(3)可审计性,能够追踪到谁访问修改过数据库的元素。

(4)访问控制,允许用户只访问被批准的数据,以及限制不同的用户有不同的访问模式。

(5)用户认证,确保正确地识别每个用户,既便于审计追踪,也为了限制对特定的数据进行访问。

(6)可获性,用户一般可以访问数据库以及所有被批准访问的数据。

2. 数据库系统安全的含义

(1)系统运行安全。系统运行安全包括:法律、政策的保护,如用户有合法权利、政策允许等;物理控制安全,如机房加锁等;硬件运行安全;操作系统安全,如数据文件保护等;灾害、故障恢复;死锁的避免和解除;电磁信息泄漏防止。

(2)系统信息安全。系统信息安全包括:用户口令字鉴别;用户存取权限控制;数据存取权限、方式控制;审计跟踪;数据加密。

3. 数据库的故障类型

(1)事务内部的故障。事务内部故障是指事务没有运行到预期的终点,未能成功地提交事务,使数据库处于不正确状态。事务内部故障有的可以通过事务程序本身发现,是可预期的故障,但更多的是不可预期的故障,如数据溢出等。当发生事务内部故障时,可强行回滚(ROLLBACK)该事务,这类恢复操作称为撤销(UNDO)。

(2)系统范围内的故障。造成系统停止运行的任何事件统称为系统故障,如停电、操作系统故障。这类故障造成正在运行的事务非正常终止,数据库缓冲区中数据的丢失。若发生此类故障,恢复子系统必须在系统重新启动时让所有非正常终止的事务回滚;若事务只做到一半便发生故障,必须先撤销该事务,然后重做。

(3)存储介质故障。系统故障又称软故障,存储介质故障称为硬故障。硬故障发生的可能性小,但破坏性极大,如硬盘损坏等。

(4)计算机病毒与黑客。其中计算机病毒主要破坏计算机软件系统,由计算机病毒引起的故障属于系统范围的故障。

4. 数据库系统的基本安全架构

(1)用户分类:根据访问数据库用户的不同设置不同的级别,一般将权限分为三类:数据库登录权限类、资源管理权限类和数据库管理员权限类。

(2)数据分类:建立视图。

(3)审计功能:监视各用户对数据库施加的动作。有两种方式的审计,即用户审计和系统审计。

5. 数据库系统的安全特性

数据库系统的安全特性主要是针对数据而言的,包括数据独立性、数据安全性、数据完整性、并发控制、故障恢复等几个方面。

三、数据库的数据保护

1. 数据库中的访问控制

数据库的访问控制(Access Control)是通过某种途径允许或限制用户访问的一种方法。访问控制的目的是使用户只能进行经过授权的相关数据库操作。访问控制系统一般包括主体、客体和安全访问政策。主体(Subject)指发出访问操作、存取要求的主动方，通常指用户或用户的某个进程；客体(Object)指被调用的程序或欲存取的数据。安全访问政策指用以确定一个主体是否对客体拥有访问权限的一套规则。数据库访问控制方式分为自主访问控制、强制访问控制和基于角色的访问控制三种方式。

(1)自主访问控制(Discretionary Access Control,DAC)。DAC 是基于用户身份或所属工作组来进行访问控制的一种手段。具有某种访问特权的用户可以把该种访问许可传递给其他用户。DAC 允许使用者在没有系统管理员参与的情况下对他们所控制的对象进行权限修改，这就造成信息在移动过程中其访问权限关系会被改变。

(2)强制访问控制(Mandatory Access Control,MAC)。MAC 对于不同类型的信息采取不同层次的安全策略。MAC 基于被访问对象的信任度进行权限控制，不同的信任度对应不同的访问权限。MAC 给每个访问主体和客体分级，指定其信任度。MAC 通过比较主体和客体的信任度来决定一个主体能否访问某个客体，具体遵循以下两条规则：其一，仅当主体的信任度大于或等于客体的信任度时，主体才能对客体进行读操作，即所谓的“向下读取规则”；其二，仅当主体的信任度小于或等于客体的信任度时，主体才能对客体进行写操作，即所谓的“向上写入规则”。

(3)基于角色的访问控制(Role - Based Access Control,RBAC)。在基于角色的访问控制中，引入了角色(Role)这一重要概念。所谓角色，就是一个或一群用户在组织内可执行操作的集合。角色可以根据组织中不同的工作任务创建，然后根据用户的职责分配角色，用户可以轻松地进行角色转换。RBAC 根据用户在组织内所处的角色进行访问授权与控制。只有系统管理员有权定义和分配角色。用户与客体无直接联系，只有通过角色才享有该角色所对应的权限，从而访问相应的客体。RBAC 的主要优点在于授权管理的便利性，一旦一个 RBAC 系统建立起来后，主要的管理工作即为分配或取消用户的角色。RBAC 的另一优点在于系统管理员在比较抽象的层次上控制访问权限，与企业通常的业务管理类似。

2. 数据库加密。

数据库的加密通常分为库外加密、库内加密、硬件加密三种方式。

(1)库外加密。因文件型数据库是基于文件系统的，因此库外加密就针对 I/O 操作而言。数据库管理系统与操作系统的接口方式主要有以下三种：一是直接利用文件系统的功能，二是利用操作系统的 I/O 模块，三是利用直接调用存储器管理。所以在采用库外加密时可以将数据先在内存中进行加密，再将加密后的文件写入数据库中。

(2)库内加密。从关系数据库的对象组成出发，可理解库内加密的思想。通常我们访问数据库时都是以二维表方式进行的，二维表的每一行就是数据库的一条记录，二维表的列是数据库中的一个字段。如果以记录为单位进行加密，那么每读写一条记录只需进行一次加密操作，但是由于每一条记录都必须有一个密钥与之匹配，因此产生和管理各条记录的密钥会比较复杂。

(3)硬件加密。相对于软件加密，硬件加密是指在物理存储器与数据库系统之间加上硬件作为中介，加密和解密工作都由此硬件来完成。由于添加硬件与原计算机可能存在兼容问题,在读写数据方面比较烦琐。

3. 数据库的完整性保护

数据库的完整性是指数据库中数据的正确性和相容性。如数据库中学生的性别必须为男或女,年龄只能为整型数据等。为维护数据库的完整性,数据库管理系统必须具备以下几个功能:①提供定义完整性约束条件的机制;②提供完整性检查的方法;③提供违约处理手段。

数据完整性约束的分类:

(1)域完整性:对表字段取值进行约束,规定一个给定域的有效入口,包括数据类型、取值范围、格式等规定。实现域完整性可以通过 Check 约束、Foreign 约束、Default 约束、Not Null 约束等来实施。

(2)实体完整性:以表记录为单位进行约束,规定每一个表中的每一行必须是唯一的。设计时需指出一个表中的一列作为它的主键,表中的每行必须含有一个唯一的主键。主键不能为空值,且唯一。可以通过列的 Identity 属性、主键约束、唯一性约束来实现。

(3)参照完整性:在关系数据库中,实体与实体之间的关联同样采用关系模式来描述,通过引用对应实体的关系模式的主键,来表示对应实体之间的关联。参照完整性约束又称为引用完整性约束,是指两个表的主键和外键的数据要对应一致。可以通过“外键约束”、“触发器”、“存储过程”来实施。

(4)用户定义完整性:以上数据完整性约束有一定的局限性。例如,毕业时间不能早于入学时间。实现诸如此类的数据完整性保护,需开发者自己通过创建存储过程和触发器、规则等来实现。

四、死锁、活锁和可串行化

1. 死锁与活锁

某个事务永远处于等待状态称为活锁。两个或两个以上的事务永远无法结束,彼此都在等待对方解除封锁,结果造成事务永远等待,这种封锁叫死锁。

2. 可串行化

并行事务执行时,系统的调度是随机的,因此,需要一个尺度去判断事务执行的正确性。当并行操作的结果与串行操作的结果相同时,我们就认为这个并行事务处理结果是正确的。这个并行操作调度称为可串行化调度。可串行化是并行事务正确性的准则。这个准则规定,一个给定的交叉调度,当且仅当它是可串行化的,才认为是正确的。

3. 时标技术

时标技术是为了避免因出现数据不一致而破坏数据库的完整性。它不会产生死锁的问题。时标技术和封锁技术的区别是:封锁技术是使一组事务的并发执行同步,它等价于这些事务的某一串行操作;时标技术也是使一组事务的交叉执行同步,但是它等价于这些事务的一个特定的串行执行,即由时标的时序所确定的一个执行。如果发生冲突,通过撤销并重新启动一个事务解决。

五、数据库的备份与恢复

1. 数据库备份

数据库备份就是通过特定的办法，将数据库系统相关文件复制到转储设备的过程，转储设备是指用于放置数据库副本的磁带或磁盘等存储设备。数据库常用备份方法有以下3种：

（1）冷备份：冷备份是指在没有最终用户访问它的情况下关闭数据库，并将其备份。

（2）热备份：热备份是指在数据库正在被写入的数据更新时进行的备份。热备份严重依赖日志文件。

（3）逻辑备份：逻辑备份使用软件技术从数据库提取数据并将结果写入一个输出文件。

2. 数据库恢复

数据库恢复就是把数据库由存在故障的状态转变为无故障状态的过程。根据出现故障的原因，数据库恢复分为实例恢复、介质恢复两种类型。实例恢复是当数据库实例出现失效后，数据库系统进行的恢复；介质恢复是当存放数据库的介质出现故障时所做的恢复。

装载（Restore）物理备份与恢复（Recover）物理备份是介质恢复的手段。装载物理备份是将备份拷回到磁盘，恢复物理备份是通过重做日志（即 Redo 日志，物理备份的一部分）、修改磁盘上的数据文件（物理备份的另一部分）来恢复数据库的过程。

根据数据库的恢复程度，将数据库恢复分为两种类型：完全恢复，不完全恢复。

（1）完全恢复：完全恢复是指将数据库恢复到失效时的状态。这种恢复是通过装载数据库备份，再合并所有的 Redo 日志实现的。

（2）不完全恢复：不完全恢复是指将数据库恢复到数据库失败前某一时刻数据库的状态。这种恢复是通过装载数据库备份，再合并部分日志实现的。

例如，在下午 14 时，由于磁盘损坏导致数据库失效，从而中止使用。现在使用两种方法进行数据库的恢复：第一种方法使数据库可以正常使用，且恢复后的数据与损坏时刻数据库中的数据完全相同，这种恢复方法就属于完全恢复；第二种方法能使数据库正常使用，但只能使恢复后的数据与损坏前 9 点钟时刻数据库中的数据相同，无法恢复数据库到失败时的状态，这种恢复方法就属于不完全恢复。

六、SQL Server 2005 数据库安全机制

1. SQL Server 2005 安全体系结构

SQL Server 2005 提供了以下四层安全防护。

（1）操作系统级别的安全防护：Windows 网络管理员负责建立用户组，设置账号并注册，同时决定不同的用户对不同系统资源的访问级别。用户只有拥有了一个有效的 Windows 账号才能对网络进行访问。

（2）SQL Server 2005 级别的安全防护：SQL Server 2005 通过登录账号设置来实现附加安全层。用户只有登录成功，才能与 SQL Server 2005 建立数据库连接。

（3）SQL Server 2005 数据库级别的安全防护：SQL Server 2005 的所有数据库都有自己

的用户和角色,数据库只能由它的用户或角色访问,其他用户无权访问其数据。数据库系统可以通过创建和管理不同数据库的用户和角色,来保证数据库不被非法用户访问。

(4)SQL Server 2005 数据库对象级别的安全防护:SQL Server 2005 可以对所有数据库对象的访问权限进行管理。SQL Server 2005 完全支持 SQL 标准的数据控制语言(Data Control Language,DCL)功能,并通过 DCL 功能保证合法用户即使进入了数据库也不能超越权限进行存取操作,即合法用户必须在自己的权限范围内进行数据操作。数据库系统有内置数据加密功能,以及内置的加密函数、应用程序编程接口(API),使用户可以更容易地建立加密安全框架。SQL Server 2005 支持三种加密类型,每种类型使用一种不同的密钥,并且具有多个加密算法和密钥强度。

①对称加密。SQL Server 2005 支持 RC4、RC2、DES 和 AES 系列加密算法。对称密钥是既可用于加密也可用于解密的单个密钥,使用对称加密可以快速执行加密和解密操作。因此,对称加密非常适合 SQL Server 2005 中大量数据的加密。

②非对称加密。非对称密钥由一个私钥及相应的公钥组成。这两个密钥中的每个密钥都可以解密用另一个密钥加密的数据。通常情况下,开发人员使用非对称加密方法加密用于数据库存储的对称密钥。公钥不像证书具有特定的格式,因此开发人员不能将其导出至文件。

③证书。使用证书是非对称加密的另一种形式。证书是一个数字签名的安全对象,它将公钥值绑定到持有相应私钥的用户、设备或服务。认证机构(CA)颁发和签署证书。用户可以使用证书并通过数字签名将一组公钥和私钥与其拥有者相关联。用户可以针对 SQL Server 2005 使用外部生成的证书,也可以使用 SQL Server 2005 生成证书。通常情况下,开发人员使用证书加密数据库中其他类型的密钥。

2. SQL Server 2005 身份认证

身份认证是指数据库系统对用户访问数据库时所输入的用户名、密码进行确认的过程。内容包括账号是否有效、能否访问系统、能访问系统的哪些数据。

(1)Windows 身份认证模式:Windows 身份认证模式是指 SQL Server 2005 服务器通过使用 Windows 当前用户权限来控制用户对 SQL Server 2005 服务器的登录及访问权限。它允许一个网络用户登录到一个 SQL Server 2005 服务器后,不必再提供一个单独的登录用户名及口令,从而实现 SQL Server 2005 服务器与 Windows 登录的安全集成。

(2)SQL Server 2005 身份认证模式:此模式要求用户必须输入有效的 SQL Server 2005 登录用户名、口令。这个登录名独立于操作系统的用户账号,从而可以在一定程度上避免操作系统层次上对数据的非法访问。

(3)混合模式:此模式用户在登录时提供 SQL Server 2005 登录用户名、口令,则系统将使用 SQL Server 2005 身份验证对其验证。若没有 SQL Server 2005 账号则用 Windows 身份验证。

3. SQL Server 2005 访问控制

保障数据库安全的主要目标是通过各种安全机制实现数据库的保密性、完整性和可用性,并确保只有授权用户才能在权限范围内进行操作。访问控制策略一般有三种:自主型访问控制(DAC)、强制型访问控制(MAC)和基于角色的访问控制(RBAC)。DAC 控制能力比较弱,MAC 控制能力过强,且这两种方式都不便于管理;而 RBAC 可有效克服前两种访问控制方式的不足,降低授权管理的复杂性,提高授权的灵活性。SQL Server 2005 的访问控制机制采用的正是 RBAC 方式。

基于角色的访问控制(Role - Based Access Control,RBAC)是近年来在信息安全领域访问控制方面的研究热点和重点。它通过引入角色的概念来实施访问控制策略。不同的角色和它所应具有的权限许可互相联系,用户作为某些角色的成员,获得角色所拥有的权限。角色可以根据实际的单位、组织的不同工作职能和权限来划分,依据用户所承担的不同权利和义务来对相应角色进行授权。对于一个存在大量用户和权限管理工作的系统来说,从用户到角色的管理,简化了权限分配的复杂性,提高了安全管理的效率和质量。

在 RBAC 中,权限被赋予角色,而不是用户。当一个角色被指定给一个用户时,此用户就拥有了该角色所包含的权限。角色是一个强大的工具,通过角色可以将用户集中到一个单元中,然后对该单元分配权限。对一个角色授予、拒绝或废除的权限同时适用于该角色的任何成员。可以建立一个角色来代表单位中一类工作人员所执行的工作,然后给这个角色授予适当的权限。当工作人员开始工作时,只需要将他们添加为该角色成员;当他们离开工作时,将他们从该角色中删除。而不必在每个人接受或离开工作时,反复授予、拒绝和废除其权限。权限在用户成为角色成员时自动生效。

如果根据工作职能定义了一系列角色,并给每个角色指派了适合这项工作的权限,则很容易在数据库中管理这些权限。之后,不用管理各个用户的权限,而只需在角色之间移动用户即可。如果工作职能发生改变,则只需更改一次角色的权限,并使更改自动应用于角色的所有成员,操作简洁而灵活。

SQL Server 2005 提供了一些预先定义的用户角色,它们具有一些特定的管理权限。还可为特定环境需求创建定制的角色,再在数据库上分配权限给这些角色,再根据人们工作职责的变化从这些角色中添加和删除相应的各个用户。SQL Server 2005 内置的五种角色及其权限、功能如下:

(1)结构设计师:定义系统的端对端技术和基础结构设计,并定义项目的前景、范围和互操作性。

(2)管理员:运行系统的日常操作。具体而言,包含系统可用性、性能监视和优化、部署、升级、故障排除和配置等各个方面。

(3)分析人员:创建供个人使用也可能供单位中其他人使用的报表和数据模型。分析人员可以是数据处理专业人员,但更多的时候负责分析在完成相关工作过程中获得的企业数据。

(4)开发人员:设计、实现并测试网页、报表或应用程序,以实现由结构设计人员设计的整体系统的特定部分。特别是,数据库开发人员设计、实现和测试数据库中的架构和对象(如表和存储过程)。

(5)信息工作者:信息工作者(information worker)指在工作中涉及创建、收集、处理、分发和使用信息的人。信息工作者将系统中的可用数据转换为商业信息。

4. SQL Server 2005 访问审计

数据库安全审计系统通过对网络数据的采集、分析、识别，实时监控网络中数据库的所有访问操作，发现各种违规数据库操作行为，及时报警，实现数据库安全事件的准确跟踪定位，保障数据库系统安全。数据库安全审计系统首先收集来自用户的事件，当用户进行数据库访问操作时，采集器根据审计数据字典，判断其数据库访问行为是否为审计事件。当数据库访问事件满足审计报警记录条件时，分析器则向管理人员发送报警信息并把用户对数据库的所有操作自动记录下来，存放在审计日志中。审计日志记录的内容一般包括：用户名，操作时间，操作类型（如修改、查询、删除），以及操作所涉及的相关数据（如表、视图等）等。利用这些信息，可以进一步找出非法修改数据库的人员及其修改时间、修改内容等；同时管理人员也可以通过手工查询分析审计信息，并形成数据库审计报告。审计报告通常包括用户名、时间、具体数据库操作（包括采用什么命令访问哪些数据库表、字段等）。

当发现某些数据库访问操作具有潜在危害性，而数据库审计系统的规则库内未制定相应的审计规则，则管理人员可以在审计规则库中更新审计规则。在数据库安全审计模型中，数据库审计日志信息起着非常关键的作用，它记录了各种类型的数据库访问事件，为管理人员提供了事后查询的依据，同时可以帮助管理人员实时掌握数据库操作事件的动态信息。

数据库安全审计系统的实现有两种方式：第一种是依靠数据库系统自身具备的审计功能，第二种是使用独立的数据库审计系统。通常采用独立的数据库审计系统效果更好，对数据库系统的运行效率等影响较小，但独立的数据库审计系统价格都比较昂贵。在经费等条件不允许的情况下，可采用数据库系统自身具备的审计功能来实现数据库审计。

SQL Server 2005 中有一个“事件探查器”工具，它从服务器捕获 SQL Server 2005 事件。事件保存在一个跟踪文件中，可对该文件进行分析，也可在试图诊断某个问题时，用它来重播某一系列的数据库操作。基于这个跟踪文件，可进行数据库系统的审计数据采集，并对这些统计数据进行分析，判断是否发生入侵，如果发生入侵，则把信息保存下来以便系统管理员进行分析。

当事件探查器正在运行时，它能捕获正在向 SQL Server 实际发送的命令。例如，如果某用户向 SQL Server 发送了只由一个存储过程调用组成的批处理命令，就能够捕获和记录每个存储过程中的所有语句。它还能跟踪表的每一次访问、每一次加锁操作、每一次发生的错误。利用 SQL Server 2005 的事件探查器实现的数据库审计功能相对比较弱，SQL Server 2008 的数据库审计功能有了显著增强。

学习任务3 Web 安全

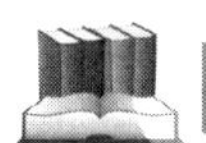

任务概述

随着计算机网络技术和通信技术的发展,网络已经渗透到社会生活的各个领域。基于 Web 环境的互联网应用越来越广泛,企业信息化的过程中各种应用都架设在 Web 平台上。由于 Internet 是一个开放性的、无控制机构的网络,所以 Web 平台经常会受到计算机病毒、黑客的侵袭,轻则篡改网页内容,重则窃取重要数据。因此,采取强有力的 Web 安全策略势在必行。

任务目标

- 能够了解 Web 系统安全的基本概念
- 能够掌握网络层、传输层、应用层的安全性内容
- 能够掌握 SSL/TLS 技术

学习内容

一、Web 安全概述

Web 是一个运行于 Internet 和 TCP/IP 之上的基本的客户—服务器应用。Web Server 易于遭受来自 Internet 的攻击,而且实现 Web 浏览、配置管理、内容发布等功能的软件异常复杂,其中隐藏着许多潜在的安全隐患。

实现 Web 安全的方法有很多,从 TCP/IP 协议的角度可以分为 3 种:网络层安全性、传输层安全性和应用层安全性。

二、网络层安全性

传统的安全体系一般都建立在应用层上,这些安全体系虽然具有一定的可行性,但也存在着巨大的安全隐患,因为 IP 包本身不具备任何安全特性,很容易被修改和查看。IP Sec可在路由器、防火墙、主机和通信链路上进行配置,实现端到端的安全。基于网络层实现 Web 安全的模型如图 7-1 所示。

HTTP	FTP	SMTP
TCP		
IP/IPSec		

图 7-1 基于网络层实现 Web 安全

三、传输层安全性

在 TCP 传输层之上实现数据的安全传输是另一种安全解决方案。安全套接层 SSL 和 TLS(Transport Layer Security,传输层安全)通常工作在 TCP 层之上,可以为更高层协议提供安全服务,结构如图 7-2 所示。

HTTP	FTP	SMTP
SSL 或者 TLS		
TCP		
IP		

图 7-2 传输层安全性

四、应用层安全性

将安全服务直接嵌入在应用程序中,从而在应用层实现通信安全,如图 7-3 所示。SE(Secure Electronic Transaction,安全电子交易)是一种安全交易协议,S/MTME、PGP 是用于安全电子邮件的一种标准,它们都可以在相应的应用中提供机密性、完整性和不可抵赖性等安全服务。

	S/MTME	PGP	SET
Kerberos	SMTP HTTP		
UDP	TCP		
IP			

图 7-3 基于应用层实现 Web 安全

五、SSL/TLS 技术

SSL 是 Netscape 公司在网络传输层之上提供的一种基于 RSA 和保密密钥的安全连接技术。SSL 在两个节点间建立安全的 TCP 连接,基于进程对进程的安全服务和加密传输的信道,通过数字签名和数字证书来实现客户端和服务器端双方的身份认证,安全强度高。

1. SSL/TSL 发展历程

1994 年 Netscape 公司开发了安全套接层协议 SSL,专门用于 Web 通信。最初发布的 1.0 版本还不成熟,到了 2.0 的时候,基本上可以解决 Web 通信安全问题;1996 年发布了 SSL 3.0,增加了一些算法,修改了一些缺陷。

1997 年 IETF 发布了传输层安全协议 TLS 1.0 草稿,也称为 SSL 3.1,同时,微软宣布与 Netscape 公司一起支持 TLS 1.0。1999 年,正式发布了 TFC 2246,也就是 TLS 1.0 的正式版本。

2. SSL 体系结构

SSL 协议的目标是在通信双方之间利用加密的 SSL 信道建立安全连接。它不是一个单独的协议,而是两层协议,结构如图 7-4 所示。

SSL 握手协议	SSL 更改密码规则协议	SSL 警告协议	HTTP
SSL 记录协议			
TCP			
IP			

图 7-4 SSL 协议栈

SSL 记录协议为各种高层协议提供了基本的安全服务。通常超文本协议可以在 SSL 的上层实现,还包含 3 个高层协议:握手协议、更改密码协议、警告协议,这些特定的协议可以管理 SSL 层的信息交换。

记录协议和握手协议是 SSL 协议体系中的两个主要的协议。记录协议确定数据安全传输模式,握手协议用于客户机和服务器建立起连接之前交换一系列信息的安全通道,这些安全信息主要包括:客户机确定服务器身份,允许客户机和服务器选择双方共同支持的一系列算法,服务机确定客户机身份,通过非对称密码技术产生双方共同的密钥,建立 SSL 的加密安全通道。

3. SSL 的会话与连接

(1)SSL 会话:由握手协议创建,定义了一系列相应的安全参数,最终建立客户机和服务器之间的一个关联。对于每个 SSL 连接,可利用 SSL 会话避免对新的安全参数进行代码繁多的协商。每个 SSL 会话都有许多与之相关的状态。一旦建立了会话,就有一个当前操作状态。SSL 会话状态参数包括:

①会话标志符(Session Identifier):用来确定活动或恢复的会话状态。

②对等实体证书(Peer Cerfificate):对等实体 X.509 v3 证书。

③压缩方法(Compression Method):加密前进行数据压缩的算法,可以选择不压缩。

④加密规范(Cipher Spec):包括加密算法 DES、3DES 和 IDEA 等,消息摘要算法 MD5 和 SHA-1 等。

⑤主密码(Master Secret):由客户机和服务器共享的密码。

⑥是否可恢复(Is Resumable)标志:会话是否可用于初始化新连接的标志。

(2)SSL 连接:是一个双向连接,每个连接都和一个 SSL 会话相关。SSL 连接成功后,可以进行安全保密通信。SSL 连接状态参数包括:

①服务器和客户机随机数(Server and client Random):服务器和客户端为每一个连接所选择的字节序列。

②服务器写 MAC 秘密(Server Write MAC Secret):一个密钥,用来对服务器送出的数据进行 MAC 操作。

③客户机写 MAC 秘密(Client Write MAC Secret):一个密钥,用来对客户机送出的数据进行 MAC 操作。

④服务器写密钥(Server Write Key):用于服务器进行数据加密、客户端进行数据解密的对称保密密钥。

⑤客户机写密钥(Client Write Key):用于客户端进行数据加密、服务器进行数据解密的对称保密密钥。

⑥初始化向量(Initialization Vectors, IV):当数据加密采用CBC加密方式时,每一个密钥保持一个IV。该字段首先由SSL Handshake Protocol产生,以后保留每次最后的密文数据块作为IV。

⑦序列号(Sequence Number):每一方为每个连接的数据发送与接收维护单独的顺序号。

学习任务4 VPN技术

任务概述

虚拟专用网(Virtual Private Network,VPN)被定义为通过一个公用网络建立的一个临时的、安全的连接,是一条穿过公用网络的安全、稳定的隧道。它可以帮助用户建立他们的连接,并保证数据的安全传输。

任务目标

- 能够掌握VPN的功能
- 能够掌握VPN的解决方案

学习内容

一、VPN的概念

虚拟专用网指的是依靠ISP(Internet服务提供商)和其他NSP(网络服务提供商),在公用网络中建立专用的数据通信网络的技术。在虚拟专用网中,任意两个节点之间的连接并没有传统专用网所需的端到端的物理链路,而是利用某种公用网的资源动态组成的。

二、VPN的功能

虚拟专用网络可以实现不同网络的组件和资源之间的相互连接。虚拟专用网络能够利用Internet或其他公共互联网络的基础设施为用户创建隧道,并提供与专用网络一样的安全和功能保障。

(1)数据加密:以保证通过公用网传输的信息即使被他人窃取也不会泄露。

(2)信息认证和身份认证:保证信息的完整性、合法性,并能鉴别用户身份。

(3)提供访问控制:不同的用户可以设置不同的访问权限。

三、VPN 的解决方案

VPN 作为一种组网技术的概念，有 3 种应用方式：远程访问虚拟专网（Access VPN）、企业内部虚拟专网（Intranet VPN）和扩展的企业内部虚拟专网（Extranet VPN）。VPN 可以在 TCP/IP 协议簇的不同层次上进行实现，在此基础上提出了多种 VPN 解决方案，每一种解决方案都有各自的优缺点，用户根据需求采用。

VPN 技术通过架构安全为专网通信提供具有隔离性和隐藏性的安全保障。目前，VPN 主要采用 4 种技术来保证安全，这 4 种技术分别是隧道技术、加解密技术、密钥管理技术和身份认证技术。其中隧道技术是 VPN 的基本技术。

隧道是由隧道协议形成的，分为第二、三层隧道协议。在网络层实现数据封装的协议叫作第三层隧道协议，IPSec 就属于这种协议类型；在数据链路层实现数据封装的协议叫作第二层隧道协议，常用的有 PPTP、L2TP 等。此外还有两种 VPN 的解决方案：在链路层上基于虚拟电路的 VPN 技术以及 SOCKS 同 SSL 协议配合使用在应用层上构造 VPN，其中 SOCKS 有 SOCK v4 和 SOCK v5 两个版本。

基于虚拟电路的 VPN 通过公共的路由来传送 IP 服务。电信运营商或者电信部门就是采用这种方法，直接利用其现有的帧交换或信元交换基础设施（如 ATM 网）提供 IP VPN 服务。它的 Qos（Quality of Service，服务质量）由 CIR（Committed Information Rate）和 ATM 的 QoS 来确保，另外它具有虚拟电路拓扑的弹性。但是它的路由功能不够灵活，构建的相对费用比 IP 隧道技术高，而且还缺少 IP 的多业务能力。比如：VOIP（Voice Over IP）。

SOCK v5 由 NEC 公司开发，是建立在 TCP 层上的安全协议，为特定的 TCP 端口应用建立特定的隧道，可以协同其他隧道协议一起使用。SOCKS 协议的优势在访问控制，因此适用于安全性较高的虚拟专用网。因为 SOCK v5 通过代理服务器来增加一层安全性，因此其性能往往比较差，需要制定更为复杂的安全管理策略。基于 SOCK v5 的虚拟专用网最适用于客户机到服务器的连接模式，适用于外联网虚拟专网。

1996 年，Microsoft 和 Ascend 等在 PPP 协议的基础上开发了 PPTP（Point - to - Point Tunneling Protocol，点到点隧道协议）。1996 年，Cisco 提出了 L2F（Layer 2 Forwarding，二层转发协议）隧道协议，主要用于 Cisco 的路由器和拨号服务器。1997 年底，Microsoft 和 Cisco 公司把 PPTP 协议和 L2F 协议的优点结合在一起，形成了 L2TP 协议（Layer 2 Tunneling Protocol，二层隧道协议）。PPTP/L2TP 支持其他网络协议，如 Novell 的 IPX、NetBEUI 和 AppleTalk 协议，同时它还支持流量控制，通过减少丢弃包来改善网络性能。PPTP/L2TP 的缺点是仅仅对隧道的终端实体进行身份验证，而不对隧道中通过的每个数据报文进行认证，因此无法抵抗插入攻击、地址欺骗攻击等；没有针对数据报文的完整性校验，可能受到拒绝服务攻击。PPTP 和 L2TP 比较适用于远程访问虚拟专用网。

思考练习

一、选择题

1. 目前市场上占有率最高的数据库模型是（　　）。

A. 层次模型　　B. 关系模型　　C. 网状模型　　D. 以上都不是

2. Oracle 数据库系统采用的访问控制方式为(　　)。

A. DAC　　B. MAC　　C. RBAC　　D. 以上都不是

3. 某 SQL 语句“CREATE TABLE SCORE……”的作用是(　　)。

A. 创建数据库　　B. 创建表　　C. 添加表记录　　D. 创建表字段

4. 数据库不完全恢复操作,需要(　　)。

A. 系统日志　　B. 事件日志　　C. 操作日志　　D. Redo 日志

5. 每次转储全部的数据,称为(　　)。

A. 海量转储　　B. 增量转储　　C. 同步转储　　D. 异步转储

二、填空题

1. 数据库系统的安全机制主要有________、安全管理和数据库加密。

2. 存取控制模型有:自主存取控制________,其缩写来自英文________;强制存取控制________,其缩写来自英文________;基于角色的访问控制________,其缩写来自英文________。

3. 数据完整性约束分为域完整性、________、________、用户自定义完整性。

4. SQL Server 的三种身份认证模式为________、________、________。

5. Oracle 采用基于角色的访问控制方法,内置了________、RESOURCE、DBA 三种标准角色。

三、简答题

1. 简述“关系数据库系统”中“关系”的含义。

2. 数据库系统的安全机制主要有哪三种?简述其基本概念。

3. 数据库自主访问控制、强制访问控制和基于角色的访问控制的各自特征是什么?

单元要点归纳

计算机网络已渗透到人们生活的各个方面，信息安全越来越引起人们的关注。本单元主要介绍了操作系统（UNIX、Linux 和 Windows NT/2000/2003/Server）安全、数据库系统安全、Web 安全策略、VPN 技术。

第八单元　网络故障排除与维护

单元概述

随着计算机的广泛应用和网络的日趋流行，功能独立的多个计算机系统互联起来，形成日渐庞大的网络系统。计算机网络系统的稳定运转已与功能完善的网络软件密不可分。如何有效地做好计算机网络的日常维护工作，确保其安全稳定地运行，是网络运行维护人员的一项非常重要的工作。本单元对网络中常见故障进行分类，并对各种常见网络故障提出相应的解决方法。

单元目标

- 理解计算机常见的网络故障
- 掌握网络故障的排除思路
- 能够熟练运用网络命令查找故障

学习任务1 网络维护概述

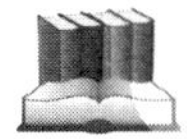

任务概述

我们组建好了一个小型局域网后，由于网络协议和网络设备的复杂性，在网络维护中，经常会遇到各种各样的网络故障，如无法上网、局域网不通、网络堵塞甚至网络崩溃，因此，网络维护就很重要。在解决故障时，既需要长期的知识和经验的积累，又要利用各种诊断工具查找根源，对症下药排除故障。

任务目标

- 能够掌握网络维护的职责
- 能够掌握网络故障的分析方法

学习内容

一、网络维护的职责

网络故障几乎是不可避免的，我们所能做的就是降低故障发生的可能性，在故障发生后能够尽快地排除故障。要知道网络故障发生的几种可能原因，在故障排除陷入困境的时候可从中找到突破口。网络维护的职责主要有以下几个方面：

①硬件测试、软件测试、系统测试、可靠性(含安全)测试。

②网络状态监测和系统管理。

③网络性能监测及认证测试(工程验收评测)。

④网络故障诊断和排除，灾难恢复方案。

⑤网络性能分析、预测，故障预防、故障早期发现。

⑥选择合适的网络评测方法，综合可靠性和网络维护的目标评定。

二、分析模型和方法

1. 网络结构分析模型

计算机网络的ISO模型共分为物理层、逻辑链路层、网络层、传输层、会话层、表示层、应用层七层，每一层都具有其特有的功能。我们在进行网络故障处理时，可以根据ISO网络模型这七层的定义和功能逐一进行分析处理。这是最传统和最基础的分析处理方法。这种方法分为自下而上和自上而下两种：自下而上的方法是从物理层的链路开始分析检测直到应用层；自上而下的方法与之相反，从应用层开始直至物理层。

2. 网络连接结构的分析方法

从网络的连接构成来看，大致可以分成客户机、网络链路、服务器三个模块。

(1)客户机：又称为工作站，它是指连入网络并由服务器进行管理和提供服务的计算机。它会出现从硬件到软件、从驱动到应用程序、从设置错误到病毒等的故障问题。

(2)网络链路：是指外围网络设备，包括连接服务器和工作站的一些设备和介质，如网卡、交换机、光纤、双绞线等，这些网络设备从物理上将服务器和客户机连接在一起。排除故障通常需要用现场测试仪，甚至需要用协议分析仪来帮助确定问题的性质和原因。对于这方面的问题分析需要有坚实的网络知识和实践经验，有时实践经验会决定排除故障的时间。

(3)服务器：是一台高性能的计算机，主要用于管理资源并为用户提供服务。根据其作用不同分为文件服务器、应用程序服务器和数据库服务器。网络中常用的服务器有WWW 服务器、DHCP 服务器、FTP 服务器等。

3. 工具型分析方法

工具型分析方法有强大的各种测试工具和软件，它们的自动分析能快速地给出网络的各种参数甚至故障的分析结果，这对解决常见网络故障非常有效。

4. 综合及经验型分析方法

经验分析法主要依靠网络管理人员在长期的网络维护工作中对故障排除的经验积累。大多数网络管理人员在进行故障处理时，通常是先采用该方法，再根据需要辅以上述三种方法来快速处理网络故障。该方法不仅适用于网络故障排除，还可以运用到其他各个行业。

学习任务2 常见的网络故障及排除方法

任务概述

21 世纪是网络技术飞速发展的时代，网络故障几乎是不可避免的，我们所能做的就是降低故障发生的可能性，在故障发生后能够尽快地排除故障。要知道网络故障的几种可能情况，在故障排除陷入困境的时候可从中找到突破口。

任务目标

- 能够掌握网络故障的类别
- 能够分析出网络故障的排除方法

学习内容

计算机网络是21世纪全球最重要的基础设施之一,随着其规模的日益扩大,其管理与维护工作越来越复杂。网络故障诊断已成为人们关注的焦点。高效的计算机网络离不开好的管理。任何故障的发生,即使在短时间内的故障都有可能给经济、社会和国防等带来巨大的损失,所以做好日常网络故障诊断和排除工作显得尤为重要。

一、常见网络故障

网络故障的现象多种多样,原因也是多种多样。总的来说网络故障分为硬件故障和软件故障两大类。常见的网络故障见表8-1。

1. 网络硬件故障

网络设备是否正常被连接,网卡是否正常安装,网络线路是否有断路,线路和网络模块的搭线是否正确,网络设备如交换机、路由器的电源和连接的端口是否正常,各个网络设备的内部板卡是否损坏,CPU的温度,以及线路和网络设备的工作环境中的温度、湿度、电磁干扰等诸多因素,都可能成为网络故障的原因。网络硬件故障也称物理故障。

2. 网络软件故障

网络软件故障相对来说比网络硬件故障要复杂得多,主要包括:网卡驱动程序问题,网络协议是否正确的问题,IP地址分配问题,路由器及交换机配置问题,VLAN或子网划分是否正确等。通常表现为无法正常浏览网页、网络连接时断时续、网速不稳定或缓慢等。网络软件故障也称逻辑故障。

计算机网络故障比较集中的可能性有:

①物理层中物理设备相互连接失败或硬件及线路本身的问题;

②数据链路层的网络设备的接口配置问题;

③网络层网络协议配置或操作错误;

④传输层的设备性能或通信拥塞问题;

⑤上三层或网络应用程序错误。

表8-1　　常见的网络故障类型

故障种类	原因
设备本身问题	网线的问题:网线接头制作不良;网线接头部位或中间线路部位有断线
	网卡本身的问题:网卡质量不良或有故障;网卡和主板PCI插槽没有插牢从而导致接触不良;网卡和网线的接口存在问题
	集线器本身的问题:集线器质量不良;集线器供电不良;集线器和网线的接口接触不良
	交换机的问题:交换机质量不良;交换机和网线接触不良;交换机供电不良

（续表）

故障种类	原因
设备之间的问题	网卡和网卡之间发生中断请求和I/O地址冲突
	网卡和显卡之间发生中断请求和I/O地址冲突
	网卡和声卡之间发生中断请求和I/O地址冲突
设备驱动程序方面的问题	驱动程序和操作系统不兼容
	驱动程序之间的资源冲突
	驱动程序和主板BIOS程序不兼容
	设备驱动程序没有安装好引起设备不能够正常工作
网络协议方面的问题	没有安装相关的网络协议
	网络协议和网卡绑定不当
	网络协议的具体设置不当
相关网络服务方面的问题	相关网络服务主要指的是在Windows操作系统中共享文件和打印机方面的服务，问题是未安装Microsoft文件和打印共享服务
网络用户方面的问题	在对等网中，只需使用系统默认的Microsoft友好登录即可，但是若要登录Windows NT域，就需要安装Microsoft网络用户
网络标识方面的问题	在Windows 98、2000和XP中，甚至是在NT或者2000的域中，如果没有正确设置用户计算机在网络中的网络标识，很可能会导致用户之间不能够相互访问
其他问题	这些问题和用户的设置无关，但和用户的某些操作有关，例如大量用户访问网络会造成网络拥挤甚至阻塞，用户使用某些网络密集型程序也会造成网络阻塞

二、网络故障排除步骤

一般步骤：从故障现象出发，以网络诊断工具为手段获取诊断信息，确定网络故障点，查找问题的根源，排除故障，恢复网络正常运行。网络故障以某种症状表现出来，故障症状包括一般性的（如用户不能接入某个服务器）和较特殊的（如路由器不在路由表中）。对每一个症状使用特定的故障诊断工具和方法都能查找出一个或多个故障原因。故障排除主要有以下两种方法。

1.“先硬后软”方法

（1）首先确定故障的具体现象，应该详细说明故障的症状和潜在的原因。为此，要确定故障的具体现象，然后确定造成这种故障现象的原因的类型。例如，主机不响应客户请求服务，可能的故障原因是主机配置问题、接口卡故障或路由器配置命令丢失等。

（2）收集需要的用于分析可能故障原因的信息。向用户、网络管理员、管理者和其他关键人物提一些和故障有关的问题。从网络管理系统、协议分析跟踪、路由器诊断命令的输出报告或软件说明书中收集有用的信息。

（3）根据收集到的情况考虑可能的故障原因。可以根据有关情况排除某些故障原因。例如,根据某些资料可以排除硬件故障,把注意力放在软件原因上。应该尽量设法减少可能的故障原因,以至于尽快地策划出有效的故障诊断计划。

(4)根据最后的可能的故障原因,建立一个诊断计划。开始仅用一个最可能的故障原因进行诊断活动,这样可以容易恢复到故障的原始状态。如果一次同时考虑一个以上的故障原因,试图返回故障原始状态就困难得多了。

(5)执行诊断计划,认真做好每一步测试和观察,每改变一个参数都要确认其结果。分析结果确定问题是否解决,如果没有解决,继续下去,直到故障现象消失。

2."OSI 七层"模型法

诊断网络故障的过程应该沿着 OSI 七层模型从物理层开始向上进行。首先检查物理层,然后检查数据链路层,以此类推,逐步往上,设法确定通信失败的故障点,排除故障直到系统通信正常为止。

(1)物理层及其诊断:物理层立在通信媒体的基础上,实现系统和通信媒体的物理接口,与数据链路实体之间进行透明传输,为建立、保持和拆除计算机与网络之间的物理连接提供服务。现在交换机是最常用的接入层网络设备。工作站、打印机和服务器都通过交换机连接到网络。交换机硬件或配置发生故障会导致本地设备与远程设备之间无法连接。交换机的大多数问题发生在物理层。如果交换机所在的环境没有加以保护,则交换机可能会被人移走,数据线或电源线可能遭到损坏。所以,务必将交换机放置在受到物理保护的区域。

(2)数据链路层及其诊断:数据链路层的主要任务是使网络层无须了解物理层的特征而获得可靠的传输。数据链路层对通过链路层的数据进行打包和解包、差错检测,有一定的校正能力,并协调共享介质。在数据链路层交换数据之前,协议关注的是形成帧和同步设备。排除数据链路层的故障,首先应检查路由器的配置,检查连接端口的封装情况。每对接口要和与其通信的其他设备有相同的封装。通过查看路由器的配置检查其封装,或者使用 show 命令查看相应接口的封装情况。如果判断出是租用线路有问题,应该及时向当地电信部门报告。

(3)网络层及其诊断:网络层提供建立、保持和释放网络层连接的手段,包括路由选择、流量控制、传输确认、中断、差错及故障恢复等。排除网络层故障的基本方法是:沿着从源到目标的路径,查看路由器路由表,同时检查路由器接口的 IP 地址。如果路由没有在路由表中出现,应该通过检查来确定是否已经输入适当的静态路由、默认路由或者动态路由。然后手工配置一些丢失的路由,或者排除一些动态路由选择过程的故障,包括 RIP 或者 IGRP 路由协议出现的故障。例如,对于 IGRP 路由选择信息只在同一自治系统号(AS)的系统之间交换数据,查看路由器配置的自治系统号的匹配情况。

三、最常用的网络诊断命令

1. ping 命令

ping 是测试网络连接状况以及信息包发送和接收状况非常有用的工具,是网络测试最常用的命令。ping 向目标主机(地址)发送一个回送请求数据包,要求目标主机收到请求后给予答复,从而判断网络的响应时间和本机是否与目标主机(地址)连通,如图 8-1 所示。

如果执行 ping 不成功,则可以预测故障出现在以下几个方面:网线故障,网络适配器配置不正确,IP 地址不正确。如果执行 ping 成功而网络仍无法使用,那么问题很可能出在网络系统的软件配置方面,ping 成功只能保证本机与目标主机间存在一条连通的物理路径。

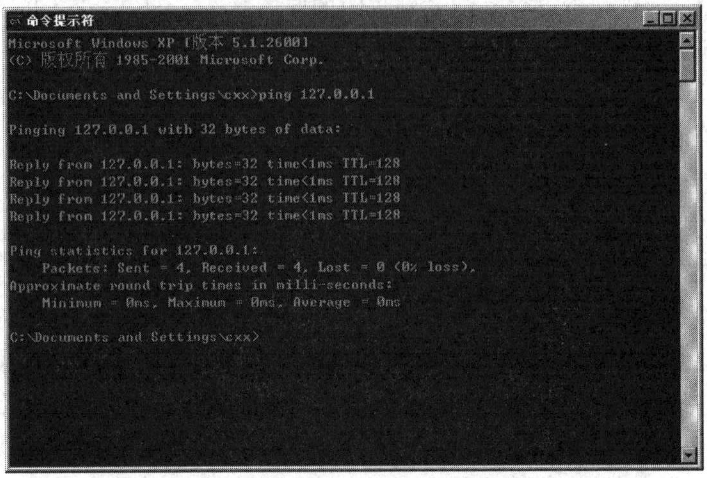

```
命令提示符
Microsoft Windows XP [版本 5.1.2600]
(C) 版权所有 1985-2001 Microsoft Corp.

C:\Documents and Settings\cxx>ping 127.0.0.1

Pinging 127.0.0.1 with 32 bytes of data:

Reply from 127.0.0.1: bytes=32 time<1ms TTL=128
Reply from 127.0.0.1: bytes=32 time<1ms TTL=128
Reply from 127.0.0.1: bytes=32 time<1ms TTL=128
Reply from 127.0.0.1: bytes=32 time<1ms TTL=128

Ping statistics for 127.0.0.1:
    Packets: Sent = 4, Received = 4, Lost = 0 (0% loss),
Approximate round trip times in milli-seconds:
    Minimum = 0ms, Maximum = 0ms, Average = 0ms

C:\Documents and Settings\cxx>
```

图 8－1　ping 命令

2. ipconfig 命令

ipconfig 命令能报告出用户计算机中的拨号网络适配器和以太网卡的信息。利用 ipconfig命令可以查看和修改网络中的 TCP/IP 协议的 IP 配置信息和 IP 配置参数,如 IP 地址、网关、子网掩码等,如图 8－2 所示。

命令的格式:ipconfig[/参数]

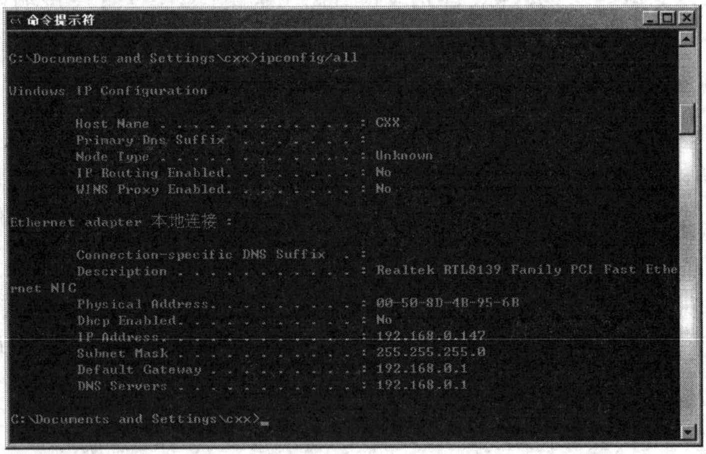

```
命令提示符

C:\Documents and Settings\cxx>ipconfig/all

Windows IP Configuration

        Host Name . . . . . . . . . . . . : CXX
        Primary Dns Suffix  . . . . . . . :
        Node Type . . . . . . . . . . . . : Unknown
        IP Routing Enabled. . . . . . . . : No
        WINS Proxy Enabled. . . . . . . . : No

Ethernet adapter 本地连接 :

        Connection-specific DNS Suffix  . :
        Description . . . . . . . . . . . : Realtek RTL8139 Family PCI Fast Ethe
rnet NIC
        Physical Address. . . . . . . . . : 00-50-8D-4B-95-6B
        Dhcp Enabled. . . . . . . . . . . : No
        IP Address. . . . . . . . . . . . : 192.168.0.147
        Subnet Mask . . . . . . . . . . . : 255.255.255.0
        Default Gateway . . . . . . . . . : 192.168.0.1
        DNS Servers . . . . . . . . . . . : 192.168.0.1

C:\Documents and Settings\cxx>_
```

图 8－2　ipconfig 命令

3. netstat 命令

netstat 命令可以帮助网络管理员了解网络的整体使用情况。它可以显示当前正在活动的网络连接的详细信息,例如显示网络连接、路由表和网络接口信息,可以统计目前总共有哪些网络连接正在运行。利用命令参数,命令可以显示所有协议的使用状态,这些协议包括 TCP 协议、UDP 协议以及 IP 协议等,另外还可以选择特定的协议并查看其具体信息,还能显示所有主机的端口号以及当前主机的详细路由信息,如图 8-3 所示。

命令的语法格式:netstat[-参数 1][-参数 2]......

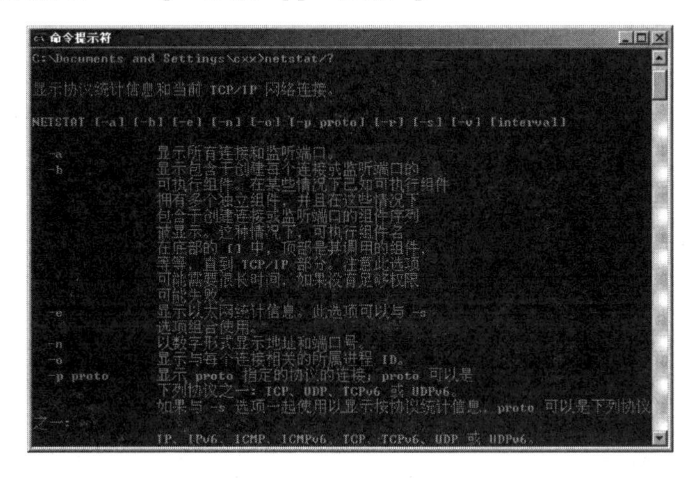

图 8-3 netstate 命令

4. tracert 命令

tracert 命令用来显示数据包到达目标主机所经过的路径,并显示到达每个节点的时间。命令功能同 ping 类似,但它所获得的信息要比 ping 命令详细得多,它把数据包所走的全部路径、节点的 IP 以及花费的时间都显示出来。该命令比较适用于大型网络。

四、常见故障处理办法

1. 网线故障

网线是连接网卡和服务器之间的数据通道,如果网线有问题,一般会直接影响到计算机的信息通信,造成无法连接服务器、网络传输慢等问题。网线经过一段时间的使用后会出现接口连接不好等故障。常见的网线故障有:双绞线线序不正确,连接距离过长,环境原因等。

2. 网卡故障

网卡是负责计算机与网络通信的关键部件,如果网卡出现问题,轻则影响网络通信,无法发送和接收数据,重则发生硬件冲突,导致系统故障,引起死机、蓝屏等故障。网卡可能出现的故障主要有两类:软故障和硬故障。软故障是指网卡本身没有故障,通过升级驱动或修改设置仍然可以正常使用,主要包括网卡被禁用、驱动程序未正确安装、网卡与系统中其他设备在中断号(IRQ)或 I/O 地址上有冲突、网卡所设中断与自身中断不同、网络协议未安装或者有病毒等。硬件故障即网卡本身有损坏,一般更换一块新网卡即可解决问题。

3. 集线器和交换机故障

集线器和交换机是局域网中使用最普遍的设备，对于最常见的星型网络来说，集线器一旦出现故障，整个网络都无法正常工作，因此它的好坏对于整个局域网来说相当重要。症状主要有：

①一个端口正常，另一个端口显示红灯。

②计算机不能正常与网内其他计算机通信。

③集线器在 100 M 网络中的应用故障。

4. 资源共享故障

资源共享是局域网用户最常用的功能之一，但由于网络设置不当，常常会造成资源共享故障，使用户无法访问网上共享资源。操作系统的不当设置，可能会导致故障的发生。主要症状有：

①无法访问"网上邻居"。

②网上邻居看不到其他主机。

5. ADSL 上网故障

ADSL 是运行在原来电话线上的一种高速宽带上网方式，目前很多家庭和单位都使用这种方式上网，但是这种上网方式的故障比较多。ADSL 常见的故障主要有：

①ADSL 连接经常断线。

②提示中止连接。

③可以上网，但打不开网页。

6. 代理服务器故障

无法通过局域网软件代理服务器（如 Wingate，Sygate）访问 Internet。可能原因有：

(1)服务器端代理软件问题（如相应服务端口被其他软件占用），可改变端口值解决；服务权限没给用户或者根本就没配置相应的服务或者限制某些服务，重新配置即可；代理软件过期或版本太低，可上网下载高版本软件，对软件进行注册。

(2)客户端浏览器本身有故障或配置不正确，可试试其他的浏览器或重新配置；客户端软件过期或版本太低；客户端局域网连接故障。

(3)当前网络太慢或部分站点相应服务器提供不全或有故障。

思考练习

一、选择题

1. DNS 服务器使用(　　)端口提供服务。

A. UDP 53　　B. TCP 53　　C. TCP 80　　D. UDP 67

2. 在用户机上 ping 网关地址，发现掉包严重，以下引起掉包的原因中，不可能的是(　　)。

A. 连接用户电脑的网线可能有问题，导致掉包

B. 用户主机忘了配置网关地址

C. 网段内有用户主机感染病毒，导致交换机负荷过重

D. 可能存在网络环路,引起广播风暴,交换机负荷过重

3. (　　)是针对 OSI 模型的第 1 层设计的,它只能用来测试电缆而不能测试网络的其他设备。

A. 协议分析仪　　B. 示波器　　C. 数字电压表　　D. 电缆测试仪

4. 以太双绞线所使用的连接头为(　　)。

A. RJ-45　　B. BNC　　C. AVI　　D. RS-232

5. 下列网络互联设备,哪个是工作在网络层的?(　　)

A. 中继器　　B. 网桥　　C. 路由器　　D. 网关

二、填空题

1. 如果安装了错误的调制解调器驱动程序,Windows 操作系统无法正常启动,那么应该进入________进行恢复。

2. PC 机通过网卡连接到交换机的普通接口,两个接口之间应该使用的电缆连接方式是________。

3. ________类故障一般是指线路或设备出现的物理性问题。

4. ________类故障一般是指由于安装错误、配置错误、病毒、恶意攻击等原因而导致的各种软件或服务的工作异常和故障。

三、简答题

1. 简述网络故障诊断与排除的基本步骤。

2. 列举你使用过的网络维护的硬件工具,并简单介绍其功能。

3. 如何测试和诊断 DNS 设置故障。

单元要点归纳

本单元首先简单介绍了网络维护的基本知识，然后重点介绍了常见的网络故障及排除方法，包括：常见网络故障，网络故障排除步骤，最常用的网络诊断命令，常见故障处理方法。

第九单元　无线网络安全技术

单元概述

随着相关技术的不断成熟和应用的普及，无线网络凭借其为用户所提供服务的灵活性、便利性等优势，被迅速推广。现代企业由于业务规模的不断扩大和提高工作效率的要求，越来越希望灵活的无线网络技术能帮他们解决问题。此外，因为建设传统网络的烦琐和成本问题，很多用户也希望能通过无线网络技术实现他们灵活、迅速联网的目的。近几年，无线网络已经由时尚转变成为趋势。

单元目标

- 能够掌握无线网络的分类及特点
- 能够了解移动通信网的安全特性及基本防护手段
- 能够掌握 Wi－Fi 无线局域网的主要安全威胁、基本防护手段

学习任务1 无线网络安全概述

任务概述

无线网络是利用无线电波作为信息传输的媒介的网络,因而摆脱了网线的束缚。就应用层面来讲,它与有线网络的用途完全相似,两者的最大不同在于传输信息的媒介不同。除此之外,无线意味着无论是在网络硬件架设,还是在网络的机动性、灵活性方面,均比有线网络具备明显优势。本任务将讲述无线网络的基础知识及相关技术。

任务目标

- 能够了解无线网络的基础知识
- 能够理解常用的无线网络技术
- 能够区分 Wi-Fi 和 WLAN 两种接入方式

学习内容

一、无线网络基础知识

无线网络的初步应用,可追溯到第二次世界大战期间,当时美国陆军采用无线电信号做资料的传输。他们研发出了一套无线电传输系统,并且采用高强度的加密算法,得到美军和盟军的广泛使用。他们也许没有想到,这项技术会在数十年后的今天改变人类的生活。

1971 年,夏威夷大学的研究人员创造了第一个基于数据包传输的无线电通信网络。这个被称作 ALOHAnet 的网络,是世界上最早的无线局域网(WAN)。它包括 7 台计算机,采用双向星状拓扑横跨四座夏威夷的岛屿,中心计算机放置在瓦胡岛上。从这时开始,无线网络正式诞生。

1990 年,IEEE 正式启动 802.11 项目,无线网络技术逐渐走向成熟。IEEE 802.11(Wi-Fi)标准诞生以来,先后有 802.11a、802.11b 和 802.11g 等标准被制定并应用;目前,为实现高宽度、高质量的无线网络服务,802.11n 也在被逐步推广。

2003 年以来,无线网络市场热度迅速上升,目前已经成为 IT 市场中新的增长亮点。由于人们对网络速度及方便使用性的期望越来越大,与电脑以及移动设备结合紧密的 Wi-Fi、CDMA/GPRS、蓝牙等技术越来越受到追捧。与此同时,在配套产品大量面世之后,构建无线网络所需要的成本迅速下降,一时间,无线网络已经成为我们网络生活的主流。

无线网络目前主要分为 GSM/GPRS/CDMA/3G/4G 无线上网、蓝牙和无线局域网(WLAN)几种类型。

二、无线网络技术

目前,主流的通过无线网络连入 Internet 的方式有两种。

第一种是通过移动电话卡(SIM),先连入移动电话运营商的网络(基站),然后通过移动电话运营商的 Internet 网关连入 Internet。这种方式的优点是,只要有手机信号,均可连入 Internet,基本上做到了随时随地联网。但是这种方式目前的主要问题是,网络带宽相对还比较低,传输速度通常不高,且网络传输速度不稳定,受信号质量影响。

第二种是通过 WLAN(Wireless LAN,无线局域网)连入 Internet,其中 Wi - Fi 是目前应用最广泛的无线局域网协议。这种方式要求某个场所已经通过特定方式连入了 Internet,然后在这个场所内发射无线信号,在无线信号范围覆盖内,根据设定的访问控制模式,任何支持 Wi - Fi 的设备,比如台式计算机、笔记本计算机、手机,乃至游戏机、MP3/MP4 播放器,均可连入 Internet。这种无线上网的方式,通常上网带宽比较高,传输速度相对稳定,但上网受场所的制约,离开了相应的场所就无法上网,不能做到随时随地连入 Internet。

两种无线上网方式常常被混淆。比如,有的用户简单地理解为"无线上网就是使用手机上网",这个理解显然是片面的。"手机上网"这个说法过于笼统,并没有把上网方式表达清楚。因为手机可以通过 SIM 卡和移动电话运营商通信来上网,也可通过手机内置的 Wi - Fi 模块,连接附近的 Wi - Fi 局域网来上网。同样的道理,台式机、笔记本电脑或其他设备,都有两种上网方式选择。台式机连接 SIM 卡上网模块后,也可以通过连入移动电话运营商来连入 Internet,或者通过台式机所连接的 Wi - Fi 无线网卡连入附近的 Wi - Fi 局域网来上网。因此,我们在描述相关问题时,需要注意区分到底采用哪种上网方式,并对问题进行准确、清晰的表述。

下面我们来分别看看与两种上网方式相关的技术。

1. GSM、CDMA、3G、4G

目前,手机制式主要包括 GSM、CDMA、3G、4G 四种,手机自问世至今,经历了第一代模拟制式手机(1G),第二代 GSM、TDMA 等数字手机(2G),第 2.5 代移动通信技术(CDMA),第三代移动通信技术(3G)和现在正逐渐推广的第四代移动通信技术(4G)。

GSM 即全球移动通信系统,俗称"全球通"。GSM 是一种起源于欧洲的移动通信技术标准,其开发目的是让全球各地可以共同使用一个移动电话网络标准,让用户使用一部手机就能通行全球。我国于 20 世纪 90 年代初引进并采用此项技术标准,此前一直是采用蜂窝模拟移动技术,即第一代 GSM 技术(2001 年 12 月 31 日我国关闭了模拟移动网络)。

GSM 系统具有防复制能力强、网络容量大、手机号码资源丰富、通话清晰、稳定性强不易受干扰、信息灵敏、通话死角少、手机耗电量低等重要特点。

CDMA(Code Division Multiple Access)译为"码分多址分组数据传输技术",被称为第 2.5 代移动通信技术。目前采用这一技术的市场主要在美国、日本、韩国等。CDMA 手机具有话音清晰、不易掉话、发射功率低和保密性强等特点,发射功率只是 GSM 手机发射功率的 1/60,被称为“绿色手机”。更为重要的是,基于宽带技术的 CDMA 使得移动通信中视频应用成为可能。

CDMA 技术的原理是基于扩频技术,即将需传送的具有一定信号带宽的信息数据,用一个带宽远大于信号带宽的高速伪随机码进行调制,使原数据信号的带宽被扩展,再经载波调制后发送出去。接收端使用完全相同的伪随机码,对接收的信号作相关处理,把宽带信号转换成原信息数据的窄带信号,以实现信息通信。

CDMA 的主要优点是:CDMA 中所提供的语音编码技术,可以把用户对话时周围环境的噪音降低,使通话更为清晰;CDMA 使用扩频的通信技术,可以减少手机之间的干扰,并且可以增加用户的容量;而且手机的功率相对较低,不但使用时间延长,更重要的是可以降低电磁波辐射,在一定程度上减小对人的伤害;CDMA 的带宽可以进行较大的扩展,还可以传输影像;CDMA 具有良好的认证体制,更因为其传输的特性,大大地增强了防止被人盗听的能力。

3G 为英文 3rd Generation 的缩写,代表着第三代移动通信技术。3G 是指将无线通信与国际互联网等多媒体通信相结合的新一代移动通信系统。它能够处理图像、语音、视频流等多种媒体形式,提供包括网页浏览、电话会议、电子商务等多种信息服务,为手机融入多媒体元素提供了强大的支持。第三代通信网络的主要目标定位于实时视频、高速多媒体和移动 Internet 访问业务。

4G 指的是第四代移动通信技术。4G 集 3G 与 WLAN 于一体,并能够传输高质量视频图像,它的图像传输质量与高清晰度电视不相上下。4G 系统能够以 10 Mb/s 的速度下载,比拨号上网快 200 倍,上传的速度也能达到 5 Mb/s,并能够满足几乎所有用户对于无线服务的要求。此外,4G 可以在 DSL 和有线电视调制解调器没有覆盖的地方部署,然后再扩展到整个地区。很明显,4G 有着不可比拟的优越性。

2. WLAN

WLAN 就是在不采用传统网络线材的前提下,提供传统有线局域网的所有功能,网络所需的基础设施不用再埋在地下、管道中,网络却能够随用户需要移动或变化。

无线局域网技术具有传统有线局域网无法比拟的灵活性。无线局域网的通信范围不受环境条件的限制,网络的传输范围大大拓宽,最大传输范围可达到几十公里。在有线局域网中,两个站点的距离在使用铜缆时被限制在 500 米以内,使用双绞线时则仅限于 100 米之内,即使采用单模光纤,若不对信号进行放大则传输距离也只能达到 3 000 米,而无线局域网中两个站点间的距离目前可达到 50 公里,距离数公里的建筑物中的网络可以集成为同一个局域网。相对于有线网络,无线局域网的组建、配置和维护较为容易,一般计算机工作人员都可以胜任网络的管理工作。

无线局域网的主要标准有 Wi - Fi 和蓝牙。典型的利用 Wi - Fi 组建的无线局域网如图 9 - 1 所示。

图 9－1 典型 Wi－Fi 无线局域网

Wi－Fi(Wireless－Fidelity,无线保真)是一个无线网络通信技术的品牌,由 Wi－Fi 联盟(Wi－Fi Alliance)所持有,用在基于 IEEE 802.11 标准的产品上,目的是改善基于 IEEE 802.11 标准的无线网络产品之间的互通性。

蓝牙(IEEE 802.15)是一项新标准,对于 802.11 来说,它的出现不是为了竞争而是相互补充。蓝牙是一种先进的近距离无线数字通信的技术标准,其目标是实现最高数据传输速率 1 Mb/s(有效传输速率为 712 kb/s),传输距离为 10 厘米至 10 米,通过增加发射功率可达到 100 米。IEEE 802.15 是由 IEEE 制定的一种蓝牙无线通信规范,应用于无线个人区域网。IEEE 802.15 具有许多特征,如短程、低能量、低成本、小型网络及通信设备,适用于个人操作空间。

目前,有线接入技术主要包括以太网、xDSL 等。Wi－Fi 技术作为高速有线接入技术的补充,具有可移动性、价格低廉的优点。Wi－Fi 技术广泛应用于有线接入需无线延伸的领域,由于数据速率、覆盖范围和可靠性的差异,Wi－Fi 技术在宽带应用上将作为高速有线接入技术的补充。

学习任务2 无线网络安全性分析

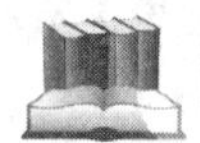

任务概述

无线网络的特点在方便合法用户接入网络的同时,也使得无线网络更容易被非法用户攻击。移动通信网络的用户数量大,且多数用户不具备基本的网络技术知识以及安全防范意识,因而移动通信网络的安全问题相对更加复杂。通过本任务的学习能够对无线网络安全进行简单分析。

任务目标

- 能够对移动通信网络安全进行安全性分析
- 能对 Wi - Fi 无线局域网的安全性进行分析

学习内容

一、移动通信网络安全性分析

1. GSM 网络安全

GSM 网络安全性体现在三个方面:用户身份的保密性、认证和加密。通过认证,防止没有授权的用户使用网络资源;通过加密,保证用户数据和信令数据的保密性。具体内容如下。

(1)采用临时号码(TMSI)来保证用户身份的保密性。GSM 系统为每个移动用户分配一个唯一的国际移动用户识别码(IMSI),它存储于 SIM 卡的 EPROM 中,这个身份一旦被非法用户利用就可能对用户和移动运营商带来损失。GSM 系统中通过采用 TMSI 实现用户身份的保密性。TMSI 只有临时和局部的作用,经过一段时间或跨越不同的区域时,TMSI 都会进行更新,更新的频率由移动运营商自行设置。在更新时,TMSI 的传输采取加密方式,为了避免混淆,要和位置标识符(LAI)一起使用。IMSI 只有在接收到 TMSI 与 LAI 不匹配时才需要发送,通常在用户接入网络时才使用。这样,如果跟踪用户就只能跟踪到临时号码 TMSI,而没办法查出用户的真实用户识别码 IMSI。

(2)GSM 系统中的用户身份认证,采用查问/应答鉴别机制的一系列密钥认证系统来实现。在移动终端、网络交换子系统中同时保存密钥 Ki 用于实现认证,它存在于认证中心和 SIM 卡中。其具体步骤如下:首先,移动终端的随机数产生器生成一个长度为 128 位的随机数,该数被送到移动终端中;然后,网络子系统的认证中心和移动终端利用 Ki 和产生的随机数通过 A3 算法分别得出一个带符号的结果(SRES),并将移动终端所产生的

SRES 发送到认证中心;最后,对两个得出的结果(SRES)进行比较,如果结果不同,则拒绝接入的请求。由于 GSM 系统在每次用户接入时进行身份认证,每次产生的随机数是不一样的,所以即使上次在无线通道上被窃听到有关身份认证的消息,下一次随机数发生改变,也无法利用。

(3)GSM 的数据在无线信道上采用加密传输的方式,使用户信息和信令信息不容易被窃听,以实现用户信息和信令信息的保密性。用户身份认证通过后,移动终端就由 Ki 和所产生的随机数作为输入,通过 A8 算法产生加密密钥 Kc,并将此加秘密钥送到所访问的 VLR(Visitor Location Register,访客位置寄存器)中。Kc 和帧号码用于 A5 算法,以对移动终端与访问系统之间的数据流进行加密和解密。

2.3G 网络安全

3G 网络中的安全技术是在 GSM 的安全机制基础上建立起来的,它克服了 GSM 中的一些安全问题,并增加了新的安全功能,为用户和移动服务提供商提供更为可靠的安全机制。3G 系统融合了无线通信与 Internet 技术,3G 的安全将更多地使用 Internet 中各种成熟的加密技术。具体内容如下。

(1)入网安全。用户信息通过开放的无线信道进行传输,因而很容易受到攻击。第二代移动通信系统的安全标准主要关注的也是移动终端到网络的无线接入的安全性。在 3G 系统中,提供了相对于 GSM 而言更强的安全接入控制,同时考虑了与 GSM 的兼容性,使得 GSM 平滑地向 3G 过渡。与 GSM 中一样,3G 中用户端接入网安全也是基于一个物理和逻辑上均独立的智能卡设备,即 USIM。未来的接入网安全技术将主要关注如何支持在各异种接入媒体包括蜂窝网、无线局域网以及固定网之间的全球无缝漫游,这将是一个全新的研究领域。

(2)核心网安全技术。与第二代移动通信系统一样,3GPP 组织最初也并未定义核心网安全技术。但是随着技术的不断发展,核心网安全也已受到了人们的广泛关注,在可以预见的未来,它必将被列入 3GPP 的标准化规定。目前一个明显的趋势是,3G 核心网将向全 EP 网过渡,因而它必然要面对 EP 网所固有的一系列问题。Internet 安全技术也将在 3G 网中发挥越来越重要的作用,移动无线因特网论坛(Mobile Wireless Internet Forum,MWIF)正致力于为 3GPP 定义一个统一的结构。

(3)传输层安全。尽管现在已经采取了各种各样的安全措施来抵抗网络层的攻击,但是随着 WAP 和 Internet 业务的广泛使用,传输层的安全也越来越受到人们的重视。这一领域的相关协议包括 WAP 论坛的无线传输层安全(WTLS),IEFT 定义的传输层安全(TLS),之前定义的 Socket 层安全(SSL),这些技术主要是采用公钥加密方法,利用 PKI 技术进行相关数字签名及认证,为需要在传输层建立安全通信的实体提供安全保障。

(4)应用层安全。在 3G 系统中,除提供传统的话音业务外,电子商务、电子贸易、网络服务等新型业务将成为 3G 的重要业务发展点,因而 3G 将更多地考虑在应用层提供安全保护机制。端到端的安全以及数字签名可以利用标准化 SIM 应用工具包来实现,在 SIM/USIM 和网络 SIM 应用工具提供商之间建立一条安全的通道。

3. 移动通信网络安全防护

随着移动通信系统在各行业的广泛应用,对移动通信安全也提出了更高的要求。未来的移动通信系统安全需要进一步加强和完善,具体表现在以下几个方面。

(1)3G 的安全体系结构趋于透明化。目前的 3G 网络安全体系仍然建立在假定内部网络绝对安全的前提下,但随着通信网络的不断发展,终端在不同运营商乃至异种网络之间的漫游也成为可能,因此应增加核心网之间的安全认证机制。特别是随着移动电子商务的广泛应用,更应尽量减少或避免网络内部人员的干预性。未来的安全中心应能独立于系统设备,具有开放的接口,能独立地完成双向鉴权、端到端数据加密等安全功能,甚至对网络内部人员也是透明的。

(2)考虑采用公钥密码体制。在希望未来的 3G 网络更具有可扩展性,安全特性更加具有可见性、可操作性的趋势下,应考虑采用公钥密码体制。参与交换的是公开密钥,因而增加了私钥的安全性,并能同时满足数字加密和数字签名的需要,满足电子商务所要求的身份鉴别和数据的保密性、完整性、不可否认性要求。因此,必须尽快建设无线公钥基础设施(WPKI),建设以认证中心(CA)为核心的安全认证体系。

(3)考虑新密码技术的应用。随着密码学的发展以及移动终端处理能力的提高,新的密码技术如量子密码技术、椭圆曲线密码技术、生物识别技术等已在移动通信系统中获得广泛应用,加密算法和认证算法自身的抗攻击能力更强,从而保证传输信息的保密性、完整性、可用性、可控性和不可否认。

(4)使用多层次、多技术的安全保护机制。为了保证移动通信系统的安全,不能仅依靠网络接入和核心网内部的安全机制,而应该使用多层次、多技术相结合的保护机制。在应用层、网络层、传输层和物理层上进行全方位的数据保护,并结合多种安全协议,来保证信息的安全。

今后相当长一段时期内,移动通信系统都会出现 2G 和 3G 两种网络共存的局面,移动通信系统的安全也面临着后向兼容的问题。因此,如何进一步完善移动通信系统的安全,提高安全机制的效率以及对安全机制进行有效的管理,都是急需解决的问题。

二、Wi－Fi 无线局域网安全性分析

1. WEP 存在的弱点

Wi－Fi 无线局域网所采用的 IEEE 802.11 标准最早于 1999 年发布,它描述了无线局域网(Wireless Local Area Network,WLAN)和无线城域网(Wireless Metropolitan Area Network,WMAN)的媒体访问控制规范。为了防止出现无线局域网数据被窃听,并提供与有线网络中功能等效的安全措施,IEEE 引入了有线等价保密(Wired Equivalent Privacy,WEP)算法。和许多新技术一样,最初设计的 WEP 被人们发现了许多严重的弱点。专家们利用已经发现的弱点,攻破了 WEP 声称具有的所有安全控制功能。对普通用户来说,利用网上下载的工具,就可以轻松破解基于 WEP 加密的 Wi－Fi 无线网。总的来说,WEP 存在如下弱点。

(1)整体设计问题。在无线网络环境中,不使用保密措施是具有很大风险的,但 WEP 协议只是 802.11 设备实现的一个可选项。

(2)加密算法问题。WEP中的初始化向量(Initialization Vector,IV)由于位数太短和初始化复位设计,容易出现重用现象,从而导致密钥被破解。WEP用于进行流加密的RC4算法,在其头256个字节数据中的密钥存在缺陷,目前尚无有效的修补办法。此外用于对明文进行完整性校验的循环冗余校验(Cyclic Redundancy Check, CRC)算法,只能确保数据被正确传输,并不能保证其未被修改,因而不是安全的校验码。

(3)密钥管理问题。802.11标准要求WEP使用的密钥需要接受一个外部密钥管理系统的控制。通过外部控制可以减少IV的冲突数量,使得无线网络难以攻破。但问题在于这个过程形式非常复杂,并且需要手工操作,因而很多网络的部署者更倾向于使用缺省的WEP密钥,这使黑客为破解密钥需要做的工作量大大减少。另一些高级的解决方案需要使用额外资源,如Radius和Cisco的LEAP协议,成本比较昂贵。

(4)用户行为问题。许多用户都不会修改缺省的配置选项,使得黑客很容易推断出或猜出密钥。

2. 未采用WEP加密的无线网的安全隐患

未采用WEP加密的Wi-Fi无线网安全性比WEP有明显改善,也并非高枕无忧,主要有以下几种隐患。

(1)无线网络非常容易被发现。为了能够使合法用户找到无线网络,网络必须发送含有特定参数的数据帧,这样就给攻击者提供了必要的网络信息。入侵者可以通过高灵敏度天线从公路边、楼宇中以及其他任何地方对网络发起攻击,而不需要任何物理方式的侵入。

(2)未经授权访问无线网络。相当一部分普通用户在使用无线接入设备(如无线路由器)时,只在其默认的配置基础上进行很少的修改,此时这些无线接入设备都按照默认配置来开启WEP进行加密,或者使用原厂提供的默认密钥。由于无线局域网的开放式访问方式,未经授权使用网络资源不仅会增加带宽费用,更可能会导致法律纠纷。而且未经授权的用户没有遵守服务提供商提出的服务条款,可能会导致ISP中断服务。

(3)地址欺骗和会话拦截。由于802.11无线局域网对数据帧不进行认证操作,攻击者可以通过欺骗帧来重定向数据流,使ARP表变得混乱。通过非常简单的方法,攻击者可以轻易获得网络中站点的MAC地址,这些地址可以被用于恶意攻击。除攻击者通过欺骗帧进行攻击外,攻击者还可以通过截获会话帧发现无线接入设备中存在的认证缺陷,通过监测无线广播帧确认无线接入设备的存在,攻击者很容易装扮成无线接入设备进入网络。

(4)流量分析与流量侦听。802.11无法防止攻击者采用被动方式监听网络流量,而任何无线网络分析仪都可以不受任何阻碍地截获未进行加密的网络流量。

3. Wi-Fi无线局域网安全防护

针对Wi-Fi无线局域网的安全防护,主要有以下几种措施。

(1)加强网络访问控制。通过强大的网络访问控制可以减少无线网络配置的风险。如果将无线接入设备安置在像防火墙这样的网络安全设备之外,应考虑将其通过VPN技术连接到主干网络,更好的办法是使用基于IEEE 802.1x协议的无线网络产品。IEEE

802.1x 定义了新的用户级认证的数据核类型,借助于企业网已经存在的用户数据库,将前端基于 IEEE 802.1x 无线网络的认证转换到后端基于有线网络的 Radius 认证。

(2)加强安全认证。加强安全认证的最好防御方法就是阻止未被认证的用户进入网络。由于访问权限控制是基于用户身份的,所以对认证过程进行加密是进行认证的前提,使用 VPN 技术能够有效地保护通过无线电波传输的网络流量。一旦配置好无线网络,严格的认证方式和认证策略将是至关重要的。另外还需要定期对无线网络进行测试,以确保网络设备使用了安全认证机制,并确保网络设备的配置正常。需要强调的是,应杜绝使用 WEP 加密方式,而采用 WPK(Wi－Fi Protected Access)协议加密,并设置 8 位以上的密码。

(3)重要网络隔离。在支持新的安全机制的无线网络协议应用之前,MAC 地址欺骗对无线网络的威胁依然存在。网络管理员必须将无线网络同易受攻击的核心网络进行物理隔离,两类网络间不允许任何形式的连接。

(4)合理配置、安装无线接入设备。对于自己搭建无线网络的用户,需要进行一些最基本的安全配置,如隐藏 SSID,关闭 DHCP,设置 WPA 密钥,启用内部隔离等。条件允许的用户,应配置 MAC 过渡,建立802.1x端口认证。此外,在安装无线接入设备时,可使用定向天线,调整发射功率,尽可能把信号收敛在信任的范围之内。还可以将无线局域网视为 Internet 一样来防御,甚至在接口处部署入侵检测系统。

思考练习

一、填空题

1. 1971 年,夏威夷大学研究人员创造的第一个无线通信网络,被称为________。
2. 当前主要有两种无线接入 Internet 的方式,即通过移动通信网络接入和通过________接入。
3. GSM 安全性体现在用户身份的保密性、认证和________三个方面。
4. Wi－Fi 采用的是 IEEE ________系列协议。
5. Wi－Fi 的加密方式主要有 WEP、WPA 两种,其中________的安全性比较差,很容易被破解。

二、选择题

1. 蓝牙属于(　　)。
   A. 有线局域网　　B. 无线局域网　　C. 移动通信网　　D. 以上都不是
2. 蓝牙采用的网络协议是(　　)。
   A. IEEE 802.3　　B. IEEE 802.11　　C. IEEE 802.15　　D. IEEE 802.16
3. 传输层安全机制 SSL 的缩写来自于(　　)。
   A. Safe Sockets Layer　　B. Safe Signal Layer
   C. Secure Sockets Layer　　D. Secure Signal Layer
4. LEFT 定义的传输层安全机制是(　　)。
   A. TCP　　B. UDP　　C. HTTPS　　D. TLS

5. 加强 Wi－Fi 安全性的措施之一是(　　)。

A. 隐藏 SSID　　B. 显示 SSID　　C. 不设置 SSID　　D. 以上都不是

三、简答题

1. 与有线网络相比,无线网络的主要优势是什么?
2. Wi－Fi 和蓝牙的各自优点、缺点及适用场合是什么?
3. 为何采用 WEP 加密机制的 Wi－Fi 无线网络密码很容易被破解?

单元要点归纳

本单元介绍了两大类无线网络的简要发展历程,阐述了无线网络能带来巨大的网络部署效率和灵活性提升,并分析了由此带来的巨大安全隐患。特别介绍了当前广泛普及的 Wi－Fi 无线局域网。针对两类无线网络的安全防护,是已经或将要连入无线网络的用户需要予以足够重视的问题,只有安全地连入无线网络,才能真正提高工作效率,否则因安全问题带来影响将会得不偿失。

图书在版编目（CIP）数据

网络信息安全/张砚春，赵立军，苑树波主编. —济南：山东科学技术出版社，2016.12
ISBN 978-7-5331-8229-8

Ⅰ. ①网… Ⅱ. ①张… ②赵… ③苑… Ⅲ. ①计算机—网络—安全技术—中等专业学校—教材 Ⅳ. ①TP393.08

中国版本图书馆CIP数据核字(2016)第091757号

网络信息安全

主编 张砚春 赵立军 苑树波

主管单位：北京出版集团有限公司
山东出版传媒股份有限公司
出 版 者：北京出版社
山东科学技术出版社
地址：济南市玉函路16号
邮编：250002 电话：(0531)82098088
网址：www.lkj.com.cn
电子邮件：sdkj@sdpress.com.cn
发 行 者：山东科学技术出版社
地址：济南市玉函路16号
邮编：250002 电话：(0531)82098071
印 刷 者：山东金坐标印务有限公司
地址：莱芜市嬴牟西大街28号
邮编：271100 电话：(0634)6276023

开本：787mm×1092mm 1/16
印张：13.25
字数：306千
印数：1-2000
版次：2016年12月第1版 2016年12月第1次印刷

ISBN 978-7-5331-8229-8
定价：29.8元